음식으로 조절하는 아름다운 임신관리

행복한 임신보감(寶鑑)

음식으로 조절하는 아름다운 임신관리

행복한
임신보감(寶鑑)

엄마와 태아의 건강을 한꺼번에 다스리는
자연주의 건강법

♥ 임상실험 결과에 입각한 과학적 자료 제공

♥ 임신 개월별로 산모와 태아에게 좋은 음식 제공

음식으로 조절하는 아름다운 임신관리

행복한 임신보감(寶鑑)

인　쇄 | 2010. 4. 10
발　행 | 2010. 4. 15
펴낸이 | 겨레한의학연구소
펴낸곳 | 황금두뇌
등　록 | 1999. 12. 3 제9-00063호
주　소 | 서울 강북구 수유동 461-12
전　화 | 02)987-4572
팩　스 | 02)987-4573

ISBN 978-89-93162-09-7 (13590)

정가는 표지에 있습니다.

차례

Ⅱ. 각종 여성 질환의 예방과 치료

Ⅰ. 임신과 건강관리

음식으로 조절하는 행복한 임신 관리

1. 임신 주별 임산부의 신체 변화

임신 1~2주

생리가 끝난 첫날부터 2주 후인 배란기에 난자와 정자가 만나 수정이 된다. 이 시기에는 성숙한 난세포가 정자를 만나기 위해 나팔관에서 기다리는 시기이다. 그러나 수정이 되었다 하더라도 착상이 이루어지지 않았기 때문에 임산부는 신체의 변화를 느끼지 못한다.

정자의 수명은 72시간이며, 난자의 수명은 통상 24시간이라고 한다. 따라서 임신을 하기 위해 가장 적절한 시간은 배란 전 72시간 전부터 배란 후 24시간 이내이다. 그러나 한번의 시도로 임신이 이루어지는 것은 거의 불가능한 일이다. 날짜와 시간을 맞추었는데도 임신이 되지 않는 경우에는 산부인과 검진을 받아보는 것이 좋다. 임신이 된 경우 이 시기에는 뚜렷한 증상이 나타나지는 않는다. 다만 입추가 지난 새벽에 느낄 수 있는 정도의 추위를 느끼며 감기 증상을 보이기도 하고, 온몸이 나른해지기도 한다.

TIP 출산 예정일 계산법 ─────────────
마지막 월경의 첫날이 M월 D일이라고 할 때, 출산 예정일은
1. (M-3)월 (D+7)일
2. (M+9)월 (D+7)일
마지막 월경이 4월부터 12월 사이인 경우에는 1번 방법으로 계산을

하고, 1월부터 3월 사이인 경우에는 2번의 방법으로 계산하면 된다. 만약 D일에 7을 더했는데 한달(30)을 넘으면 다음달로 계산하면 된다. 예를 들어 7월 42일로 나오면 8월 12일이 예정일이다. 임신 기간은 통상 4주를 1개월로 계산하여 최초 월경일로부터 40주 즉, 280일로 산정한다.

임신 3주

임신 3주가 된다 하더라도 대부분의 여성은 임신 사실을 모르는 경우가 많다. 기초 체온이 올라가 내려오지 않지만 스스로 느끼기는 어렵다. 예민한 여성이라면 나른함을 느끼거나 체온을 느낄 수 있다. 또 수정란이 착상되는 과정에서 출혈이 생길 수 있다. 부드러운 치즈에는 유산을 일으키는 균이 서식할 수 있으므로 부드러운 치즈는 먹지 않는 것이 좋다.

정자는 질에서 자궁경부(자궁입구)를 지나, 자궁내부를 거쳐서 난관(나팔관)으로 진입하여 나팔관에 들어와 있는 난자와 수정을 하게 된다. 즉, 자궁 안에서 수정이 이루어지는 것이 아니라 나팔관의 바깥쪽에서 이루어진다.

임신 4주

월경을 한다는 것은 배란이 있다는 것을 의미한다. 배란이란 난소에서 생성된 난자가 난소 밖으로 나오는 것을 말한다. 이때 난자가 튀어 나오는 난소의 부분을 황체라고 하는데, 이곳에서 태반이 생기기 전에 임신을 유지할 수 있도록 호르몬을 생성한다. 이것을 황체호르몬이라고 하는데 이는 초기 임신 유지에 대단히 중요한 역할을 한다.

임신테스트를 통해 임신 사실을 확인할 수 있는 시기로 월경이 중단된다. 임신이 되지 않은 경우에는 체온이 떨어지면서 다시 월경이 시작된다. 월경이 멈추고 미열이 계속되거나 유방이 부은 듯 무겁게 느껴지며 속이 메스껍고 토할 것 같은 입덧 증상이 시작되면 임신이 확실하다. 수정란은 자궁벽에 착상되어 빠른 속도로 분열하기 시작한다. 두 개로 갈라진 수정란은 태아에게 양분을 공급하는 태반과 태아로 형성되어 성장하며, 양수가 만들어진다.

임신 5주

입덧이 시작되며 유두가 민감해진다. 또 이른 아침이나 빈속일 때에는 입덧 증세가 심해진다. 온 몸이 나른하고 졸리며 쉽게 피로감을 느끼기도 한다. 유두가 민감해져 따끔거리고 유방의 피부 아래에 있는 혈관이 눈에 띄게 된다.

임신 초기의 대표적 증상은 입덧이며, 구토를 동반하기도 한다. 이것은 임신 6-7주경에 시작하여 10-12주에는 대부분 사라진다. 입덧이 심하면 영양실조나 탈수를 일으킬 위험도 있고, 몸 안의 전해질 균형도 깨질 수 있다.

또 임신을 하게 되면 피로를 느끼게 되고 무력증으로 전이되는 경우가 있다. 이런 경우에는 비타민을 복용하면 좋은 효과를 볼 수 있다. 반면에 당분이나 카페인을 섭취하는 것은 피해야 한다.

임신 6주

질에서 분비물이 나오며 겉으로 들어나지는 않지만 자궁이 커진다. 임신초기에는 갈색 혈이 조금 보일 수 있는데 하혈을 한다면 조심해야겠지만 다른 문제가 없다면 걱정할 필요는 없다.

이 시기에는 가슴앓이가 시작되기도 한다. 대부분의 경우에는 임신 후기에 나타나지만 초기에 시작되는 경우도 간혹 있다. 가슴앓이는 음식물이 위로 전달되는 속도가 늦어지고, 자궁이 커져 위를 누르기 때문에 위산과 음식이 식도로 역류하여 나타나는 현상이다.

임신을 하면 호르몬이 분비되면서 혈액량이 증가하는데 특히 자궁으로 가는 혈액의 양이 특히 더 증가한다. 또 활발한 대사 작용으로 땀이 많이 나고 질 분비물의 양도 늘어난다.

또 변비가 올 수 있으므로 물을 많이 마시고 적당한 운동을 통해 변비를 예방하는 것이 좋다. 변비가 심하면 의사의 처방을 받아 약품을 복용하는 것도 좋다.

임신 7주

이 시기가 되면 체중이 늘어나기 시작하는데 이때 특히 주의해야 한다. 임신초기에 체중이 너무 많이 늘어나면 과체중으로 인해 무릎이나 관절에 압박을 받기 때문에 질병으로 발전할 수 있다. 물론 이 시기에 체중이 증가하지 않거나 줄었더라도 문제가 되는 것은 아니다. 몇 주가 지나면 상황은 달라질 것이기 때문이다. 그러나 여전히 입덧은 계속될 것이고, 임신의 초기 증상이 여전히 나타날 수 있다는 것을 염두에 두어야 한다.

융모성선 호르몬이라는 임신 호르몬이 분비돼 골반 주위의 혈액에 몰리게 되는데 이로 인해 방광이 자극을 받아 소변이 자주 마려울 수 있다. 이는 커진 자궁이 방광을 자극하기 때문이기도 하다. 또 배나 허리의 긴장과 호르몬으로 인해 장의 움직임이 느려져 변비에 걸리기 쉽다. 임신이 지속되면서 점점 커지는 자궁 때문에 산모는 내장기관의 압박을 받아 신체에 이상이 올 수 있으므로 주의해야 한다.

임신 8주

태아가 급속하게 성장하는 이 시기에 임신부는 자궁의 변화가 눈에 띈다. 주먹 만하던 자궁이 거위 알이나 큰 귤만큼 커지면서 하복부와 옆구리에 경련을 일으킬 수도 있다. 또 어떤 산모는 자궁이 수축되는 느낌을 받기도 하는데 이 시기에 자궁의 변화는 정상이라는 것을 기억하면 좋다.

또 유산의 위험이 많은 시기인데 건강한 부부라 하더라도 유산의 가능성이 15% 정도 된다는 사실을 분명히 기억하고 조심하는 것이 좋다.

주요한 신체 변화로는 유방이 더욱 커지고 무거워지며 젖꼭지 색깔이 진해진다. 어떤 사람은 유방에 응어리가 진 듯한 느낌을 받기도 하는데 이 역시 정상적인 것이므로 걱정하지 않아도 좋다.

임신 9주

태아의 손과 발이 급격히 성장하는 이 시기에 임신부는 체중과 혈액의 양이 증가한다. 임신부의 체중증가는 태아의 건강과 밀접한 관계가 있다. 또 임신 중에 증가하는 혈액량은 40% 정도이므로 혈액이 묽어져 피곤함을 쉽게 느낄 수 있다. 혈액이 증가하는 이유는 자궁이 커져 필요한 혈액의 양이 많아지기 때문이다.

이때 태아는 모체에 의존하여 체온을 유지하기 때문에 사우나에 가서 오래 있거나 온탕에 들어가는 것은 좋지 않다. 또 전기담요와 같이 전기제품과 직접 접촉을 하는 것도 삼가는 것이 좋다.

이 시기에는 대부분의 임신부가 입덧을 경험하는데 유방의 변화를 확실하게 느낄 수 있다. 입덧을 하면 타액선의 자극으로 타액이 많아지고, 위와 십이지장의 운동성이 떨어져 침과 트림이 많이 나온다.

임신 10주

태아는 배아기를 지나 태아기가 시작된다. 이 시기를 잘 넘겨 12주가 지나면 기형이 생길 위험은 거의 줄어든다. 스트레스나 방사선과 같은 유해물질이나 약물은 임신 시기를 막론하고 태아에게 영향을 미칠 수 있다.

이 시기에 임신부는 신체의 변화보다는 감정의 변화를 많이 느끼게 된다. 특히 처음으로 임신한 사람이라면 불안과 초조함 때문에 생활에 리듬이 깨지기도 하며, 감정의 변화가 많아 작은 일에도 울고 웃는 일이 많아지기도 한다.

그러므로 마음을 편안하게 갖는 것이 가장 중요하다. 우선 임신을 축복으로 받아들이는 것이 좋다. 이때 가족과 남편의 도움이 절대적으로 필요하다. 또 태아가 많이 성장한 시기이므로 심박동 소리나 태동을 통해 태아를 느껴보는 것도 바람직한 일이다.

이때 임신부의 자궁은 아직 골반 안에 위치하고 있기 때문에 배가 불러오지는 않는다. 하지만 손으로 만져보면 자궁이 커진 것을 확실히 느낄 수 있다. 자궁이 방광과 장을 압박하여 소변이 잦아지고 변비가 오기도 한다. 질과 음부에 공급되는 혈액량이 늘어 짙은 자주색을 띠는 분비물이 늘어나는데, 분비물은 세균이 자궁 안으로 들어가 태아에게 감염을 일으키는 것을 막아준다. 여성 질환인 냉은 분비물이 진한 노란색이거나 치즈처럼 엉긴 찌꺼기가 나오기 때문에 가려운 것이 다른 점이다.

임신 11주

태아가 두 배로 성장하는 시기이다. 머리는 태아 전체 길이의 절반이고, 턱이 생기며 목이 길어지고 손톱과 발톱이 생긴다. 또 이 시기에는 성별이 구분되는 시기이기도 하다.

임신부의 머리카락과 손톱과 발톱에 변화가 생길 수 있다. 그러나 모든 임신부에게 이런 변화가 생기는 것은 아니다. 다만 이런 변화는 정상적인 증상이므로 걱정할 필요는 없다. 증상은 다양하게 나타나는데 어떤 사람은 탈모 증세가 나타나기도 하고 어떤 사람은 오히려 머리카락과 손발톱이 잘 자라는 경우도 있다.

임신부의 경우 자궁이 커지면서 필요한 혈액량이 늘어나 혈액이 묽어지면서 혈액순환이 증가한다. 또 자궁에서 나오는 호르몬이 분비되면서 신체의 변화가 나타나기도 한다. 머리카락이나 손발톱이 자라는 것은 혈액량의 증가와 호르몬 분비의 영향을 받아 일어나는 것이다. 전문가에 따르면 성장주기에 따른 것이라는 의견도 있으나 과학적으로 규명된 바는 없으며, 피할 방법도 없는 것이 현실이다.

태아의 성장이 빨라지면서 태아의 신진대사가 활성화되고 따라서 임신부의 대사량도 증가하게 되므로 분비물이 더욱 늘어난다. 혈액량이 늘어나고 골반의 혈액순환이 더욱 왕성해짐에 따라 유백색의 시큼한 냄새가 나는 분비물이 더욱 늘어나는 것이다. 허리가 무겁게 느껴지거나 발목에 경련이 일어나고 변비나 설사가 생기기도 하며 피부가 건조해져 가려움증이 느껴지기도 한다.

임신 12주

성장에 특이사항은 없는 시기로 태아는 이미 형성된 기관의 성장과 발달을 계속하게 된다. 이때가 되면 도플러라고 하는 특수 기구를 사용하여 태아의 심박동 소리를 들을 수 있다. 자궁 안에는 양수가 늘어나 50㎖에 이르게 되는데, 이 시기의 양수는 단백질이 부족하다는 것을 제외하면 모체의 혈장과 비슷하다.

이 시기에는 피부의 변화가 오는데 복부 중앙의 피부가 눈에 띄게 거무스름해지면서 흑선이라고 하는 수직선이 생기기도 한다. 또 얼굴이나 목에 여러 크기의 갈색 반점이 나타나기도 하는데 출산을 하고 나면 없어지거나 색이 엷어지고 시간이 지나면 사라진다. 경구용 피임약을 사용하면 이와 비슷한 색소 변화를 일으킬 수 있다. 이는 모세혈관 확장증 또는 정맥류라고 부르는데 피부가 약간 빨갛게 올라오면서 거미줄처럼 밖으로 뻗어 나가는 것을 말하는 것으로 에스트로겐 호르몬이 증가해서 생기는 일시적인 현상이다.

그러나 전체적으로 몸의 컨디션이 좋아지는데 이는 입덧이 사라지고 자궁이 아직 크지 않아서 느끼는 것이다.

첫 임신인 임신부는 평상시에 입던 옷을 그대로 입을 수 있으나 경험이 있는 임신부는 배가 더 빨리 커지기 때문에 헐렁한 옷을 입는 것이 더 편안할 것이다. 배 이외에도 유방이 커지고, 엉덩이와 다리와 옆구리에 살이 붙는 것을 느낄 수 있을 것이다.

식욕이 늘어나는 시기로 정신적으로 안정되고, 편안한 상태이므로 올라갔던 체온이 정상으로 내려와 출산할 때까지 지속된다.

임신 13주

이 시기부터 임신 24주까지 태아는 빠르게 성장한다. 임신 13주에는 머리가 몸길이의 절반을 차지하지만, 임신 21주가 되면 몸길이의 3분의 1이 되며, 출산할 때쯤 되면 몸길이의 4분의 1 정도가 된다. 임신이 지속되면서 머리 성장이 둔화되고 신체 성장이 빨라지기 때문이다.

이 시기에 태아의 신체기관은 제자리를 찾아가는데 태아의 얼굴은 점점 사람의 모습에 가까워진다.

임신부는 헐렁한 옷을 입어야 하는 시기이다. 허리선이 사라지면서 옷이 꽉 조이게 되는데, 특히 유방의 크기가 달라진 것을 쉽게 알 수 있다. 임신을 하기 전에 유방의 무게는 보통 200g 정도인데 임신한 후에는 400~800g까지 되는 경우도 있다.

젖꼭지는 유륜이라고 하는 둥근 착색 부위로 둘러싸여 있는데, 임신 전의 유륜은 보통 분홍색지만 임신 후에는 갈색이나 적갈색으로 변하면서 커진다.

이 시기 여성에게는 특히 유방에 많은 변화가 나타나는데 유선이 발달하면서 정맥류가 나타나기도 한다. 임신 초기에는 유방이 쓰리고 욱신거리는데 8주가 지나면서 유선이 발달해 유방이 커지면서 덩어리지게 되기 때문이다. 또한 피부 바로 아래쪽에 정맥류가 나타나는 것을 볼 수 있는데, 임신 중기에는 유즙이라 불리는 누런색의 묽은 액체가 나오는 경우도 있다.

이 시기에는 손발이 따뜻한데 혈압을 낮추기 위해 손과 발의 정맥이 이완하기 때문이다.

임신 14주

이 시기에 태아의 몸은 귀가 옆으로 이동하며 눈이 얼굴의 앞쪽으로 이동한다. 또 생식기가 발달하기 때문에 초음파를 보면 남녀를 확연히 구분할 수 있다.

이 시기에 임산부는 치질을 조심해야 한다. 임신 중에 자궁의 무게 때문에 자궁과 골반 주변으로 혈액이 모여 순환에 장애가 생기기 때문이다. 이때 예방을 하지 못하면 임신이 지속되면서 더욱 악화될 수 있고, 다음 임신할 때에는 더욱 악화될 수 있다.

치질을 예방하고 치료하려면 우선 섬유질이 풍부한 음식을 먹고 수분을 많이 섭취해서 변비를 피해야 한다. 좌욕이나 좌약도 도움이 된다.

또 잇몸의 염증으로 치과를 찾는 임신부가 있는데 대개는 치아에 문제가 생긴 것으로 생각하기 쉽지만 사실은 임신 때문에 잇몸이 변화하여 생기는 증상이다. 또 임신성 치은염이 나타나기도 하는데 잇몸이 붓고 연해져 쉽게 피가 난다. 이때는 치과에 가서 치료를 하고 조치를 받는 것이 좋다. 그러나 이런 잇몸 질환은 임신 호르몬의 영향을 받아 일시적으로 생긴 것이므로 출산 뒤에는 자연스럽게 사라지기 때문에 걱정하지 않아도 된다.

또 자궁이 커지면서 인대가 당겨져 허리가 아플 수도 있으며, 자궁이 커지고 양수가 늘어나 몸무게가 늘 수도 있다. 자궁을 지탱하는 인대가 당겨져 통증을 느끼게 되는 것이다. 또 자연스럽게 배가 나오고, 유방이 커지면서 수유 준비를 하는 시기이다.

임신 15주

태아는 여전히 성장을 계속하고 있다. 태아의 피부는 대단히 얇기 때문에 혈관이 훤히 비치고 몸은 솜털로 덮혀 있다. 뼈가 단단해지면서 태아는 임신부에서 칼슘을 빠르게 보충한다. 따라서 임신부는 영양제를 먹거나 필요 영양분이 들어있는 음식을 먹어야 한다.

이 시기에는 자궁경부암에 대한 검진을 받는 시기이다. 만약 자궁경부암이 발견되면 의학적인 대처가 필요한데 상태가 심각하지 않다면 조직검사를 받지 않고 질 확대경 검사나 세포진 검사로 관찰하면 된다. 임신 중에는 혈액순환에 변화가 생겨 자궁경부에 출혈이 나타나기 쉬우므로 가능하면 조직검사는 피하는 것이 좋다.

배가 나오면서 임신부는 수면 자세에 대해서도 신경을 써야 한다. 배가 점점 커질수록 편안한 수면 자세를 찾기가 그만큼 더 어렵다. 임신부는 등을 방바닥에 대고 똑바로 자면 안 된다. 이 경우에는 자궁이 복부 뒤쪽을 지나가는 대동맥을 비롯해 중요한 혈관을 눌러 임신부와 태아에게 혈액이 제대로 공급되지 않기 때문이다. 그러므로 임신 중에는 옆으로 누워 자는 것이 좋으므로 미리 연습을 해보는 것도 좋다.

배가 점점 부풀어 오르는 시기이다. 자궁의 크기는 어린 아이의 머리만큼 된다. 자궁의 아랫면이 골반의 가장자리까지 올라와 확실하게 느낄 수 있다. 자궁은 여전히 커지고 있지만 아래쪽보다는 위쪽이 커지기 때문에 빈뇨증은 사라질 수 있다.

임신 16주

이때의 태아는 솜털이 머리를 뒤덮고 있으며 복부에 탯줄이 연결된다. 다리가 팔보다 길어서 초음파 검사를 하면 팔다리가 움직이는 것을 볼 수 있고, 태동을 느끼기도 한다. 태동은 가스가 부글부글 끓어오르는 듯한 느낌이나 배가 들썩들썩하는 느낌이라고 한다. 하지만 태동을 느끼지 못한다 해도 걱정할 필요는 없다. 사람에 따라 다르고, 태아의 움직임에 따라 다르기 때문이다.

이 시기에는 자궁이 커져 양수검사를 할 수 있다. 양수검사는 주사바늘을 배를 통해 자궁으로 넣어 직접 양수를 채취하는 방법을 사용한다. 30㎖ 정도의 양수를 채취하여 양수 안에 있는 태아세포를 배양하면 태아의 기형여부를 판단할 수 있다. 선천성 기형의 종

류는 400여 가지이며, 양수검사로 통해 대부분의 것을 알 수 있다.

이 시기는 임신이 안정기로 접어드는 시기이다. 유선은 더욱 발달하고 유방은 커지며 피하지방이 늘어나 몸매가 완연해 진다. 또 배가 불러오는 것을 임신부가 직접 느낄 수 있을 만큼 태아가 성장하는 시기이다.

임신 17주

태아의 몸에 지방이 생기는 시기로 지방은 체온을 유지하고, 신진대사를 하는데 중요한 역할을 한다. 이 시기에 태동이 나타나면 임신이 순조롭게 진행되고 있다고 생각해도 되는데 임신 초기에 문제가 있었다면 더욱 안심할 수 있다.

임신이 진행되면서 자궁은 넓이보다 길이가 늘어나면서 자궁이 타원형이 된다. 자궁은 골반을 채운 후 복부의 위쪽으로 커져 내장을 위쪽이나 옆으로 밀어내고, 자궁은 간과 거의 닿게 된다. 자궁은 떠있는 것이 아니라 고정이 되어 있기 때문에 서 있으면 자궁이 복벽에 닿는 것을 느낄 수 있다. 반대로 누우면 자궁이 뒤로 쳐지기 때문에 척추나 혈관을 압박할 수 있다.

이 시기의 임신부에게는 백대하가 나타날 수 있는데 이는 정상적인 현상이다. 이것은 희거나 누런색으로 탁하며, 혈액의 양이 늘어나기 때문에 생기는 현상이다. 만약 분비물이 너무 많다고 생각되면 위생 패드를 착용하면 되고, 가능한 한 팬티스타킹이나 나일론 속옷은 피하고 면으로 된 속옷을 입는 것이 좋다.

반면 질 감염은 조심해야 하는데 이때 나오는 분비물은 냄새가 심하고 색이 누렇거나 푸르스름하며 질 주변의 가려움증을 동반한다.

또 임신부의 피부 색소 침착이 두드러지며, 자궁이 멜론 만하게 커진다. 색소 침착이 진행되면서 젖꼭지와 둘레의 색 역시 짙어진다. 젖꼭지가 따갑고 시큰거리며 유선이 발달하면서 젖의 분비를 준비한다. 또 유방의 표면에 정맥이 눈에 띄게 많이 나타나며 임신성 기미가 나타나기도 한다.

임신 18주

태아의 성장은 계속되지만 성장속도가 둔화되는 시기이다. 태아는 모체와 연결된 탯줄을 통해 산소를 공급받지만, 연결되어 있지 않고 분리되어 있다. 다만 탯줄은 산소와 양분을 공급하는 기능을 담당할 뿐이다.

임신 18주가 되면 초음파 검사를 통해 심장의 이상을 발견할 수 있는데, 다운증후군과 같은 질환도 알아낼 수 있다. 만약 이상이 발견되면 성장상태를 계속 관찰해야 한다.

이 시기에 임신부는 등과 허리의 통증을 느낀다. 증상은 대체로 가벼운 편이지만 사람에 따라 요통이나 견통 때문에 부축을 필요로 하는 경우도 있다. 증상이 심해지면 걷기도 힘들 때가 있다.

이는 임신을 하게 되면 관절의 민첩성에 변화가 생기기 때문인데 이것이 요통의 원인이다. 이런 증상이 임신 후기가 되면 더욱 심해질 수 있다.

또 자궁이 커지면 몸의 중심이 앞과 위쪽으로 쏠려 골반 부근의 관절에 영향을 미치면서 호르몬이 증가하는데 이로 인해 요통이나 견통을 일으키기도 한다.

그러나 이런 통증이 임신 이외의 원인 때문에 생길 수도 있으므로 요통이 지속적으로 나타나는 임신부라면 의사의 진료를 받는 것이 좋다.

이때부터는 거의 대부분의 임신부가 태동을 느낄 수 있다. 태동은 초산부의 경우 임신 20주를 즈음하여 나타나는데 한두 주 늦어지기도 한다.

임신 19주

태아의 뇌는 이미 발달을 시작했다. 그러나 뇌척수의 흐름이 방해를 받으면 뇌수종이 생길 수 있다. 뇌수종이 생기면 먼저 머리가 커진다. 뇌수종에 걸릴 확률은 태아 1/2,000인데 선천성 기형아 중 12%는 뇌수종 때문에 생긴다고 알려져 있다.

뇌수종은 정기검진이나 내진을 하다가 발견되는데 예전에는 출산 까지 모르고 지나가는 경우가 많았다. 그러나 지금은 질병의 발견은 물론 임신 중에도 치료가 가능하다고 알려져 있다.

태아 뇌수종을 치료하는 방법은 모체의 복부를 통해 뇌척수가 고여 있는 태아의 뇌 부위에 바늘을 넣어 뇌척수를 뽑아내는 것으로 태아의 뇌에 가해지는 압박을 덜어주는 것이다. 다른 방법은 뇌척수가 고여 있는 부위에 작은 플라스틱 관을 꽂아 뇌수를 빼내는 것이다. 뇌수종은 매우 위험하기 때문에 병원을 선택하는데 주의해야 한다.

임신부는 이때 현기증을 느낄 수 있는데 임신 현상이기도 하고 또 저혈압 때문에 생기기도 한다. 임신 중에 저혈압이 되면 여러 질병이 발생하는데 저혈압이 되는 원인은 다음과 같다. 하나는 자궁이 대동맥과 대정맥을 압박하여 생기는 것으로 똑바로 누워있는 경우 생길 수 있다. 밤에 잠을 잘 때나 휴식을 취할 때 똑바로 눕지 않으면 이런 현상은 예방할 수 있다.

또 다른 원인은 무릎을 꿇고 있거나, 쪼그리고 있다가 갑자기 일어서면 중력 때문에 뇌에서 혈액이 빠져나가기 때문인데 이런 증상이 있는 사람은 천천히 움직이는 습관을 들이면 된다.

임신부의 아랫배 중간 지점에는 임신선이 나타난다. 태아가 성장하면서 자궁저는 14~18㎝ 정도가 되며, 배꼽 부근까지 올라와 손으로 만지면서 진찰을 할 수 있다.

임신 20주

이 시기의 태아에게는 지문이 생기는데 이는 유전 현상이다.

임신부의 신체는 복근이 신장된다. 복근은 늑골 아래 부위에서 골반까지 수직으로 연결되어 있는 근육을 말하는데, 자궁이 커지면 근육이 늘어나 복직근이 분리될 수 있다. 복직근이 분리되는 것은 누워 있다가 고개를 들면서 복근을 긴장시킬 때이다. 이때 복부 중앙이 불룩 올라온 것처럼 보이는데 이 부위의 양쪽에 근육의 언저리를 느낄 수 있다.

물론 이것은 통증도 없으며 임신부나 태아에게 해롭지 않은 당연한 현상이다. 또 출산을 하면 복근은 자연스럽게 자기 자리를 찾아가게 된다.

복근이 신장되면서 임신부는 한눈에 보아도 임신부임을 알 수 있게 드러난다. 이 시기는 임신 기간 중 모체가 가장 안정되는 시기로 체중 증가가 두드러지고 배가 눈에 띄게 나온다. 태아가 커지면서 근육 덩어리인 자궁이 하루에 4~6회 정도 단단하게 뭉치는 느낌을 받기도 한다. 임신부에 따라 젖꼭지를 누르면 초유가 나오기도 한다.

임신 21주

태아는 양수를 삼켜 수분은 흡수하고 나머지는 대장으로 보낸다. 하루 약 500㎖의 양수를 삼키는데, 태아에게 양수는 영양 공급원이다. 태아가 양수를 삼키는 것은 소화기의 발달에 도움이 되기 때문이라고 한다.

이때 임신부는 호흡이 가빠지고 땀을 많이 흘리며, 아랫배는 더욱 많이 불러온다. 자궁을 지지해주는 복부의 인대가 늘어나 통증을 느끼기도 하는데, 이로 인해 심장에 부담이 가서 소화불량, 헛배부름 증세가 나타나기도 한다. 또 두통, 어지럼증, 현기증을 느낄 수 있으므로 몸에 무리가 가지 않도록 틈틈이 휴식을 취해야 한다. 혈관이 확장되어 얼굴, 팔, 어깨 등이 쉽게 붉어지고 심할 경우 모반이나 울혈이 나타나기도 한다.

또 이 시기가 되면 자궁만 커지는 것이 아니라 신체의 모든 부분이 커지면서 변한다. 그래서 저녁이 되면 종아리나 다리가 붓기도 한다. 오랫동안 서서 일을 해야 하는 임신부라면 신발을 벗고 휴식을 취하는 것도 좋은 방법이다. 증상이 심해지면 다리혈전증과 같은 증상이 나타나기도 하는데 다리에 핏발이 서고, 통증이 느껴지면서 다리가 붓는 현상이다. 이는 자궁이 다리를 압박해 혈액과 응고 체계에 변화를 일으켜 다리의 혈액순환이 잘되지 않기 때문에 생기는 현상이다.

임신 22주

태아는 자궁에 있는 동안 성장을 계속한다. 눈꺼풀과 눈썹이 발달되고, 손톱도 볼 수 있다.

임신부가 가장 주의해야 할 점은 빈혈이다. 빈혈 증세가 있다면 임신부나 태아의 건강을 위해 반드시 치료를 받아야 한다. 빈혈이 심해지면 피곤해지며 현기증을 일으킬 수 있기 때문이다. 임신 중의 빈혈은 철분이 부족하기 때문에 생기는 현상인데 태아가 임신부의 체내에 축적된 철분을 흡수하기 때문이기도 하다. 태아가 적혈구를 만들기 위해 임신부에 축적된 철분을 사용하면 모체의 몸에 철분이 부족해져서 빈혈이 일어나는 것이다. 임신부용 비타민에는 철분이 들어 있지만, 그것을 먹을 수 없다면 철분 영양제를 먹어야 한다.

또 임신부는 설사를 하거나 감기에도 조심해야 하는데 이런 문제가 생기면 어떻게 대처해야 하는지 몰라 걱정을 하는 임신부가 많다. 이런 일이 생기면 주저하지 말고 의사를 찾는 것이 최선의 방법이다. 설사를 하거나 감기에 걸리면 수분 섭취를 늘리고, 유동식을 많이 먹어 치료를 하는 것이 좋다.

또 태동이 느껴지지 않으면 검사를 받아야 한다. 그리고 하반신의 혈액 순환에 무리가 오면 하반신에 울혈이 생길 수 있으므로 조심해야 한다. 물론 임신 중에 생긴 정상적인 질환은 출산 후에는 없어지기 때문에 걱정하지 않아도 된다. 변비가 심한 임신부는 치질로 전이되지 않도록 배변 습관을 조절해야 한다.

임신 23주

태아는 계속 성장하면서 지방이 늘어 점점 포동포동해진다. 하지만 체중은 많이 나가지 않는다. 온몸을 덮고 있는 솜털은 색이 진해지면서 태아의 얼굴이 신생아의 얼굴과 비슷해진다.

산모의 신체는 누가 봐도 확연하게 임신부임을 알 수 있을 정도이다. 배를 보고 태아의 상태에 대해 이야기를 하기도 하는데, 쌍둥이라고 하기도 하고, 태아가 너무 작다고 하기도 한다. 하지만 걱정할 필요는 없다. 걱정이 많이 된다면 의사를 찾아 진료를 받으면 된다.

또 호르몬의 변화로 감정의 변화가 심해지는 시기인데 걸핏하면 눈물이 나오고 조그만 일에도 서운함을 느낄 수 있다. 또 자신이 한심스럽게 느껴지기도 한다. 하지만 걱정할 필요는 없다. 이 역시 출산을 하고 나면 정상으로 돌아간다.

이처럼 감정의 기복이 심해지는 것은 누구도 어쩔 수 없는 일이다. 다만 주변 사람들이 이해를 해주고 위로를 해주는 길 밖에는 없는 것이다. 또 자신의 변덕 때문에 주변 사람이 힘들 거라고 생각되면 자신의 감정 상태를 솔직하게 이야기하고 이해를 구하는 것이 좋다.

임신이 진행되면서 자궁은 점점 커지고, 무거워진다. 임신 초기에는 자궁이 방광 뒤, 직장 앞에 있지만 임신 후기가 되면서 방광 위로 올라가게 된다. 또 자궁이 커지면 방광이 압박을 받아 가끔 속옷이 젖어 있는 것을 발견할 수 있는데 소변인지 양수인지 구분하기가 어렵다. 만약 양수가 터진 것이라면 질에서 액체가 계속 흘러나오므로 즉시 병원에 가야 한다.

또 허벅지와 종아리, 외음부에 정맥류가 생기기 쉬운데, 이는 자궁이 무거워지기 때문이다. 임신 전보다 체중은 5~6kg 정도 증가했기 때문에 등이나 허리가 아프고 발이 붓거나 다리가 저릴 수 있다. 혈액의 양이 늘어나 혈관이 확장되고 자궁이 커져서 정맥을 압박해 외음부나 허벅지, 종아리 등에 정맥혈관이 시퍼렇게 확장되는 것도 볼 수 있다.

임신 24주

태아는 계속 성장을 하지만 체중은 500g을 약간 넘는 정도이다.

태아는 양막 안에 있는 양수에서 성장하고 발달하는데 양수는 태아가 쉽게 움직일 수 있도록 도와주며, 완충 역할을 한다. 또 체온을 조절하며 태아의 건강과 성숙도를 평가할 수 있게 도와준다.

임신 초기에 양수의 성분은 단백질이 훨씬 적다는 것을 제외하고는 모체의 혈장과 비슷하다. 그러나 임신이 진행되면서 태아의 소변이 양수에 영향을 미치게 된다. 양수에는 태아의 혈구와 솜털도 있다. 만약 태아가 양수를 삼키지 않는다면 모체는 양수 과다증을 일으키게 될 것이다. 또 태아가 양수를 삼키고 배설하지 못하면 양수의 양이 줄어드는데 이는 양수 과소증이라고 한다. 양수는 적당량이 항상 존재해야 하며, 만약 양수가 부족하면 태아는 제대로 성장하지 못하게 된다.

임신부가 코가 막히거나 코피가 난다고 호소하는 경우가 있는데 이는 호르몬 변화로 순환계가 변하기 때문이다. 호르몬에 변화가 생기면 코 속의 점막이 부어 코피를 흘리기 쉽다. 하지만 의사와 상의하지 않고 코 소염제나 코 스프레이를 사용해서는 안 된다. 특히 실내 공기가 건조해서 코가 자주 막힐 때에는 가습기를 사용하는 것이 좋다.

이 시기에는 태동이 훨씬 넓게 느껴진다. 배가 불러와 균형을 잡기가 어려워지고 빈혈이 생기기 쉽다. 피부 착색과 같은 피부 변화가 오고, 복부가 심하게 가렵거나 유선의 발달로 겨드랑이 아랫 쪽이 붓기도 한다.

임신 25주

임신 25주가 되면 태아는 세상에 나와도 살 수 있다고 한다. 그러나 어떤 임신부도 빨리 분만하고 싶지는 않을 것이다. 만약 이때 태아가 세상에 나온다면 체중은 1kg도 안될 것이다. 물론 생존 확률이 그렇게 높은 것은 아니며, 몇 달 동안 병원 신세를 져야 할 것이다.

이때 임신부는 가려움증을 많이 호소한다. 이는 자궁이 커져 골반을 채우는 과정에서 복부 피부와 근육이 늘어나면서 생기는 자연스런 현상이다. 로션을 사용하면 가려움증을 완화시킬 수 있으나 긁거나 피부를 자극하면 악화되기 때문에 삼가는 것이 좋다.

배와 유방 주위에는 임신선이 생기는데 주로 보라색이다. 양수가 증가하면서 배가 갑자기 불려져 몸에 보라색 임신선이 생기는 것이다. 임신선은 피부가 늘어나면서 터진 모세혈관이 피부 밖으로 보이는 현상인데 대부분 출산 후에 사라진다.

임신 26주

태아의 심박동 소리가 불규칙적이면 놀랄 수도 있는데 이것을 심부정맥이라고 한다. 태아 심부정맥은 흔한 현상인데 원인은 여러 가지이다. 이는 심장이 발달하는 과정에서 나타나는 일반적인 현상으로 심장이 완전히 성숙하면 곧 사라진다.

만약 진통을 하거나 분만 중에 심부정맥이 발견되면 소아과 전문의가 검진을 할 필요가 있다.

이 시기에 임신부에게 나타나는 특징 중의 하나가 건망증이다. 무언가 자꾸 잊어버리고 깜빡거린다. 또 생각하는 것도 싫고, 머리를 쓰는 것도 귀찮기만 하다. 하지만 걱정할 것은 없다. 이 역시 임신으로 인해 나타나는 증상이다.

이것은 임신부의 몸이 태아에게만 집중되어 있기 때문에 나타나는 현상으로 일종의 생리적 현상이라고 보면 된다. 임신이 더욱 진행되면서 이런 현상은 더욱 심해진다.

또 갈비뼈가 아파오고 소화불량은 더욱 심해진다. 태아가 성장하면서 임신부의 갈비뼈를 밀어내기 때문이다. 자궁저의 높이가 5cm 정도 올라오기 때문에 생기는 일로 맨 아래 갈비뼈가 바깥쪽으로 휘어져 갈비뼈가 아픈 것이다.

또 자궁근육이 늘어나면서 하복부에 통증이 생기고, 위장을 압박해 소화가 잘 되지 않고 대장을 눌러 변비가 더욱 심해질 수도 있다. 자궁은 수시로 단단해지며 유방에서는 초유가 흘러나오는 일이 종종 있다.

임신 27주

태아의 눈은 임신 5주가 되면 생기기 시작하는데 임신 27주 경에 이르면 눈을 뜨기도 한다. 하지만 눈을 뜨는 것은 잠시이고 대부분 눈을 감고 있다. 눈 뒤쪽에 있는 망막은 빛에 민감한데 이 시기에 이르러 여러 겹의 층으로 발달한다.

이 시기에 가장 중요한 것은 태동이다. 태동은 임신부가 느끼는 가장 큰 감동일 것이다. 임신부는 태동을 느끼면서 자기 몸에서 생명이 자라고 있음을 실감하게 된다고 하며, 자신이 태아와 연결되어 있다는 유대감을 갖게 된다고 한다. 태아는 태동을 많이 할수록 건강하다. 태동은 다양하게 나타나는데 임신 초기에는 가스가 부글부글 올라오는 느낌이 들기도 하고 깃발이 펄럭이는 느낌이 들기도 한다. 태아가 성장하면서 활동적인 움직임을 보이는데 임신부의 배를 발로 차거나 압박을 하기도 한다.

그러나 태동을 얼마나 자주 하는 것이 건강한 것인지를 보여주는 자료는 없다. 그러므로 태동이 적다고 하더라도 걱정은 하지 않는 것이 좋다. 태아가 많이 움직이면 안심이 되는 것은 사실이지만 태아가 많이 움직이지 않아도 건강한 경우도 많으므로 섣불리 태동을 통해 건강을 체크하는 일이 없도록 한다.

자궁이 커지면서 몸에 힘이 들어가 임신선은 더욱 진해지고 쥐가 나기도 한다. 자궁저는 27cm 정도로 배가 툭 불거져 나온 것을 볼 수 있을 정도이다. 몸의 균형을 잡기 어려워 넘어질 위험도 크기 때문에 항상 주의를 해야 한다.

임신 28주

이 시기가 되면 태아는 뇌의 표면에 홈과 톱니 모양이 형성되며, 뇌 조직의 수도 증가한다. 눈썹과 속눈썹이 생기고 머리카락은 길어진다. 피하 지방이 늘어나면서 몸이 포동포동하게 살이 오른다.

임신부의 주요한 신체 변화는 팔, 다리, 얼굴, 발목이 부어오른다는 점이다. 이것은 수분이 정체되어 생기는 부종으로 날씨가 더울 때나 저녁에 더욱 심해진다. 문제는 부기를 어떻게 해결하느냐 하는 것인데 재미있는 것은 수분 정체 때문에 생긴 현상이지만 부기를 내리는 방법은 물을 많이 마셔야 한다는 것이다.

물을 많이 마시면 몸에 정체되어 있는 수분이 빠져 나가기 때문인데, 부기가 밤에 나타나면 고혈압의 징후일 수도 있으므로 진료를 받아보는 것이 좋다.

부종을 피하는 방법은 다리를 꼬거나 위로 올려놓지 않으며, 헐렁한 신발을 신어야 한다. 또 물을 많이 마시며, 잠자리에서 일어나 부기가 가라앉으면 임신부용 고탄력 팬티스타킹을 신는 것도 좋은 방법이다.

이 시기에 배를 보며 배꼽이 불쑥 튀어나와 있는 것을 볼 수 있다. 자궁이 배꼽과 명치 사이의 중간까지 올라와서 심장이나 위를 누르기 때문에 더부룩한 느낌은 더욱 강해진다. 젖꼭지의 색은 더욱 진해지고, 몸동작 역시 더욱 서툴러진다.

임신 29주

흔하지는 않은 경우이지만 임신 후기에 이르러 태아의 성장이 지연되는 경우가 있다. 이는 태아에 필요한 영양을 충분히 공급해주지 못하는 태반부전증 때문이다. 발육이 미숙하다고 의심되면 태반 기능 검사를 해야 하는데, 태반 기능이 정상이라면 발육이 미숙해도 태아는 건강하다고 보면 된다. 만약 태반부전증이 나타나면 편한 자세로 휴식을 취함으로써 태반 기능을 향상시켜 태아를 정상적으로 발육할 수 있을 것이다.

이 시기에 임신부에게 나타날 수 있는 증상은 조기 진통이다. 만약 조기 진통이 나타나면 누워서 절대 요양을 하는 것이다. 임신부에게 무슨 문제가 생기면 병원을 찾거나 휴식을 취하는 것은 당연한 일이다. 진통을 느낀다면 활동을 중단하고 쉬는 것이 최선이다.

임신 30주

태아는 자궁 안에서 활기차게 움직일 수 있다. 초음파 검사를 하다보면 탯줄이 꼬여 매듭이 생긴 것을 볼 수 있는데 이는 태아가 활발하게 움직였기 때문이다.

이 시기에 임신부에게 나타나는 현상은 숨이 가빠오는 것이다. 임신 8개월에 접어들면 횡격막이 눌려 공기를 충분히 흡입하지 못하기 때문에 생기는데 심한 경우 불쾌감을 느끼기도 한다. 하지만 절대적인 산소량이 부족해서 생기는 일은 아니기 때문에 걱정하지 않아도 좋다. 또 임신을 하면 호흡기 계통에 변화가 생기기 때문에 산소를 더 많이 필요로 하기도 한다.

이 시기에는 목욕은 자유롭게 하면 된다. 다만 넘어지는 것을 조심해야 하고, 목욕물이 너무 뜨겁지 않도록 해야 한다. 만약 양수가 터졌다면 목욕을 해서는 안 된다.

또 유방에서는 초유가 흐르고 색소 침착은 더욱 심해진다. 그러나 이 역시 출산 후에는 정상이 되기 때문에 걱정하지 않아도 된다.

임신 31주

가끔 태아의 성장이 지연되어 정상아 보다 10% 정도 체중이 적게 나가는 경우가 있다. 자궁내 성장 지연은 초음파 검사를 통해 진단할 수 있다. 만약 성장 지연으로 확인이 되면 영양 섭취에 더욱 신경을 써야 하고, 몸에 해로운 약물, 알코올, 담배는 반드시 끊는 것이 좋다.

이 시기에 나타나는 임신부의 신체 변화는 다리 부종이다. 신발을 벗었다가 다시 신으려고 하면 발이 잘 들어가지 않는 경우가 그것이다. 임신을 하면 혈액과 체액이 50% 정도 증가하는데 이 체액의 일부가 체 조직으로 흘러 들어간다. 또 자궁이 골반의 혈관을 누르면 일시적으로 하반신의 혈액 순환이 정체되는데 이런 경우에 부종이 생기는 것이다. 앉는 자세에 따라 체액의 순환에 영향을 미칠 수 있다. 무릎이나 발목을 꼬고 앉아 있으면 다리로 흘러가는 혈액 순환에 장애가 생길 수 있으므로 이런 자세는 피하는 것이 좋다.

또 수면 자세도 중요한데 잠을 자거나 휴식을 취할 때 옆으로 누워 자는 것이 좋다. 또 옆으로 누워 있으면 피로를 회복하는데 도움이 될 것이다. 부종을 예방하기 위해서는 다리를 올리고 자는 것도 좋은 방법이다.

자궁이 점점 커지면서 위를 압박하는 힘은 점점 강해지고, 식사를 하는 것도 불편해질 수 있다. 또 태동이 강해지고 숨이 차며 심호흡을 자주하게 되기도 한다. 위가 압박되고 식사가 거북해진다. 태동이 강해지고 숨이 차며 숨을 쉬어도 제대로 쉰 것 같지 않아 심호흡을 자주하게 된다.

임신 32주

임신부의 체중이 급격하게 증가하는 시기이다. 태아의 성장이 더욱 빨라지기 때문이다. 그러므로 영양의 공급이 더욱 절실한 시기이기도 하다. 영양소와 칼로리를 제공하는 가장 좋은 것은 음식이지만 필요에 따라 임신부용 비타민을 복용하는 것도 중요하다. 임신 초기에는 체중이 늘지 않으면 자간전증을 일으키거나 저 체중아를 낳을 수 있으므로 특히 주의해야 한다.

하지만 단순히 칼로리 섭취량만 늘리는 것은 임신부나 태아에게 좋은 현상이 아니며, 칼로리만 높은 패스트푸드 역시 도움이 되지 않는 것이다. 매일 유제품이나 단백질을 섭취하여 필요한 양의 칼슘, 단백질, 철분을 공급하는 것이 중요하다.

임신 33주

태아를 분만할 때까지 태반은 자궁에서 떨어지지 않는다. 그러나 분만 전에 태반이 떨어지는 것은 심각한 일이라 볼 수 있다. 태반의 조기 박리가 일어날 확률은 1/150 정도인데, 가장 심각한 것은 태반이 자궁벽에서 전부 떨어지는 경우이다. 태반이 떨어지면 태아는 탯줄을 통해 혈액을 공급받을 수 없기 때문이다. 태반 조기 박리가 일어나면 임신부와 태아의 상태에 따라 즉시 분만을 하기도 하고, 안정을 취하면서 철저한 관리를 받기도 한다.

이 시기에 임신부는 심한 가슴앓이를 한다. 임신이 진행되면서 임신부는 물론 태아의 체중도 급속히 증가한다. 이 시기에 가장 필요한 것은 균형 있는 식사를 하는 것이다. 태아가 커져 뱃속에 여유 공간이 없기 때문에 가슴앓이는 점점 심해질 것이다. 그렇다고 식사를 거르면 안 된다.

점점 힘들어지는 시기이다. 숨쉬기도 힘들고 가슴통증도 점점 심해진다. 식사를 하기도 힘들고 심장박동도 빨라진다. 커진 자궁의 무게 때문에 골반 뼈의 연결된 취골도 아프고 변비와 치질이 생기기도 쉽다. 복부는 더욱 불룩해지고 배는 단단해진다. 소변보는 횟수는 늘어나고 분만을 연습하기 위해 자궁이 불규칙적으로 수축을 하는 시기이다.

임신 34주

출산 전에 태아의 상태를 검사해보는 것이 좋다. 태아가 기형은 아닌지 혹은 스트레스를 받고 있는 것은 아닌지 확인해 볼 수 있기 때문이다.

이 시기에 임신부에게 나타나는 신체 변화는 하강감이다. 진통이 시작되기 전에 복부에 변화가 있음을 알 수 있다. 배꼽에서 자궁 상부까지의 길이가 짧아졌을 수도 있는데 이는 태아의 머리가 산도로 들어가 있기 때문이다. 또 양수의 양이 줄어들기 때문에 생기는 현상일 수도 있다. 이런 변화를 하강감이라고 부르는데 어떤 임신부는 이런 현상이 나타나지 않기도 한다.

모든 임신부에게 나타나는 현상은 아니기 때문에 하강감이 없다고 해서 걱정할 필요는 없다. 태아의 머리가 산도에 들어오기 시작하면 상 복부 공간에 여유가 생겨 숨쉬기 편해질 수 있다. 그러나 골반이나 방광, 직장 등에는 심한 압박감이 생길 수도 있다.

또 요통이 심해지기도 하고, 배가 더욱 커져 행동에 장애가 오기도 한다. 또 엉덩이와 골반이 불편하고 아프며, 배뇨 횟수가 늘어나고 소변을 보아도 개운치 않기도 하다.

임신 35주

임신 후기로 갈수록 태아의 배는 점점 커진다. 배가 커지는 이유는 태아가 성장을 하기 때문이기도 하고, 태반과 양수가 늘어나기 때문이다.

출산이 가까워지면 임신부는 심한 감정의 기복을 나타내는데 앞으로 닥쳐올 일에 대한 근심 때문이다. 따라서 남편과 가족의 역할이 더욱 중요해지는 시기이기도 하다.

특히 이 시기에는 태아의 상태에 관한 걱정이 늘어나기도 하고, 진통과 출산을 잘 할 수 있을지 근심하기도 한다. 또 좋은 엄마가 될 수 있을지, 무사히 분만할 수 있을지 모든 게 걱정인 시기이다. 지금부터 출산 때까지는 점점 불편해진다. 하지만 참아야지 어쩌겠는가? 예쁜 아이를 기다리는 희망으로 마음을 진정시켜 보는 것이 좋은 방법이다.

임신 36주~출산

출산 때문에 신경이 예민할 수 있다. 하지만 마음을 진정시키는 연습을 하자. 가족과 남편의 도움을 받는 것도 좋다. 또 언제 출산을 하게 될지 모르기 때문에 미리미리 준비를 하는 것도 좋은 방법이다.

출산이 이루어지면 자궁 수축은 대개 규칙적이며, 시간이 지날수록 지속기간과 강도가 증가한다. 그러나 진짜로 진통이 일어나면 규칙적인 리듬이 있다는 것을 알게 될 것이다. 자궁 수축의 빈도와 지속 시간을 체크해 두는 것이 좋다. 만약 체크한 것과 일치하면 병원으로 가는 것이 좋다. 임신의 막바지에는 언제든지 병원에 갈 수 있도록 준비를 해둬야 한다.

2. 영양관리

임신 1주

임신을 하면 라면, 햄버거와 같은 인스턴트식품을 섭취하는 습관을 버리는 것이 좋다. 가능하면 집에서 직접 해먹는 습관을 기르며, 맛을 내기 위해 화학조미료나 방부제가 많이 함유된 음식은 멀리해야 한다.

임신 2주

태아를 위해서라면 음식은 되도록 좋은 것을 먹도록 한다. 물론 태아를 위해서 뿐만 아니라 임신모를 위해서도 약간 비싸더라도 안전한 임신과 출산을 위해 유기농 작물을 구입해서 먹는 것이 좋다. 농약과 화학비료를 많이 사용하기 때문에 요리를 하기 전에는 항상 깨끗이 씻어 조리를 해야 한다.

임신 3주

태아를 위해서라면 무엇을 못하겠는가? 하루에 필요한 열량과 단백질, 무기질, 비타민을 섭취해야 한다. 그러나 더욱 중요한 것은 규칙적으로 식사를 하는 것이다.

아직까지 칼로리나 영양에 크게 신경 쓸 필요는 없지만, 모체의 건강과 태아의 원활한 발육을 위해 세 끼를 규칙적으로 챙겨 먹도록 한다. 또 식단도 다양하게 준비하는 것이 좋다.

임신 4주

입덧을 하는 사람과 그렇지 않은 사람이 있기는 하지만 대개의 임신부는 식욕의 변화를 느끼면서 냄새에 민감해지고 두통이나 구토로 인해 괴로움을 느끼게 된다. 이때 비타민 B군 특히 B6나 B12를 많이 섭취하면 입덧의 예방과 증상의 완화에 도움이 된다. 입덧을 악화시키는 원인은 자율신경이 기능을 다하지 못해서인데 비타민 B6를 섭취하면 신경 전달물질인 도파민을 활발하게 분비하여 구토 증상을 완화시킨다. 달걀, 대두, 녹황색 야채, 현미 등에 많이 있다.

임신 5주

엽산(비타민 B)과 무기질인 아연은 태아의 신체기관을 형성하는 데 중요한 영양소이다. 특히 적혈구를 형성하고 세포분열을 적극 돕는다. 또 비타민 B군의 일종인 엽산은 철분과 더불어 임신부의 빈혈을 예방하고 식욕을 증진하며 진통작용을 하는 것으로 알려져 있다. 아연은 근육을 유연하게 해주며, 혈당을 안정시켜 준다.

달걀노른자, 단 호박, 녹황색 야채, 팥, 호밀빵 등에는 엽산이 많이 있고, 굴, 모시조개, 대합, 청어 등의 어패류와 달걀, 현미 등에는 아연이 많이 있다.

임신 6주

임신부라면 누구나 태아를 생각해 충분한 영양을 섭취할 것이다. 그러나 아직은 유산의 위험이 높은 시기이므로 비타민 E를 섭취하는 것이 좋다. 비타민 E는 자궁의 혈액순환을 유도하며, 유산을 예방하는 기능을 한다. 아몬드, 달걀, 대두, 브로콜리 등의 식품에 많이 함유되어 있다.

임신 7주

영양 밸런스가 이루어진 균형식을 섭취한다. 태아가 사람의 형태를 갖추고 뇌 세포가 급속하게 증가하는 이 시기에는 단백질과 칼슘이 많이 함유된 식품을 챙겨 먹는다. 우유, 치즈, 탈지분유, 두부, 버섯, 멸치, 콩, 쇠고기, 생선 등은 단백질과 칼슘이 많이 함유되어 있는 식품이다.

임신 8주

이 시기의 태아는 엄마 뱃속에서 활발하게 대사 작용을 하며 하루가 다르게 성장을 한다. 태아에게 필요한 영양분과 신진대사에 필요한 산소를 실어 운반하는데 중요한 작용을 하는 것이 엄마의 혈액 성분 중 하나인 철분이다. 태아가 엄마로부터 철분을 뺏어가기 때문에 임신부에게 철분이 부족하면 빈혈이 생기기도 한다. 시금치, 간, 굴, 모시조개, 해조류, 깻잎 등 철분 함량이 많은 식품의 섭취에 유의한다.

임신 9주

태반에서 나오는 호르몬 때문에 입덧이 생긴다고 한다. 입덧이 오면 먹는 것이 괴롭고, 헛배가 부르고 속이 더부룩하고 구토가 심해진다. 그러나 식사는 곧 태아의 건강과 직결된다는 사실을 명심하고, 조금 힘이 들더라도 음식을 먹도록 해야 한다.

임신 10주

입덧이 심하면 비타민 B군을 섭취하는 것이 좋다. 현미, 호밀 빵, 우유, 두부, 굴, 살코기, 양배추, 달걀 등이 입덧에 좋은 음식이다. 또 생강을 이용한 음식이 좋다고 하는데 생강차, 생강과자 등이 그것이다. 녹황색 야채나 콩에 많이 있는 비타민 B6는 도파민을 활성화하여 구토를 줄여 준다. 또 비타민 B12는 신경을 안정시켜주는 돼지고기, 소고기, 어패류 등에 많이 있다.

임신 11주

임신부의 영양상태가 부실하면 태아 영양실조로 전이되어 유산이나 조산, 미숙아 출산의 가능성이 있다. 반대로 너무 많은 음식을 섭취하면 비만이 되어 임신성 당뇨, 임신중독증에 걸릴 확률이 높다. 임신 5개월까지는 150kcal, 10개월까지는 350kcal 정도 더 양분을 흡수하는 것이 좋다. 비타민 C는 철분의 흡수를 돕는데, 철분은 태아의 신진대사를 원활하게 하는 작용을 한다. 비타민 C는 체내에서 머무르는 시간이 짧으므로 자주 섭취하는 것이 좋은데 딸기, 귤, 오렌지, 키위, 토마토 등에 많이 들어있다.

임신 12주

엽산이 부족하면 기형아 출산이 우려된다. 미국에서는 하루에 엽산을 800mg 정도 섭취하도록 권장하고 있다. 완두콩, 땅콩, 시금치, 쇠간 등의 식품에 많이 들어 있다. 기형아가 되는 이유는 여러 가지가 있는데 이 중 약물복용이 원인이 되어 기형아가 되는 비율은 2~3% 정도에 불과하다. 하지만 기형아를 출산하는 것은 부모나 아이에게 모두 불행한 것이므로 조심하는 것이 좋다. 약물복용을 가장 주의해야 하는 시기가 바로 임신 12주 부근이다. 이때까지 태아는 심장, 중추신경계, 눈, 귀, 사지 등과 장기가 생성되기 때문이다. 특히 안 좋은 약물은 항암제, 혈당강하제, 여성호르몬제, 경구피임약, 결핵치료용 스트렙토마이신, 해열진통제, 부신피질 호르몬제, 이뇨제, 신경안정제, 테트라사이클린 제제, 항우울제, 알코올 등이다.

임신 13주

이 시기가 되면 태아는 신체의 기관이 모두 생긴 후 본격적으로 성장을 하는 시기이다. 따라서 식사의 양도 중요하지만 질이 더욱 중요한 시기이다. 하루에 약 150g의 단백질을 섭취하는 것이 바람직한데 육류보다는 생선이 좋다. 물론 가공육은 피하는 것이 좋다. 달걀은 하루 1개씩 반드시 익혀서 먹으면 좋은데, 영양보충은 물론 마음을 평온하게 해준다. 감자와 고구마, 잡곡밥 등도 좋은 음식이다. 시금치, 피망, 쑥갓, 당근과 같은 야채를 먹어야 하며, 제철과일을 꾸준히 먹는 것도 좋다. 또 물은 하루에 8컵 이상 먹어 수분을 보충해야 한다.

임신 14주

내장기관이 거의 완성되고 태아가 성장단계에 접어들면 태아는 신장과 체중이 급격히 증가한다. 이때에는 발육과 장기의 기능 발달을 돕는 영양분을 챙겨 먹어야 한다. 특히 비타민 B군이 좋은데 B_1, B_2가 특히 좋다. 아동기의 어린이에게 영양제를 먹이는 것처럼 태아를 위해 영양을 섭취한다고 생각하면 된다.

임신 15주

이 시기에 태아는 몸에 솜털이 생기며, 피부가 두꺼워진다. 따라서 털과 피부의 건강을 위해 필요한 영양분을 섭취해야 한다. 특히 비타민 A와 셀레늄, 요오드가 좋다. 비타민 A는 당근, 브로콜리, 토마토 등에 많고, 셀레늄은 밀배아, 새우, 굴, 마늘, 강낭콩, 땅콩 등에 많으며, 요오드는 해조류나 어패류에 많다.

임신 16주

임신을 하고 태아가 성장하면 임신부의 혈액량이 늘어나 묽어지는 경향이 있다. 따라서 철분과 칼슘 공급에 신경을 써야 하며, 필요하면 의사와 상의하여 영양제를 먹는 것이 좋다. 태아가 발육을 하면서 임신부의 근육과 뼈에서 양분을 빼앗아가기 때문에 칼슘이 부족하면 골다공증에 걸리기 쉬우며, 철분이 부족하면 빈혈 증세를 보인다. 칼슘은 태아의 골격 발달에 있어 중요한 영양소이므로 우유, 생선과 같은 식품을 먹어야 한다.

임신 17주

태아는 성장하면서 혈액과 뼈를 꾸준히 만들기 때문에 철분과 칼슘이 많이 필요하다. 그렇다고 영양제를 무조건 먹는 것은 바람직한 일이 아니다. 이 경우에는 반드시 전문의와 상의하여 영양제를 선택해야 한다. 빈혈이 있다면 임신 초기부터 철분을 보충하는 것이 좋으며, 그렇지 않았더라도 철분을 섭취하는 것은 임신기간 내내 신경을 써야 한다. 또 칼슘 역시 태아의 성장에 대단히 중요한 영양소이므로 간과하면 안 된다. 또 시중에 나가면 산모를 위한 종합 영양제가 많이 있는데, 이런 것을 사먹는 것보다는 음식으로 필요한 영양분을 보충하는 것이 바람직하다.

임신 18주

단백질은 콜라겐을 만드는데 중요하다. 콜라겐은 관절의 주요 구성 물질이며, 두뇌를 형성하는데도 직접 작용한다. 육류의 살코기, 생선, 우유, 콩 등에 많이 있으므로 부족하지 않게 섭취한다. 마그네슘은 골밀도 형성에 도움을 주며, 칼슘의 흡수를 돕는 비타민 D를 생성하도록 도와준다. 마그네슘이 부족하면 태아는 뼈가 약해질 수 있다. 두부나 해조류에 많이 들어 있다.

임신 19주

간식을 먹을 때에도 멸치, 우유, 김 등을 수시로 먹어 칼슘을 보충하는 것이 좋다. 또 과일에 들어있는 과당은 체내에서 빠른 속도로 지방으로 바뀌기 때문에 체력유지에도 좋다. 특히 과당에는 비타민 C가 많아 입맛을 산뜻하게 해주며 스트레스 관리에도 좋다. 딸기, 키위, 감귤류 등에 많이 들어 있다.

임신 20주

한약도 약물이므로 복용에 주의해야 한다. 임신부는 약물치료를 해야 할 때 한약을 선호하는 경향이 있으며, 몸보신을 위해 한약을 찾기도 한다. 그러나 한약이라고 반드시 안전한 것은 아니다. 특히 인삼, 녹용과 같이 한 가지 약재를 장기적으로 복용하는 것에 주의해야 한다. 인삼을 장기 복용하면 태아에게 열이 전해지거나, 출생 후 인삼성분 때문에 후유증이 생길 수 있다. 그 외에도 비만의 원인이 되는 녹용이나, 우황, 망초, 부자 등 50여 가지 약재는 반드시 의사와 상의하고 먹어야 한다.

임신 21주

자궁이 커지면서 방광과 장을 압박하기 때문에 잦은 소변과 변비로 고생하는 임신부가 많아진다. 변비는 치질로 전이될 수 있으므로 특히 유의해야 한다. 그러므로 섬유질이 많은 야채를 먹거나 물을 충분히 섭취하는 것이 좋다. 섬유질과 수분은 장운동을 도와주기 때문에 변비로 인한 불쾌감에서 해방될 수 있다. 그러나 야채는 생것으로 먹기보다는 익혀 먹는 것이 좋다.

임신 22주

태아의 신장기능이 발달하는 시기이므로 태아는 자궁 안에서 소변을 보고, 소변이 섞인 양수를 마시게 된다. 세균에 감염이 될 수 있으나 태아에게는 이를 정화하는 기능이 있다. 이런 태아의 기능을 강화하기 위해 임신부가 신경 써야 하는 것이 타우린과 글리코겐이다. 이 영양성분은 태아의 신장과 간장기능을 강화시켜 준다. 타우린은 문어, 오징어, 새우 등의 해물에 많이 함유되어 있고, 굴, 조개 바지락에는 글리코겐이 많이 함유되어 있다.

임신 23주

임신부가 즐거워야 태아도 즐겁다. 따라서 임신부에게 심리적 안정을 주는 아연과 마그네슘을 섭취하는 것이 좋다. 아연은 산과 알칼리의 균형을 맞추어주는 기능을 하는데, 생선이나 굴 같은 어패류에 많다. 마그네슘은 신경과 근육의 기능을 강화시켜주는데 두부, 해조류 등에 많이 들어 있다. 배가 부르다고 움직이기 싫어하면 체중이 늘어난다. 그러므로 집안일을 적당히 하면서 몸을 움직이면 특별한 운동을 하지 않아도 된다. 걸레질을 할 때는 요가의 고양이 자세를 유지하는 것과 같이 하면 근육의 스트레칭에 좋다. 운동을 해야 한다면 경쾌한 음악을 틀어놓고 체조를 하는 것도 좋다. 임신이 안정기에 접어들었으므로 몸을 움직여도 해가 되지 않는다. 경쾌한 음악을 틀어놓으면 기분 전환에도 도움이 될 것이다.

임신 24주

염분을 많이 섭취하는 것은 일반인에게도 좋지 않다. 하물며 임신부에게는 더욱 좋지 않은 영향을 미치게 된다. 염분 섭취가 많아지면 부종이나 고혈압 증세가 나타날 수 있는데 김치나 젓갈과 같은 음식의 섭취를 절반으로 줄이는 것이 좋다. 또 임신중독증을 예방해야 하는 이 시기에는 단백질을 섭취해야 한다. 콩이나 등 푸른 생선, 살코기 등을 섭취해야 한다.

임신 25주

녹황색 야채, 오트밀, 콩류, 해조류, 전갱이, 꽁치 등은 혈압을 낮추어 주며 임신중독증의 예방에도 도움이 된다. 또 염분을 많이 섭취하는 경우에는 체내 전해질의 균형이 무너져 이상이 올 수 있으므로 미네랄을 충분히 보충해 임신중독증을 막아야 한다.

임신 26주

이 시기는 태아의 대사활동이 활발한 시기이므로 효소의 기능이 중요하다. 효소나 보조효소가 부족하면 섭취한 열량이 연소되지 않아 비만의 원인이 된다. 대두나 녹황색 채소, 비타민 B군, 마그네슘, 아연 등을 충분히 먹는 것이 좋다. 또 몸에 이로운 유산균의 섭취를 늘린다.

임신 27주

태아는 혈액 생성에 필요한 철분을 모체로부터 흡수한다. 임신 중에는 철분이 부족해 빈혈이 일어나기 쉬운데 코발트, 엽산, 비타민 B6, 비타민 B12를 많이 섭취하면 적혈구를 만드는데 도움이 된다. 따라서 간, 모시조개, 굴, 대합, 육류의 살코기 등을 먹으면 좋다.

임신 28주

소금과 조미료 사용에 특히 주의해야 한다. 소금은 부종을 일으키거나 체중 증가의 원인이 된다. 음식을 먹은 후 갈증이 나는 것은 소금이나 조미료가 많이 들어있기 때문이다. 또 조미료에는 화학물질과 염분이 많이 있다는 것을 염두에 두어야 한다.

임신 29주

태아에게는 더욱 많은 영양소가 필요한 시기이다. 이미 형성된 골격과 근육을 더욱 튼튼하게 해줄 영양소가 필요하기 때문이다. 이때 필요한 영양소는 '망간'과 '크롬'이다. 신체에서 비타민 B1과 비타민 C의 작용을 돕는 망간은 녹색 야채와 호밀에 많으며, 정상적인 골격구조를 만들고 유지하는데 반드시 필요한 영양소이다. 성장을 촉진하는 영양소인 크롬은 현미, 쇠간, 모시조개, 대합, 닭고기 등에 많다.

임신 30주

태아의 뇌가 급격히 발달하는 이 시기에는 뇌의 용량이 커지고 주름이 잡히는 시기이다. 이때에는 아연과 칼륨을 섭취하는 것이 좋은데 이들 영양소는 태아의 두뇌발달을 돕는다. 아연은 어패류, 현미, 달걀에 많다. 뇌에 충분한 산소를 공급하는 영양소는 칼륨인데 양배추, 쇠고기, 콩 등에 많이 함유되어 있다.

임신 31주

임신중독증에는 여러 증상이 있는데 그 중 하나가 고혈압이다. 고혈압을 예방하기 위해서는 저녁에 대두나 두부 등의 콩류를 먹는 것이 좋고, 아침에 일어나자마자 물을 한잔 마시는 것이 좋다. 콩은 혈액순환을 돕고 혈압을 안정시킨다. 임신부는 땀을 많이 흘려 체내 수분을 잃기 쉬운데, 수분이 부족하게 되면 혈액순환이 나빠져 혈압이 오를 수 있다.

임신 32주

출산이 가까워지면 임신부는 불안하고 초조한 마음에 소화불량이 생긴다. 또 커진 자궁이 위를 압박하기 때문에 가슴이 답답해지기도 한다. 임신부가 불안하면 뱃속의 태아는 더욱 불안해지기 마련이다. 그러므로 임신부는 편안한 마음을 가지도록 노력하며, 비타민을 많이 섭취하는 것이 좋다.

임신 33주

자궁이 배의 위쪽으로 올라오기 때문에 입덧을 할 때와 유사한 증상이 나타나 속이 울렁거리거나 소화가 안 되고 입맛이 떨어지기도 한다. 이때는 많이 먹으려 노력하지 말고 조금씩 자주 먹는 방법을 찾는 것이 좋다. 흰살 생선, 야채, 해조류와 같은 음식을 조금씩 여러 번 먹는 것이 좋다. 이때 인스턴트식품을 먹는 임신부가 있는데 이는 위험한 식단이라는 것을 명심해야 한다.

임신 34주

이 시기에는 골반이 확장하면서 등이나 어깨가 결리고 허리가 아픈 경우가 많다. 이때 녹황색 채소를 매끼니 마다 섭취하면 도움이 된다.

임신 35주

출산에 대한 불안감이 가장 높아지는 시기이다. 또 출산에 대한 기대가 커져서 초조해지기도 한다. 이때에는 영양분을 섭취하는 것도 중요하지만 마음의 안정을 찾는 것이 더욱 중요하다. 특히 양파가 좋은데 요오드 성분이 많아 숙면을 취하는데 도움이 되고, 태아의 피부를 좋게 한다. 그러나 양파는 냄새와 자극이 강하므로 익혀서 먹는 것이 좋다. 그 외에 미역이나 김을 섭취하는 것도 심리적으로 안정을 취하는데 도움이 된다.

임신 36주 이후

출산을 준비해야 하는 시기이다. 태아가 출산을 위해 아래로 내려오기 때문에 위장에 대한 압박이 사라져 식욕이 오르는 시기이다. 여전히 임신중독증에는 주의를 해야 하므로 염분 섭취에 주의를 기울여야 한다.

출산을 위한 체력을 비축하고 아이에게 모유를 먹이려면 다른 어느 때보다 영양관리를 해야 한다. 아이의 건강은 엄마 뱃속에서 물려받은 면역기능과 모유에 함유된 면역물질이 좌우하기 때문이다. 되도록 여러 영양소를 섭취하여 신체의 균형을 유지하는 것이 중요하다.

3. 임신 중 자연요법

입덧, 요통, 호흡곤란, 부종 등 임신 중에 발생하는 증상들은 자연스런 현상으로 산모와 태아에게 특별히 나쁜 영향을 미치지 않는다. 모체의 호르몬이 변하고 태아가 성장하면서 자궁 주변의 장기를 눌러 생긴 경우가 많기 때문이다. 물론 대다수 산모들이 불편함을 느끼지만 어떤 산모는 거의 불편해하지 않고 오히려 건강해진 것 같다고 말하기도 한다.

주요 증상은 다음과 같다.

◎ 유방에 압통이 느껴진다.
◎ 오심(속이 매스꺼우며 토할 것 같은 증상)이 나타나며, 때로는 구토(입덧)를 한다.
◎ 변비가 생긴다.
◎ 가슴앓이(위-식도 역류)를 한다.
◎ 피부에 색소가 침착되며 피부가 건조해진다.

임신 후반에는 태아와 양수의 무게로 인해 압박이 더 가중되므로 증상이 심해질 수 있다.

◎ 배뇨 시 긴박감이 증가한다.

◎ 변비 증세가 심해지면서 치질이 생기기도 한다.

◎ 발목이 부어오른다.

◎ 정맥류가 생긴다.

◎ 임신 선조가 나타난다.

◎ 요통이 나타난다.

◎ 좌골신경통이 생긴다.

◎ 호흡이 가빠져 숨쉬기가 힘들다.

◎ 불편한 느낌으로 수면장애가 생긴다.

이 밖에도 두통, 현기증, 피로감을 호소할 수도 있다. 이 모든 증상은 임신 중에 나타나는 지극히 정상적인 것이다. 그러나 특별히 걱정스런 증상이 나타나면 의사에게 자문을 구해야 한다. 만약 심한 구토 증세로 음식이나 물을 먹을 수 없거나(심한 입덧) 배뇨 때 통증이 있고 혼탁한 소변이 나와서 방광염 등의 비뇨기 감염이 의심되면 의사와 상의해야 한다. 이들 증상에 대한 자연치유법은 다음과 같다.

1) 입덧(임신오조)

임신 전반기(임신 2~3개월)에 메스껍고 토하며 온몸이 극도로 쇠약해지는 질병이다.

첫 임신 때는 흔히 임신 6주부터 나타난다.

원인

이 병의 원인에 대해 알레르기성, 신경성, 내분비장애설, 태반설

등으로 알려져 있으나 아직 명확히 밝혀지지는 않았다.

증상

입덧은 첫 임신 때 더 심하게 나타난다. 보통 식사를 하고 난 다음에 곧 메스꺼워지고 토한다. 때로는 식사와 관계없이 하루 5~10번 또는 그 이상 토하는 경우도 있고 담즙이 섞인 쓴 물을 수없이 토하기도 한다. 그 결과 체중이 줄고 입맛이 떨어지며 기운이 없어진다. 심한 경우는 살이 빠지며 눈이 움푹 들어가고 피부가 거칠어진다.

치료

입덧이 가벼울 경우 자연요법으로도 쉽게 치료될 수 있으나, 심한 경우에는 임신중절을 할 수도 있다.

【음식요법】

◎ **찹쌀죽**
적응증 입덧
용법 찹쌀 100g으로 죽을 쑤어 하루 3번에 나누어 먹는다.

◎ **표고버섯**
적응증 입덧
재료 표고버섯 말린 것 3개
용법 뜨거운 물에 표고버섯 3개를 우려내어 그 물을 여러 차례 나누어 마신다.

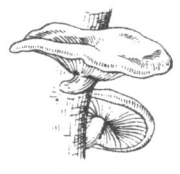
표고버섯

◎ 강낭콩

적응증 입덧, 절박유산, 메스꺼운 데
용법 강낭콩을 삶아 먹는다.

◎ 감자생강약즙

적응증 입덧, 입맛이 없으면서 메스껍고 자주 토하는 데
재료 감자 100g, 생강 10g, 귤 1개
용법 감자와 생강은 깨끗이 씻어 강판에 갈아 즙을 짜내고 귤은
껍질과 씨를 버리고 즙을 짠다. 감자, 생강, 귤을 함께 고루 섞어
한번에 1숟가락씩 식전에 마신다.
효능 위의 기능을 순조롭게 하고 소화를 도우며 구토를 멈춘다.

◎ 무꿀약졸임

적응증 입덧, 소화가 안 되고 헛배가 부른 데, 메스껍고 토하는 데
재료 무(생것) 500g, 꿀 150g
용법 무를 깨끗이 씻어 적당한 크기로 썰어 끓는 물에 데쳐낸 다
음 물기를 없애서 햇볕에 반나절 말린다. 이것을 다시 솥에 넣고
꿀을 넣은 다음 약한 불에서 졸인다. 한번에 1숟가락씩 하루 3번
먹는다.
효능 기를 잘 돌게 하고 담을 삭인다.

◎ 달걀약기름

적응증 입덧, 소아 소화불량증, 구토
재료 달걀노른자 적당량
용법 달걀을 물에 삶아 익힌 다음 노른자만 골라서 프라이팬에

놓고 졸여 기름을 낸다. 1살 이하의 영아에게는 하루에 달걀 1개
를 2~3번에 나누어 먹이고 1살 이상인 유아에게는 하루 2개를
4~5일 정도 먹인다.
효능 기(氣)를 내리고 음(陰)을 보한다.

◎ 찹쌀생강약차
적응증 입덧, 대하
재료 찹쌀 250g, 생강즙 3순가락
용법 솥에 찹쌀과 생강즙을 넣고 볶다가 찹쌀이 튀기 시작하면
꺼내어 식힌 다음 가루내서 한번에 1~2순가락씩 하루 2번 따뜻
한 물에 타서 먹는다. 5~7일 계속하는 것이 좋다.
효능 비위의 기를 보하고 속을 덥히며 담을 삭인다.
　　※음이 허하여 열이 나는 데는 쓰지 않는다.

◎ 우유생강부추약탕
적응증 입덧, 명치 밑이 차고 트림을 하거나 토하는 데
재료 우유 250g, 부추즙 2순가락, 생강즙 1순가락
용법 우유를 살짝 끓이다가 부추즙과 생강즙을 타서 식전에 먹는
다. 우유에 생강즙만 타서 먹기도 한다. 설탕을 타서 먹으면 더
좋다.
효능 속을 덥혀주고 기를 내리며 위의 기능을 고르게 하며 토하
는 것을 멈춘다.

◎ 생강대추약죽
적응증 입덧, 배가 차고 아프며 설사를 하는 데, 감기, 만성 기관

지염

재료 생강(생것) 8~12g, 흰쌀(혹은 찹쌀) 100~150g, 대추(또는
총백) 3g

용법 생강을 얇게 썰거나 다져서 대추(또는 총백), 흰쌀(혹은 찹쌀)과 함께 넣고 죽을 쑤어 식기 전에 식사로 먹는다. 감기에 사용할 때는 대추 대신 총백을 넣는 것이 좋다.

효능 비위를 덥혀주고 찬 기운을 없앤다.

◎ 향강우유

적응증 소화장애, 메스껍거나 토하는 데, 소아 감
질, 입덧

재료 정향 2개, 우유 250g, 생강즙, 설탕 적당량

용법 우유에 정향(꽃봉오리를 쓴다), 생강즙을 넣
고 끓인 다음 정향을 건져버리고 설탕을 타서 먹
는다.

정향

효능 비위를 덥혀주고 소화를 도우며 구토하는 것을 멈춘다.

◎ 닭고기복령수제비약국

적응증 노인이 입맛이 없는 데, 입덧

재료 닭고기, 밀가루 각 적당량, 복령 60g

용법 복령을 깨끗이 손질하여 부스러뜨려 물에 넣고 40분 정도
끓인 다음 찌꺼기를 버리고 거기에 닭고기를 넣고 끓인다. 밀가
루를 물 또는 복령 달인 물로 반죽한 다음 밀대로 밀어 국수가락
모양으로 썬다. 끓는 닭고기국에 국수가락을 넣어서 익혀 양념을
하여 먹는다.

효능 비위의 기를 보한다.

◎ 붕어찹쌀약죽
적응증 입맛이 없고 몸이 허약한 데, 입덧, 임신부 부종, 배뇨장애
재료 붕어 1~2마리, 찹쌀 100g
용법 붕어를 깨끗이 손질하여 솥에 넣고 끓인 다음 뼈를 발라내고 거기에 찹쌀을 씻어 넣어 죽을 쑤어 먹는다.
효능 비위를 보하고 입맛을 돋우며 소변을 잘 나가게 한다.

◎ 붕어끼무릇생강약찜
적응증 입덧으로 메스껍거나 토하는 데
재료 붕어 1마리, 끼무릇(법제한 것) 5g, 생강즙 적당량
용법 붕어의 비늘과 내장을 버리고 깨끗이 손질한 다음 붕어의 배 안에 끼무릇(반하)과 생강즙을 넣고 시루에 쪄 익혀서 간을 맞추어 한번에 먹는다. 며칠 계속한다.
효능 구토를 멈추는 작용 및 거담작용 등이 있다.

◎ 잉어끼무릇약찜
적응증 입덧
재료 잉어 1마리, 끼무릇(생강즙에 법제한 것) 5g
용법 잉어의 비늘과 내장은 버리고 깨끗이 손질한 다음 잉어의 배 안에 끼무릇(반하)을 넣고(축사씨 5g을 넣어도 좋다) 시루에 쪄서 간을 맞추어 하루 3번에 나누어 먹는다.
효능 담을 삭이고 토하는 것을 멈춘다.

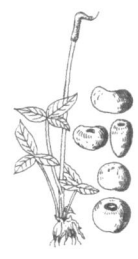

끼무릇

◎ 잉어백반약탕

적응증 입덧

재료 잉어 1마리, 백반 3g

용법 잉어의 비늘과 내장을 버리고 깨끗이 손질한 다음 잉어의 뱃속에 백반을 넣고 잉어가 잠기도록 물을 부어 푹 끓인 후 하루 3번에 나누어 먹는다.

효능 태아를 안정시키고 담을 삭인다. 잉어에는 필수아미노산이 많아 좋은 영양식품이 될 뿐 아니라 독을 푸는 작용이 있으므로 보통 2~3마리를 먹으면 메스꺼움이 없어진다. 또 소화도 잘되고 영양상태도 없어진다.

◎ 양고기달걀약만두

적응증 노인이 몸이 허약한 데, 식욕이 없는 데, 숨이 찬 데, 메스꺼운 데, 입덧

재료 양고기 150g, 달걀 3개, 밀가루 150g, 파, 생강, 술, 간장, 소금, 조미료 각 적당량

용법 밀가루에 달걀을 까 넣고 반죽하여 20여 개의 만두피를 만든다. 양고기를 잘게 썬 다음 파, 생강가루, 간장, 술, 조미료, 소금을 적당량 넣고 고루 섞어서 속을 만든다. 만두를 빚어 쪄 낸다. 하루 3번에 나누어 식전에 먹는다.

◎ 곶감증기약밥

적응증 메스껍고 토하는 데

재료 곶감 2개, 흰쌀 100g

용법 곶감을 깨끗이 씻어 잘게 썰어 작은 사발에 넣는다. 흰쌀을

씻어 두고서 곶감과 함께 시루에 넣어 찐다. 하루 한번씩 식사로 먹거나 식전에 먹는다.

효능 기를 보하고 토하는 것을 멈춘다.

【약초요법】

◎ 생대추

적응증 입덧

재료 대추 적당량

용법 한번에 10~30개 정도씩 하루에 여러번 먹는다.

효능 비타민D와 C가 풍부하며 구토중추에 작용하여 진정작용을 한다.

◎ 생강대추약구이

적응증 배가 차고 아픈 데, 메스껍거나 구토하는 데, 배가 차면서 월경주기가 고르지 않은 데

재료 생강, 대추 각 적당량

용법 생강을 2조각으로 쪼갠 다음 그 속에 구멍을 내고 거기에 대추를 넣고 다시 맞붙여서 불 속에 넣는다. 거무스레해질 때까지 구워서 대추를 꺼내어 한번에 5~6개씩 먹는다.

효능 비위를 덥혀주고 찬 기운을 없애며 비위를 보한다.

◎ 대추차

적응증 입덧, 메스껍고 구토가 나는 데, 소화장애증상

용법 대추 90g을 하루량으로 하여 물 0.5ℓ를 넣고 약한 불에

1~1.5시간 정도 달여서 3번에 나누어 먹는다.

치료경험 – 위의 방법으로 심한 입덧 환자 11명을 치료한 결과 메스껍고 토하는 증상이 없어진 환자가 9명, 소화장애증상에서 나아진 환자가 8명이었다.

◎ 대추귤껍질약차

적응증 입맛이 없고 명치 밑이 묵직하며 메스꺼운 데, 입덧

재료 대추(약간 볶은 것) 10개, 귤껍질 4g

용법 대추는 짓찧고, 귤껍질은 가늘게 썰어 끓는 물에 10분 정도 우려서 차처럼 따뜻하게 해서 마신다.

효능 기를 보하고 소화를 돕는다.

◎ 귤껍질약단졸임

적응증 소화불량 및 헛배가 부른 데, 기침이 나고 가래가 많은 데, 임신부 기침과 입덧

재료 귤껍질(생것), 설탕 각 적당량

용법 귤껍질(마른 것은 깨끗이 씻어 누기를 준다)을 실고추처럼 썰어 냄비에 담고 귤껍질의 절반에 해당하는 설탕을 넣는다. 귤껍질이 잠기도록 물을 붓고 충분히 끓이다가 약한 불에서 물이 다 졸아들 때까지 졸인다. 물이 다 졸면 귤껍질을 꺼내어 쟁반에 놓고 다시 귤껍질의 절반에 해당하는 설탕을 섞어서 공복에 먹는다.

효능 입맛을 돋우고 기를 잘 돌게 하며, 기침을 멈추고 담을 삭인다.

◎ 포도덩굴즙

적응증 입덧

재료 포도덩굴 가지

용법 포도덩굴의 가지 하나를 자르고 그 끝을 병 속에 꽂아서 2~3일 정도 두면 병 속에 즙액이 고인다. 이것을 하루 2~3번씩 먹는다.

◎ 포도호박꼭지약탕

적응증 입덧

재료 포도(말린 것) 30g, 호박꼭지 5개

용법 포도와 호박꼭지를 물에 씻어 축축하게 한 다음 썰어서 물 500㎖와 함께 약탕관에 넣는다. 약한 불에서 1시간 정도 달여 먹는다.

효능 담을 삭이고 태아를 안정시킨다.

◎ 생강, 끼무릇(반하)

적응증 입덧

용법 생강 10g, 끼무릇 4g을 물에 달여 하루에 2~3번 먹는다.

◎ 생강, 참대속껍질(죽여)

적응증 입덧

용법 생강, 참대속껍질 각 25g을 물에 달여 하루 3~4번에 나누어 먹는다.

◎ 소회향, 반하

적응증 입덧

용법 소회향 8g, 반하 10g을 물에 달여 하루 2번에 나누어 먹는다.

◎ 끼무릇(반하), 생강

적응증 입덧, 메스꺼운 데

용법 끼무릇, 생강 각 8~10g을 물에 달여 하루 2~3번에 나누어
식간에 먹는다.

효능 끼무릇은 심한 입덧 때 입맛을 돋우며 생강은 지토제, 방향
성 건위약으로 흔히 사용된다. 이 두 약을 같이 사용하면 입덧으
로 오는 메스꺼움 증상이 잘 낫는다. 끼무릇에는 독성분이 들어
있으므로 양을 초과해서 쓰거나 법제하지 않고 쓰면 중독증상이
나타날 수 있다. 생강과 같이 쓰면 비교적 안전하며, 끼무릇의 구
토를 멈추는 작용도 더 세진다.

◎ 향부자, 방아풀(곽향)

적응증 입덧

용법 향부자, 방아풀 각 6g을 보드랍게 가루내어
한번에 5~6g씩 끓인 소금물로 먹는다.

방아풀

◎ 향부자, 방아풀(곽향), 감초

적응증 메스꺼움, 구토

용법 향부자 6g, 방아풀 10g, 감초 3g을 물에 달여 하루 3번에
나누어 식간에 먹는다.

효능 메스꺼움과 구토를 멈추고 입맛을 돌아서게 한다.

◎ 솔뿌리혹(솔풍령), 생강, 끼무릇(반하)

적응증 입덧, 구토

용법 솔뿌리혹, 끼무릇 각 10g, 생강 6g을 섞어서 물 360㎖를

넣어 절반이 되게 달여 하루 2번에 나누어 먹는다.

효능 솔뿌리혹과 끼무릇은 심한 입덧 때 구토를 멎게 하며 입맛을 돋우고 생강은 소화를 돕는다. 이 약은 예로부터 입덧 치료에 많이 써왔다.

◎ 복룡간

적응증 입덧

재료 복룡간 30g 이상

용법 불에 벌겋게 달구어 하루 15~30g씩 물에 타서 가라앉힌 다음 윗물을 걷어낸 뒤 설탕을 조금 타서 5~6번에 나누어 마신다.

치료경험 – 입덧 환자를 위의 방법으로 치료한 결과 유효율이 70~80%였다. 약을 먹은 다음 1~2시간 지나서 메스꺼움이 멎고 기분이 좋아지면서 음식을 먹을 수 있게 되었다.

※복룡간은 부엌아궁이 밑바닥의 거멓게 탄 흙을 말한다. 잡초를 말려 불을 때면 부엌아궁이 밑바닥의 노란 진흙이 오랫동안 불에 달게 되어 돌처럼 딴딴해지는데 이것이 바로 입덧에 좋은 복룡간이다. 겉이 벌겋고 속이 탄 것일수록 좋다.

◎ 끼무릇(반하), 복룡간

적응증 입덧

용법 끼무릇 6g, 복룡간 10g에 물 400㎖를 넣고 달여서 하루 3번에 나누어 식전에 먹는다.

효능 구토중추를 억제시켜 구토를 멈춘다.

【뜸요법】

◎ 상구혈, 삼음교혈, 백회혈 발 안쪽 복사뼈 가운데와 매생이뼈 (주상골)의 제일 도드라진 곳을 연결한 선의 가운데 오목한 곳(상구혈), 다리 안쪽 복사뼈 중심에서 위로 곧추 9.99cm 올라가 굵은 정강이뼈의 뒷가장자리(삼음교혈), 정중선상에서 앞머리카락이 난 경계로부터 16.7cm 올라가 오목한 곳(백회혈)에 쌀알 크기의 뜸봉으로 뜸을 3~5장씩 뜬다.
◎ 솔곡혈, 신회혈 귓구멍을 지나가는 수직선상에서 머리카락 난 경계로부터 5cm 위 되는 곳(솔곡혈)이나 앞 정중선에서 앞머리카락이 난 경계로부터 3.33cm 위 되는 곳(신회혈)에 팥알 크기의 뜸봉으로 뜸을 15장 뜬다.

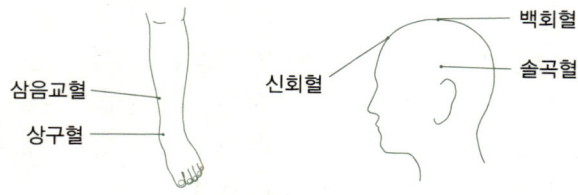

【지압안마요법】

◎ 견갑골 사이 압통점 두 뒷등 양쪽 견갑골 사이를 손가락으로 내리눌러 보면 아픈 곳이 있다. 그 곳을 손가락으로 누르면서 잘 비벼주면 말랑말랑하게 풀린다. 그리고 두 아래팔의 안쪽 가운데를 손목 부위로부터 올려 만져 보고 굳은 감이 있는 곳(내관, 간사혈 부위)을 찾아 엄지손가락으로 10~15초씩 3~5번 세게 누른다. 그러면 메스꺼움이 멎을 수 있다.

◎ 뇌호혈 두 엄지손가락을 뒷머리뼈가 도드라진 곳 아래의 오목한 곳(뇌호혈)에 +자형으로 대고 수직으로 15초씩 3~5번 힘주어 누른다. 흥분을 진정시키므로 메스꺼움이 멎을 때가 많다.

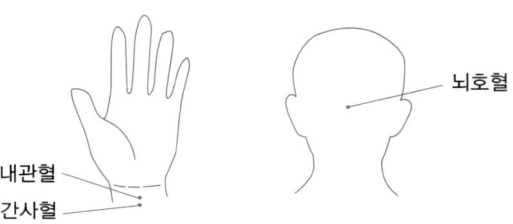

◎ 독수혈, 격수혈 6과 7가슴등뼈 사이에서 양옆으로 각 6.66cm 되는 곳(독수혈)과 7과 8가슴등뼈 사이에서 양옆으로 각 6.66cm 되는 곳(격수혈)에 두 엄지손가락을 나란히 대고 동시에 같은 세기로 15초

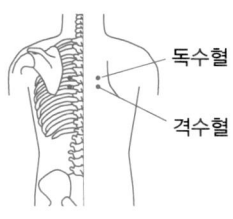

씩 3~5번 힘주어 누른다. 내장의 기능을 좋게 하며 메스꺼운 감, 불쾌감을 낫게 한다.

【경혈자극요법】

◎ 신궐혈, 중완혈 배꼽 가운데(신궐혈)로부터 명치끝(검상돌기)까지의 중간점 또는 배꼽 가운데서 위로 13.32cm 되는 곳(중완혈)을 볼펜, 머리핀 또는 나뭇가지 끝으로 아플 정도로 힘주어 눌러 자극하는데 한번에 약 10~15초 정도씩 비비면서 3~4번 자극을 준다. 위운동이 항진되면서 메스꺼운 것을 멈춘다.
◎ 삼음교혈 안쪽 복사뼈의 중심에서 곧추 위로 9.99cm 올라가서 굵은 정강이뼈의 뒷가장자리(삼음교혈)에 종이나 천을 딴딴하게

담배개비처럼 말아 불을 붙인 다음 덥혀 주는 방법으로 5~8번 자극한다. 시원한 감을 주면서 메스꺼움을 멈춘다.

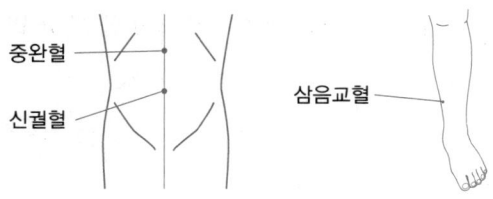

중완혈

신궐혈

삼음교혈

2) 임신부 부종

【음식요법】

◎ **검정콩즙**
적응증 임신부 부종
용법 검정콩 30g을 즙을 내어 따뜻하게 데워 먹는다. 7~10일 계속 먹으면 좋다.

◎ **냉이약죽**
적응증 임신부 부종, 노인 부종, 소변이 흐리거나 피오줌이 나오는 데, 혈변, 눈에 피가 지면서 잘 보이지 않는 데, 망막출혈, 만성 신염
재료 냉이(생것) 250g, 흰쌀 100g
용법 냉이를 깨끗이 씻어서 잘게 썰어 흰쌀과 죽을 쑤어 하루 2번에 나누어 식기 전에 식사로 먹는다.
효능 비를 보하고 눈을 밝게 하며 출혈을 멈춘다.

◎ **냉이달걀약국**

적응증 신장결핵, 임신부 부종

재료 냉이 200g(마른 것 50g), 달걀 1개, 소금 적당량

용법 냉이를 깨끗이 씻어 끓는 물에 넣고 국을 끓이다가 국이 다 될 무렵에 달걀을 넣고 소금으로 간을 맞추어 먹는다. 하루에 1~2번씩 1달 정도 먹는다.

효능 비를 보하고 습을 없애며 출혈을 멈춘다.

◎ **녹두나물약볶음**

적응증 부스럼이 난 자리, 소변이 벌겋고 잘 나오지 않는 데, 임신부나 산후에 소변이 잘 나오지 않는 데, 임신부 부종

재료 녹두나물, 식물성 기름, 소금, 양념감 각 적당량

용법 녹두나물 적당량을 식물성 기름에 볶은 다음 소금과 양념재료를 넣어 반찬으로 먹는다.

효능 열독(熱毒)을 없애고 삼초(三焦)를 고르게 한다.

◎ **땅콩대추약국**

적응증 임신부 부종

재료 땅콩 125g, 대추 10개, 마늘 30g, 기름 15g

용법 먼저 솥에 기름을 두르고 땅콩을 넣고 볶아 80% 정도 익힌다. 까서 얇게 썬 마늘을 넣고 약간 볶다가 여기에 땅콩(껍질 벗긴 것)과 대추(씨를 뺀 것)를 넣고 물 1ℓ를 부어 푹 끓인다. 하루 2~3번에 나누어 먹는다. 7~10일 정도 계속하는 것이 좋다.

효능 비위를 튼튼하게 하고 폐를 눅여준다.

◎ 검정콩마늘약탕

적응증 임신부 부종

재료 검정콩 100g, 마늘, 설탕 각 30g

용법 먼저 검정콩을 씻어 일고, 마늘을 까서 얇게 썰어 솥에 넣는다. 솥에 물 1ℓ를 부어 센 불로 끓이다가 검정콩, 마늘, 설탕을 넣고 약한 불에 푹 삶아 먹는다. 5~7번 먹으면 효과가 있다.

효능 피를 잘 돌게 하고 소변이 잘 나오게 한다.

◎ 밀쌀찹쌀겨떡

적응증 임신부 부종

재료 밀쌀, 찹쌀겨 각 적당량

용법 밀쌀, 찹쌀겨를 같은 분량 가루내어 반죽한 다음 밤알 크기로 떡을 빚어 익혀서 매일 3~5알씩 먹는다.

◎ 부추잎즙

적응증 임신부 부종, 딸국질

용법 부추잎(생것) 적당한 양을 끓는 물에 데친 다음 짓찧어 즙을 내어 한번에 100㎖씩 하루 3번 먹는다.

◎ 상추생채

적응증 소변이 잘 나오지 않는 데, 임신부 부종

재료 상추 250g, 술, 소금, 식초, 조미료 각 적당량

용법 상추를 깨끗이 씻어 가늘게 썰고, 소금을 쳐서 잠깐 재웠다가 물기를 없애고 위의 양념재료를 넣어 먹는다.

효능 비를 보하고 소변이 잘 나오게 한다.

◎ 수박

적응증 임신부 부종

용법 수박즙 혹은 수박껍질을 물에 달여 마시거나 수박을 잘게
썬 다음 고약처럼 만들어 2순가락씩 하루 2번 먹는다.

◎ 수박토마토약즙

적응증 여름철 감기, 열이 나면서 가슴이 답답한 데, 갈증이 나는
데, 입맛이 없으면서 소화가 안 되는 데, 임신 후 가슴이 답답하
고 불안한 데, 임신부 부종

재료 수박, 토마토 적당량

용법 수박을 깨끗이 씻어 속을 파낸 다음 씨를 버리고 깨끗한 약
천으로 짜서 즙을 낸다. 수박즙과 토마토즙을 고루 섞어 자주 마
신다.

효능 진액이 생기게 하고 갈증을 멈추며 위를 튼튼하게 하고 소
화를 돕는다.

◎ 복령약죽

적응증 노인 부종, 단순성 비만증, 설사, 배뇨장애, 월경 때나 임
신 때 설사하거나 몸이 붓는 데

재료 백복령 15g, 흰쌀 100g

용법 백복령을 보드랍게 가루낸 다음 흰쌀과 함께 넣고 죽을 쑤
어 식사로 먹는다. 설사에 쓸 때에는 소금으로 간을 맞추어 먹을
수 있다.

효능 비위를 보하고 소변이 잘 나오게 하며 부종을 내린다.

    ※탈항이나 소변량이 많은 데는 쓰지 않는다.

◎ **복령약지짐**

적응증 몸이 허약한 데, 가슴이 두근거리고 숨이 찬 데, 입맛이 없는 데, 월경기에 설사하거나 몸이 붓는 데, 임신부 부종

용법 복령가루와 흰쌀가루, 설탕가루 각 적당량을 고루 섞은 데에 물을 붓고 묽게 반죽한 다음 달군 프라이팬에 기름을 두르고 얇게 지져 식사로 먹거나 간식으로 먹는다.

효능 위를 튼튼하게 하고 기를 보한다.

◎ **약밤죽**

적응증 몸이 허약한 데, 설사를 하는 데, 노인이 허리가 아프고 힘이 없는 데, 월경 때 설사하는 데, 임신부 부종

재료 약밤(가루낸 것) 40g, 흰쌀(혹은 찹쌀) 200g

용법 흰쌀로 죽을 쑤다가 밤가루를 넣고 잠시 더 끓여 하루 2번에 나누어 먹는다. 여러날 계속하여 먹는 것이 좋다.

효능 비위를 보하고 설사를 멈춘다.

◎ **옥수수차**

적응증 임신부 부종

용법 옥수수를 적당량 삶아 차 대신 자주 마신다.

◎ **콩국**

적응증 임신부 부종

용법 콩국 200㎖에 설탕 120g을 넣어 하루 5~6번에 나누어 먹는다. 2~4일 먹은 후부터 무염식사를 한다. 이틀째 되는 날부터 과일과 연꽃뿌리가루를 배합하여 배고픈 감을 없앤다.

◎ **팥약죽**

적응증 몸이 붓는 데, 단순성 비만증, 월경 때 몸이 붓거나 설사하는 데, 임신부 부종

재료 팥 30g, 흰쌀 200g, 소금 적당량

용법 팥에 물을 붓고 푹 무르도록 삶은 다음 흰쌀을 일어 넣고 죽을 쑨다. 죽이 다 되면 소금으로 간을 맞추어 한꺼번에 먹는다.

효능 비(脾)를 보하고 수습(水濕)을 잘 통하게 한다.

　　※몸이 붓는 데는 소금을 치지 않고 먹는다.

◎ **고구마, 생강**

적응증 임신부 부종, 변비

재료 고구마 240g, 생강 3쪽, 설탕 적당량

용법 고구마의 껍질을 벗기고 잘게 썰어 물을 적당히 붓고 푹 삶은 다음 설탕과 생강을 넣고 다시 약간 끓여 아침 또는 점심에 식사 또는 간식으로 먹는다.

효능 소변이 잘 나오게 하고 대변이 통하게 한다.

◎ **대추약만두튀김**

적응증 음식을 적게 먹는 데, 월경 때 설사하거나 붓는 데, 입덧, 임신부 부종

재료 대추 250g, 호두살 50g, 마늘 50g, 밀가루 500g, 돼지기름 125g

용법 호두살과 산약, 대추살을 함께 짓찧어 속을 만든다. 밀가루에 돼지기름을 조금 섞어 물로 반죽한 다음 얇게 밀어서 만두피를 만들고 속을 넣어 빚는다. 이것을 끓는 기름에 넣어 튀겨내어

식사로 먹거나 간식으로 먹는다.

효능 신기(腎氣)를 보하고 비위를 튼튼하게 한다.

◎ 옥수수대추산약약죽

적응증 임신부 부종, 헛배가 부르고 입맛이 없는 데

재료 옥수수 적당량, 대추, 산약 각 30g

용법 씨를 제거한 대추와 가루낸 산약을 옥수수와 함께 약한 불로 죽을 쑤어 한꺼번에 먹는다.

효능 기를 보하고 소화를 돕는다.

◎ 돼지내장고추뿌리약국

적응증 임신부 부종

재료 돼지내장 250g, 고추뿌리 30g

용법 먼저 고추뿌리를 물에 넣고 적당히 끓여서 건져버린 다음 그 물에 깨끗이 손질한 돼지내장을 넣고 푹 삶아서 기름과 소금을 넣고 간을 맞추어 먹는다.

효능 소변이 잘 나가게 하고 부은 것을 내린다.

◎ 돼지콩팥구계약탕

적응증 임신부 부종, 허리와 무릎이 아프고 귀에서 소리가 나며 어지럼증이 있는 데

재료 돼지콩팥 1개, 구기자 30g, 육계나무가지 6g, 생강 2쪽, 식물성 기름 적당량

용법 질그릇을 불 위에 놓고 솥이 달아오를 무렵에 식물성 기름 적당량을 두른다. 약간 볶은 다음 돼지콩팥(맑은

육계나무가지

물에 30분 정도 우려 누린내를 없애고 잘게 썬 것), 구기자, 육계나무가지(약천에 싼 것), 생강을 넣고 물 700㎖ 정도 붓고 푹 익을 때까지 삶는다. 육계나무가지를 버리고 식기 전에 먹는다. 10~15번 정도 만들어 먹는 것이 좋다.
효능 심(心)을 보하고 부은 것을 내린다.

◎ 돼지간녹두약죽
적응증 영양장애로 눈이 잘 보이지 않는 데, 몸이 붓는 데, 임신부 부종과 산후 배뇨장애
재료 돼지간 100g, 녹두 50g, 흰쌀 150g
용법 녹두와 흰쌀을 깨끗이 일어 물과 함께 넣고 녹두가 거의 퍼지도록 죽을 쑨다. 깨끗이 씻은 돼지간을 잘게 썰어 넣고 충분히 끓여 거품을 거두어 버리고 하루 3번 식전에 먹는다.
효능 간을 보하고 소변을 잘 나가게 하며 해독한다.
　　　※붓는 데는 소금을 넣지 않고 먹는 것이 좋다.

◎ 돼지간녹두약탕
적응증 임신부 부종, 야맹증
재료 돼지간 150g, 녹두 4줌
용법 깨끗이 손질한 돼지간과 녹두를 물에 끓여서 하루 3번에 나누어 공복에 먹는다.
효능 눈을 밝게 하고 부종을 내리며 해독한다.

◎ 돼지위올방개약탕
적응증 식체, 헛배부른 데, 신장성 부종, 임신부나 산후에 몸이

붓는 데

재료 돼지위(저두) 150~200g, 올방개 10~15개, 소금 적당량

용법 올방개는 껍질을 벗겨서 잘게 썰고 돼지위는 깨끗이 씻어서 잘게 썬 다음 올방개와 함께 물에 넣고 끓여 소금으로 간을 맞추어 먹는다.

효능 비를 보하고 적(積)을 없애며 부종을 내린다.

   ※붓는 데는 소금을 치지 않고 먹는다.

◎ 닭고기팥약국

적응증 임신부 부종

재료 팥(물에 불린 것) 90g, 닭(누런 것) 1마리

용법 닭의 털과 내장을 버리고 깨끗이 손질한 다음 닭의 뱃속에 팥을 넣고 푹 삶아서 하루 3번에 나누어 식간에 먹는다.

효능 몸을 보하고 소변이 잘 나오게 하며 부은 것을 내린다.

◎ 닭내장약지짐

적응증 소변을 자주 보거나 소변량이 많은 데, 임신부 부종과 배뇨장애

재료 닭 1마리의 내장, 밀가루 250g, 식물성 기름 30g, 소금, 파, 생강, 마늘 각 적당량

용법 닭의 내장을 깨끗이 씻어 말린 후 솥에 넣고 바삭바삭하게 볶아 가루낸다. 여기에 밀가루와 소금, 파, 생강, 마늘을 썰어 넣고 묽게 반죽한 다음 프라이팬을 달군 뒤 기름을 두르고 지져서 식사로 늘 먹는다.

효능 신을 보하고 소변량을 줄인다.

◎ 암탉팥약곰

적응증 영양장애성 부종, 심장성 부종, 만성 신염, 임신부 부종

재료 암탉 1마리(500g정도 되는 것), 붉은 팥(적소두) 60g

용법 닭의 내장을 버리고 깨끗이 씻은 다음 배 안에 물에 불린 팥을 넣고 꿰맨다. 이것을 사기뚝배기에 앉히고 뚜껑을 꼭 덮어서 물솥에 넣고 고아서 먹는다.

효능 속을 덥혀주고 기운을 돋우며 소변을 잘 나가게 하고 부은 것을 내린다.

◎ 오리팥약곰

적응증 몸이 붓는 데, 임신부 부종, 대하

재료 청대가리 오리 1마리, 초과 1개, 팥 250g, 소금, 파 각 적당량

용법 오리의 털과 내장을 버리고 깨끗이 손질한다. 팥은 물에 불리고 초과는 부스러뜨려 물에 불린다. 오리의 배 안에 팥과 초과를 넣고 꿰맨다. 이것을 솥에 앉히고 물을 적당히 부어서 푹 익힌다. 국물이 거의 졸아들면 양념하여 먹는다.

효능 비위를 보하고 위의 기능을 도우며 소변을 잘 나가게 한다.

◎ 대합조갯살, 마늘

적응증 임신부 부종

용법 대합조갯살 15g에 마늘 10개를 넣고 물에 달여 식전에 먹는다.

◎ 대합조개약찜

적응증 빈혈, 허리와 무릎이 시리고 아픈 데, 손발이 찬 데, 임신

부 부종

재료 대합조개(생것) 500~800g, 땅콩기름, 간장 각 적당량

용법 대합조개를 씻어 껍질째로 끓는 물에 넣고 살짝 데쳐서 조갯살만 꺼내어 볶은 땅콩기름을 넣은 양념장에 찍어 먹는다.

효능 비위를 튼튼하게 하고 혈을 보한다.

◎ 대합조개옥수숫수염약국

적응증 임신부 부종

재료 대합조갯살 50~200g, 옥수숫수염 30~60g

용법 옥수숫수염을 물에 끓인 다음 찌꺼기를 건져버리고 거기에 대합조갯살을 넣고 국을 끓여 먹는다. 하루걸러 몇 번 거듭 먹는 것이 좋다.

효능 신장을 보하고 소변이 잘 나오게 하며 혈압을 낮춘다.
　　※고혈압병, 당뇨병, 신염, 담낭염, 담석증, 비뇨기결석, 만성 간염,
　　요도감염 등에 보조치료 목적으로 쓴다.

◎ 조기마늘약탕

적응증 임신부 부종

재료 조기 150g, 마늘 30g

용법 조기를 비늘과 내장을 버리고 씻어서 길이 3cm로 토막 낸다. 잘게 썬 마늘과 함께 솥에 넣고 물 750㎖를 부은 다음 약한 불에서 푹 끓여 먹는다. 5~7번 먹으면 효과가 있다.

효능 위를 튼튼하게 하고 기를 보하며 이질을 낮게 한다.

◎ 가물치약구이

적응증 임신부 부종
재료 가물치 500g, 마늘, 팥 각 적당량
용법 가물치의 내장을 버리고 비늘이 있는 째로 깨끗이 씻은 다음 배 안에 마늘과 팥을 가득 넣고 물에 적신 두꺼운 종이로 몇 겹 싸서 불에 구워서 간 없이 먹는다. 여러날 계속 먹으면 효과가 있다.
효능 소변이 잘 나오게 하고 부은 것을 내린다.

◎ **가물치마늘약찜**
적응증 영양장애성 부종, 신장성 부종, 간경변 복수, 월경 때나 임신부 부종
재료 가물치 200~250g, 마늘 60~90g
용법 가물치의 내장을 버리고 물에 깨끗이 씻은 다음 배 안에 마늘을 짓찧어 넣고 쪄서 먹는다. 여러날 먹으면 좋다.
효능 비를 보하고 소변을 잘 나가게 한다.

◎ **미꾸라지, 마늘**
적응증 임신부 부종
용법 미꾸라지, 마늘 각 적당한 분량을 푹 삶아서 소금을 넣지 않고 여러날 먹는다.

◎ **농어황기약찜**
적응증 소아 소화불량증, 임신부 부종, 절박유산, 수술 후 새살이 잘 돋아나게 하는 데
재료 농어 1마리(250~500), 황기 15~30g

용법 농어를 비늘과 아가미, 내장을 버리고 물로 깨끗이 씻는다. 황기는 꿀물에 재워서 볶는다. 이것을 농어 뱃속에 채워 넣고 1시간 정도 쪄 익혀서 한꺼번에 먹는다. 하루걸러 한번씩 3~5번 정도 먹으면 효과가 있다.

효능 비위를 보하고 기운을 돋운다.

◎ 붕어구기자약국

적응증 만성 위염, 피로한 데, 월경 때 설사, 임신부 부종

재료 붕어 150g, 구기자 15g, 파, 식초, 술, 후춧가루, 생강, 소금, 조미료, 참기름, 돼지기름, 맨국, 우유 각 적당량

용법 붕어는 비늘과 아가미, 내장을 버리고 깨끗이 씻어 따뜻한 물에 담가두었다가 건져내어 가로세로 칼자리를 낸 다음 삶아서 비린내를 없앤다. 파, 생강은 잘게 썬다. 달군 솥에 돼지기름을 두르고 후춧가루, 파, 생강을 넣어 볶는다. 여기에 맨국과 우유, 따뜻한 물에 씻은 구기자를 넣고 끓이다가 붕어를 같이 넣고 20분 정도 더 끓여 조미료, 소금, 파, 식초, 참기름 등을 쳐서 먹는다.

효능 비위를 보하고 습을 없애며 기운을 돋운다.

◎ 잉어동아약국

적응증 임신부 부종

재료 잉어(1,000g정도) 1마리, 동아(동과) 90g

용법 잉어를 잡아 비늘과 내장을 버리고 깨끗이 씻는다. 동아는 길이, 너비 각 3cm 크기로 썬다. 이것을 솥에 넣은 다음 물 1ℓ를 부어 푹 끓인다. 하루 2~3번에 나누어 따뜻하게 데워 먹는다.

효능 수습을 없애고 담을 삭이며 열을 내리고 해독한다.

◎ 잉어동아약찜

적응증 영양장애성 부종, 심장 및 신장성 부종, 임신부 부종

재료 잉어 500g, 동아 500g, 총백 6개, 기름, 소금 각 적당량

용법 잉어의 내장은 버리고 비늘을 그대로 둔 채 깨끗이 손질한 다음 총백과 동아를 썰어넣고 시루나 물솥에서 쪄서 기름과 소금을 약간 넣고 하루 2~3번에 나누어 먹는다.

효능 비와 신기를 보하고 소변이 잘 나오게 하며 부은 것을 내린다.

　　※부종이 심할 때는 소금을 넣지 않고 먹는다.

◎ 잉어아욱총백약탕

적응증 임신부 부종, 소변이 잘 나오지 않는 데

재료 잉어 1마리, 아욱 300g, 총백 160g, 소금 적당량

용법 잉어의 비늘과 내장을 버리고 깨끗이 손질한 다음 아욱과 총백(파의 하얀 밑부분)을 함께 끓이다가 소금으로 간을 맞추어 3번에 나누어 먹는다.

효능 부은 것을 내리고 소변이 잘 나오게 한다.

◎ 잉어복령피약탕

적응증 임신부 부종

재료 잉어(500g 이상) 1마리, 복령피 30g, 생강 3쪽

용법 잉어의 비늘과 내장을 버리고 깨끗이 손질하여 토막낸 것을 복령피(솔풍령껍질), 생강과 함께 물 2ℓ에 넣고 끓여서 하루 3번에 나누어 식기 전에 먹는다. 3~5번 정도 반복하여 먹는 것이 좋다.

효능 부은 것을 내리고 소변이 잘 나오게 한다.

◎ 잉어대가리국
적응증 임신부 부종
용법 잉어대가리 1개의 비늘을 없애고 깨끗이 씻어 물에 끓여 국물을 마신다.

◎ 잉어팥생강약탕
적응증 임신부 부종
재료 잉어 1마리, 팥 120g, 생강, 파 각 적당량
용법 잉어의 비늘과 내장을 버리고 깨끗이 손질한 다음 팥, 생강, 파와 함께 물 1ℓ를 붓고 푹 끓여서 하루 2번에 나누어 먹는다.
효능 부은 것을 내리고 소변이 잘 나오게 한다.

◎ 잉어팥약찜
적응증 임신부 부종, 간경변 복수
재료 잉어(생것) 1마리, 팥 500g
용법 잉어를 비늘과 내장을 버리고 깨끗이 씻어 배 안에 팥(불린 것)을 넣어 냄비에 담은 다음 거기에 물을 붓고 충분히 끓여서 물이 거의 졸아들게 한다. 하루 2~3번에 나누어 먹는다.
효능 소변이 잘 나오게 하고 비위를 튼튼하게 하며 황달을 없애고 태아를 안정시킨다.

◎ 잉어팥약탕
적응증 임신부 부종, 다리가 붓는 데

재료 잉어 1마리, 팥 90g, 파, 생강, 술, 설탕 각 적당량
용법 잉어의 비늘과 아가미, 내장을 버리고 적당한 길이로 토막
낸다. 여기에 팥, 파, 생강, 술, 설탕 각 적당량을 넣고 끓이다가
중등도 세기의 불에서 고기가 푹 익을 때까지 끓인다. 한꺼번에
먹거나 2번에 나누어 공복에 먹는다.
효능 영양작용, 이뇨작용이 있다.

◎ 무붕어약탕
적응증 만성 기관지염, 임신부 부종
재료 붕어 300g, 무 200g
용법 무를 깨끗이 씻어서 껍질을 깎아버리고 잘게 썬다. 붕어는
내장을 버리고 토막을 낸다. 이렇게 한 무와 붕어를 함께 넣고 충
분히 끓여서 식기 전에 먹는다.
효능 비위를 튼튼하게 하고 기침을 멈추며 담을 삭인다.

◎ 붕어찹쌀약죽
적응증 입맛이 없고 몸이 허약한 데, 입덧, 임신부 부종, 배뇨장애
재료 붕어 1~2마리, 찹쌀 100g
용법 붕어를 깨끗이 손질하여 솥에 넣고 끓인 다음 뼈를 추려내
고 거기에 찹쌀을 씻어 넣고 죽을 쑤어 먹는다.
효능 비위를 보하고 입맛을 돋우며 소변이 잘 나오게 한다.

◎ 붕어팥약탕
적응증 임신부 부종
재료 붕어 250g, 팥 90g

용법 팥을 씻어 붕어(비늘과 내장을 버린 것)와 함께 냄비에 넣고 물 500~600㎖를 부은 다음 센 불에서 푹 끓여 식기 전에 먹는다. 5~7번 만들어 먹으면 효과가 있다.

효능 부은 것을 내리고 소변이 잘 나오게 하며 해독한다.

　※위의 처방에 귤껍질(물에 불려 잘게 썰거나 그대로 부스러뜨린 것)을 함께 달여 먹어도 좋다.

【약초요법】

◎ 팥, 뽕나무뿌리속껍질(상백피)
적응증 임신부 부종

용법 팥(붉은 것) 40g과 뽕나무뿌리속껍질 20g을 물에 달여 식후에 먹는다.

◎ 귤껍질감초약단졸임
적응증 위 및 십이지장궤양, 임신부 부종, 월경 때 설사하거나 붓는 데

재료 귤껍질, 감초 각 100g, 꿀 적당량

용법 귤껍질과 감초는 깨끗이 씻어 누기를 주고 잘게 썰어 물에 불렸다가 20분 정도 끓여 거르기를 3번 반복한 다음 거른 액을 합하여 약한 불에서 걸쭉해지도록 졸인다. 거기에 같은 양의 꿀을 넣고 더 끓여서 그릇에 담가두고 한번에 1숟가락씩 하루 2번 식전에 먹는다.

효능 비위를 보하고 소화를 도우며 습을 없애고 해독한다.

◎ 귤녹차

적응증 식체, 소화장애, 더위먹은 데, 소변이 누렇고 양이 적은 데, 임신부 부종

재료 귤 1개, 녹차 10g, 설탕 적당량

용법 귤에 구멍을 파고 녹차잎을 썰어 채워넣은 다음 햇볕에 말려두고 한번에 1개씩 달여서 차처럼 마신다. 어린이에게는 반 개씩 달여 설탕을 섞어서 먹인다.

효능 위를 보하고 열을 내리며 갈증을 멈추고 소변이 잘 나오게 하며 가슴이 답답한 증상을 낫게 한다.

◎ 복령피마늘대추약탕

적응증 임신부 부종

재료 복령피 9g, 마늘 15g, 대추 30g

용법 깨끗이 씻은 복령피, 마늘, 대추를 물에 달여 찌꺼기를 버리고 한꺼번에 먹는다. 여러날 먹는다.

효능 부은 것을 내리고 소변이 잘 나오게 한다.

◎ 호박꼭지

적응증 임신부 부종

용법 호박꼭지 15g을 물에 달여 마신다.

3) 가슴이 답답하고 불안할 때

【음식요법】

◎ 수박약즙

적응증 열이 나는 데, 갈증이 나는 데, 몸이 붓거나 소변이 잘 나오지 않는 데, 임신부가 가슴이 답답하고 불안한 데
용법 수박을 씻어 껍질과 씨를 버리고 약천에 싸서 즙을 내어 한 번에 마시는 것이 좋다.
효능 번열증을 없애고 갈증을 멈추며 소변을 잘 나가게 한다.

◎ 수박약단졸임

적응증 눈에 피가 진 데, 입안이 허는 데, 열이 나면서 갈증이 나는 데, 임신부가 가슴이 답답하고 불안한 데
용법 수박을 쪼개어 씨를 없애고 적당한 크기로 썰어 햇볕에 50% 정도 말린 다음 설탕을 뿌려 재워 두었다가 수시로 먹는다.
효능 열을 내리고 진액을 늘리며 갈증을 멈춘다.

◎ 수박토마토약즙

적응증 여름철 감기, 열이 나면서 가슴이 답답한 데, 갈증이 나는 데, 입맛이 없으면서 소화가 안 되는 데, 임신 후 가슴이 답답하고 불안한 데, 임신부 부종
재료 수박, 토마토 적당량
용법 수박을 깨끗이 씻고 속을 파낸 다음 씨를 버리고 깨끗한 약천으로 짜서 즙을 낸다. 토마토는 끓는 물에 데쳐낸 다음 껍질과

씨를 버리고 약천으로 싸서 즙을 낸다. 수박즙과 토마토즙을 고루 섞어 자주 마신다.

효능 진액을 생성시키고 갈증을 멈추며 위를 튼튼하게 하고 소화를 돕는다.

◎ 미나리약죽

적응증 머리가 어지럽고 아픈 데, 만성 간염, 임신부가 가슴이 답답하고 불안한 데, 산후에 어지럽고 머리가 아픈 데

재료 미나리(뿌리째로) 120g, 흰쌀 250g, 소금, 조미료 각 적당량

용법 미나리를 뿌리째로 깨끗이 씻어 2cm 길이로 잘라 솥에 넣고 끓이다가 흰쌀을 씻어넣어 죽을 쑨 다음 조미료와 소금을 쳐서 식사 때마다 먹는다.

효능 간열(肝熱)을 내리고 풍(風)을 없앤다.

◎ 시금치약죽

적응증 고혈압병, 빈혈증, 습관성 변비, 임신부가 가슴이 답답하고 불안한 데

재료 시금치, 흰쌀 각 250g, 소금, 조미료 각 적당량

용법 시금치를 깨끗이 씻어 끓는 물에 살짝 데쳐 낸 다음 잘게 썬다. 먼저 흰쌀을 씻어서 솥에 넣고 죽을 쑤다가 죽이 거의 되었을 무렵에 시금치를 넣고 잠시 더 끓여 소금과 조미료를 쳐서 식기 전에 먹는다.

효능 혈을 보하고 메마른 것을 눅여준다.

◎ 배꿀약졸임

적응증 열이 나고 입안이 마르는 데, 소갈, 임신부가 가슴이 답답
하고 불안한 데

재료 배 500g, 꿀 100g

용법 배를 깨끗이 씻어 꼭지와 씨를 없애고 잘게 썰어 솥에 넣고
적당량의 물을 부은 다음 배가 70% 정도 익을 때까지 끓인다.
물이 거의 졸면 거기에 꿀과 물을 넣어 다시 열을 가하여 걸쭉하
게 될 때까지 졸인다. 식으면 그릇에 넣어 보관하고 한번에 1숟가
락씩 하루 3번 물에 타서 먹는다.

효능 열을 내리고 갈증을 멈추며 마른 것을 누그러뜨린다.

◎ 돼지고기굴약국

적응증 임신 때 가슴이 답답하고 불안한 데, 산후 식은땀이 나는 데

재료 돼지고기, 굴(생것) 각 150g, 소금 적당량

용법 굴과 돼지고기(적당하게 썬 것)를 냄비에 넣고 물을 부은 다
음 끓여서 익힌다. 소금으로 간을 맞추어 한번에 먹거나 2번에
나누어 먹는다.

효능 혈을 보하고 정신을 안정시킨다.

◎ 돼지고기조개약국

적응증 갈증이 나는 데, 신경증, 불면증, 야뇨증, 월경 때 머리가
아프고 잠이 잘 오지 않는 데와 임신부가 가슴이 답답하고 불안
한 데

재료 돼지고기 150g, 조갯살(말린 것) 15~30g, 소금 적당량

용법 조갯살을 물에 불렸다가 잘게 썬 돼지고기와 함께 냄비에

넣고 물을 부은 다음 푹 끓여서 소금으로 간을 맞추어 먹는다.

효능 신음을 보한다.

◎ 메밀약떡

적응증 임신 때 열감이 있으면서 가슴이 답답하고 불안한 데, 월경 때 설사가 있는 데

재료 메밀가루, 설탕 각 적당량

용법 메밀가루에 적당량의 물을 붓고 반죽하여 얇게 밀고 여기에 설탕 적당량을 속으로 넣고 떡을 빚어 프라이팬에 약간 바삭바삭하게 굽는다. 하루에 여러번 나누어 먹는다.

효능 열을 내리고 설사를 멈춘다.

◎ 엿콩국

적응증 만성 위염, 몸이 허약한 데, 임신 때 가슴이 답답하고 불안한 데, 기침

재료 엿 1숟가락, 콩국 적당량

용법 엿을 사발에 넣고 여기에 끓는 걸쭉한 콩국을 붓고 잘 저어서 식기 전에 먹는다.

효능 몸을 보하고 통증을 멈추며 음을 보한다.

◎ 오리알지황약국

적응증 임신부가 가슴이 답답하고 불안해하며 손발바닥이 달아오르는 데

재료 오리알 2개, 건지황 30~50g

용법 건지황을 물에 씻어 잘게 썬 다음 냄비에 넣고 물 750㎖를

부어 30분 정도 끓이다가 오리알을 깨서 넣고 익혀서 식기 전에 먹는다.

효능 열을 내리게 하고 음혈을 보한다.

◎ 양염통대추약국

적응증 가슴이 답답하고 두근거리는 데, 심장신경증, 임신 때 가슴이 답답하고 불안한 데

재료 양의 염통 1개, 대추 10~15개

용법 양염통을 깨끗이 씻어서 잘게 썰고 대추는 씨를 뺀 다음 함께 섞어서 냄비에 넣고 물을 부은 다음 끓여서 식기 전에 먹는다.

효능 심을 보하고 정신을 안정시킨다.

◎ 뱀장어술약찜

적응증 몸이 허약한 데, 미열이 나는 데, 빈혈, 임신 때 가슴이 답답하고 불안한 데

재료 뱀장어 500g, 술 500g, 소금, 식초 각 적당량

용법 뱀장어(아가미와 내장을 버리고)를 물에 깨끗이 씻어 솥에 넣고 거기에 술과 물을 조금씩 붓고서 약한 불에서 물이 다 잦아들 때까지 끓인다. 소금으로 간을 맞추어 식초를 찍어 먹는다.

효능 몸을 보하고 허열(虛熱)을 내린다.

【약초요법】

◎ 참대잎약차

적응증 열이 나고 가슴이 답답하며 갈증이 나는 데, 잠이 잘 오지

않는 데, 임신부가 가슴이 답답하고 불안한 데, 월경 때 잠이 잘 오지 않는 데

재료 참대잎 100g(마른 것 50g), 설탕 50g

용법 참대잎을 깨끗이 씻어서 잘게 썬 다음 물을 붓고 1시간 정도 끓인다. 찌꺼기를 버리고 다시 약한 불에서 달여 걸쭉하게 될 때까지 졸인 다음 식혀서 설탕을 넣어 섞는다. 이것을 햇볕에 말려 덩어리가 된 다음 부스러뜨려 병에 넣어 두고 한번에 10g씩 하루 2~3번 따뜻한 물에 타서 마신다.

효능 열을 내리고 가슴이 답답한 증세를 낫게 한다.

4) 가슴이 답답하고 불안하며 기침이 날 때

【음식요법】

◎ **무약죽**

적응증 임신 때 가슴이 답답하고 불안하며 기침을 하는 데, 노인의 만성 기관지염, 가슴이 묵직하고 답답한 데, 헛배가 부른 데, 노인당뇨병

재료 생무 250g(또는 무씨가루 10~15g), 흰쌀 100g

용법 무(또는 무씨가루)를 깨끗이 씻어서 잘게 썰거나 짓찧어 즙을 내어 흰쌀과 함께 죽을 쑨다. 하루 2번에 나누어 아침저녁 식기 전에 식사로 먹는다.

효능 담을 삭이고 기침을 멈추며 음식을 소화시키고 갈증을 멈춘다.

　　※무죽을 먹는 기간에는 하수오나 지황이 들어간 약을 쓰지 않는다.

◎ **무꿀약졸임**

적응증 소화가 안 되고 헛배가 부른 데, 메스껍거나 토하는 데, 입덧

재료 무(생것) 500g, 꿀 150g

용법 무를 깨끗이 씻어 적당한 크기로 썰어 끓는 물에 데쳐 낸 다음 물기를 없애서 햇볕에 반나절 말린다. 이것을 다시 솥에 넣고 꿀을 넣은 다음 약한 불에서 졸인다. 한번에 1숟가락씩 하루 3번 먹는다.

효능 기를 잘 돌게 하고 담을 삭인다.

◎ **잣약죽**

적응증 임신 때 가슴이 답답하고 불안하며 기침을 하는 데, 산후변비, 노인이 몸이 허약한 데, 어지럼증, 기침, 토혈, 습관성 변비

재료 잣 30~40g, 흰쌀 100g

용법 잣을 까서 속껍질을 벗기고 속살을 짓찧은 다음 흰쌀과 함께 죽을 쑤어 식사로 먹거나 간식으로 먹는다.

효능 몸을 보하고 진액을 생성시키며 폐를 눅여주고 입맛을 돋우며 장을 윤활하게 한다.

　　※노인의 설사나 변비에는 쓰지 않는다.

◎ **백합약죽**

적응증 임신 때 가슴이 답답하고 기침하는 데, 월경 때 어지럽고 머리가 아픈 데, 노인의 만성 기관지염, 마른기침, 앓고난 후 열이 내리지 않는 데, 갱년기장애

재료 백합(가루낸 것) 30g, 흰쌀 100g, 설탕 적당량

용법 흰쌀로 죽을 쑤다가 백합가루를 넣고 잠시 더 끓인 다음 설탕을 넣어 식사로 먹는다. 신선한 백합을 쓸 때에는 설탕을 적당하게 넣고 흰쌀과 함께 죽을 쑤어 식기 전에 먹는다.

효능 폐를 눅여주고 기침을 멈추며 심을 보하고 정신을 안정시킨다.

※감기 때 기침이 나고 비위가 허한 노인에게는 쓰지 않는다.

◎ **밤송이동아약차**

적응증 임신부가 가슴이 답답하고 불안하며 기침이 나는 데, 백일해, 목림프절염, 노인의 만성 기관지염

재료 밤송이(가시 있는 것) 20~40g, 동아(동과), 설탕 각 30~60g

용법 밤송이를 짓찧어서 동아와 함께 물에 넣고 달인 다음 찌꺼기를 걸러버리고 설탕을 타서 차처럼 마신다. 4~6번 마시면 효과가 나타난다.

효능 단단한 것을 유연하게 하며 가슴이 답답한 증상과 기침을 낫게 한다.

◎ **잉어약탕**

적응증 임신부가 가슴이 답답하고 불안하며 기침을 하는 데, 몸이 허약한 데, 기침을 하고 숨이 찬 데, 가슴과 명치 밑이 묵직하고 배가 아픈 데

재료 잉어 1마리, 식물성 기름, 간장, 설탕, 술, 생강, 마늘, 부추, 식초 각 적당량

용법 잉어의 아가미와 내장을 버리고 깨끗이 씻어 토막을 내어 끓는 기름에 넣고 튀겨 낸 다음 그릇에 담는다. 간장과 설탕, 술

을 적당히 넣고 물을 부은 다음 약한 불에서 서서히 끓여서 다 익으면 부추와 생강, 마늘을 다져 넣고 식초를 약간 쳐서 먹는다.
효능 몸을 보하고 기를 순조롭게 한다.

◎ 버섯돼지고기약국
적응증 백혈구 감소증, 만성 간염, 월경부조, 임신 때 가슴이 답답하고 불안하며 몸이 붓고 기침이 나는 데
재료 돼지고기, 버섯 각 100g, 소금 적당량
용법 버섯은 물에 담가 불렸다가 깨끗이 씻고, 돼지고기는 잘게 썰어 버섯과 함께 솥에 넣고 국을 끓인다. 소금으로 간을 맞추어 식기 전에 먹는다.
효능 비를 튼튼하게 하고 음을 보하며 마른 것을 눅여준다.

◎ 생지황약죽
적응증 임신 때 가슴이 답답하고 불안하며 기침하는 데, 미열이 나고 기침을 하며 때로 혈담을 뱉는 데
재료 생지황 50g(마른 것은 10g), 흰쌀 적당량
용법 생지황뿌리를 깨끗이 씻어 썰어 적당한 양의 물에 넣고 1시간 정도 끓인 다음 찌꺼기를 건져버리고 거기에 흰쌀을 깨끗이 일어 넣고서 죽을 쑤어 식사로 먹는다. 며칠 동안 먹으면 효과가 있다.
효능 열을 내리게 하고 혈열을 내리게 하며 음을 보한다.

◎ 돼지고기밤약국
적응증 노인의 만성 기관지염, 임신부 기침

재료 돼지고기 200g, 밤 250g, 소금, 조미료 각 적당량
용법 밤은 껍질을 벗기고 돼지고기는 깨끗이 씻어 잘게 썬다. 냄비에 함께 넣고 국을 끓여서 소금으로 간을 맞추고 조미료를 쳐서 식기 전에 먹는다.
효능 기혈을 보하고 신음을 도우며 기침을 멈춘다.

◎ 배약죽
적응증 열이 나면서 기침을 하고 입맛이 없는 데, 임신부 기침과 어지럼증
재료 배 3개, 흰쌀 적당량
용법 배를 씻어서 잘게 썬다. 물을 적당히 붓고 30분 정도 끓여서 찌꺼기는 버리고 흰쌀을 넣어 죽을 쑤어 식기 전에 먹는다.
효능 열을 내리고 담을 삭이며 기침을 멈춘다.

◎ 표고버섯약죽
적응증 몸이 허약한 데, 기침이 나고 피가래가 나는 데, 장출혈, 임신부 기침
재료 표고버섯 5~10g, 흰쌀(또는 찹쌀) 100g, 대추 3~5개, 설탕 적당량
용법 표고버섯을 물에 반나절 불리고 대추는 씨를 뺀다. 먼저 흰쌀에 대추를 넣고 죽을 쑨다. 죽이 끓을 때 표고버섯과 적당량의 설탕을 넣고 잠시 더 끓여서 저녁 식사로 먹는다.
효능 폐를 눅여주고 비위를 튼튼하게 하며 기를 보하고 출혈을 멈춘다.
　※감기로 기침이 나는 데는 쓰지 않는다.

【약초요법】

◎ 오미자구기약차

적응증 입맛이 없는 데, 몸이 허약한 데, 임신 때 가슴이 답답하고 불안하며 기침을 하는 데

재료 오미자(식초에 불려 볶은 것), 구기자 각 100g

용법 오미자와 구기자를 끓는 물 1.5ℓ에 넣어서 뚜껑을 봉하여 3일 정도 두었다가 그 물을 수시로 마신다. 설탕을 조금 섞어 마시는 것이 좋다.

효능 기를 보하고 간신(肝腎)을 도우며 입맛을 돋군다.

◎ 오미자꿀약찜

적응증 노인의 만성 기관지염, 임신부 기침

재료 오미자 2~3g, 꿀 25g

용법 오미자를 보드랍게 가루내어 꿀에 섞어 1시간 정도 쪄서 따뜻한 물에 타먹는다.

효능 폐기를 순조롭게 하고 기침을 멈춘다.

◎ 곶감약죽

적응증 피를 토하는 데, 마른기침이 나면서 혈담을 뱉는 데, 만성 대장염으로 대변에 피가 섞여나오는 데, 혈뇨, 치질로 피가 나오는 데 등 그 밖의 출혈, 임신부 기침

재료 곶감(씨를 뺀 것) 2~3개, 흰쌀 100g

용법 곶감을 말려 가루내서 흰쌀과 함께 죽을 쑤어 아침식사로 먹거나 간식으로 먹는다.

효능 비를 보하고 폐를 눅여주며 설사와 출혈을 멈춘다.
　　※곶감죽을 먹는 기간에는 게를 먹지 않는다.

◎ 달걀콩약국
적응증 기관지염으로 인한 기침, 임신부 기침
재료 콩물 500g, 달걀 1개, 설탕 적당량
용법 콩물을 냄비에 넣고 끓이다가 달걀을 까넣고 설탕을 타서
먹는다.
효능 몸을 보하고 메마른 것을 눅여주며 폐열을 내리고 담을 삭
인다.

◎ 대추약엿
적응증 기침, 몸이 허약한 데, 임신부 기침
재료 물엿 60g, 대추 15~20개
용법 대추를 물엿과 함께 끓여서 한번에 먹는다.
효능 몸을 보하고 비를 튼튼하게 하며 폐를 눅여준다.

◎ 백합달걀약탕
적응증 임신부 기침
재료 백합 7개, 달걀노른자 1개
용법 백합을 하룻밤 물에 불렸다가 물 1ℓ를 넣고 500㎖가 되게
달여서 찌꺼기를 버리고 달걀노른자를 넣어 하루 2번에 나누어
먹는다.
효능 폐를 눅여주고 기침을 멈춘다.

◎ 산약율무약죽

적응증 몸이 허약한 데, 마른기침이 나는 데, 월경통, 월경이 없는 데, 월경 때 어지러운 데, 임신부 기침

재료 율무씨(의이인), 산약(생것) 각 60g, 곶감(흰가루가 생긴 것) 24g

용법 산약은 깨끗이 씻어 잘게 썰고 율무씨는 짓찧어 부스러뜨린다. 함께 적당한 양의 물에 산약과 율무씨를 넣고 끓이다가 죽이 거의 될 무렵에 곶감을 잘게 썰어 넣고 잠시 더 끓여서 먹는다. 기침이 심할 때는 곶감을 더 넣는 것이 좋다.

효능 비와 폐를 보하며 기침을 멈추고 담을 삭인다.

◎ 삼즙고

적응증 미열이 나고 기침을 하는 데, 폐결핵, 임신부 기침

재료 배, 무 각 1,000g, 생강, 꿀 각 250g

용법 배(씨를 버린 것)와 무, 생강을 강판에 갈아 즙을 낸 다음 냄비에 담아 처음에는 센 불로 달이다가 점차 약한 불에서 걸쭉해지도록 졸인다. 여기에 다시 생강즙과 꿀을 섞어 졸인다. 한번에 1숟가락씩 하루 1~2번 술을 조금 섞은 더운 물에 타서 마신다.

효능 열을 내리고 기침을 멈추며 소화를 돕는다.

◎ 살구씨호두꿀

적응증 몸이 허약하고 기침을 하는 데, 숨이 찬 데, 임신부 기침

재료 살구씨, 호두살 각 250g, 꿀 500g, 설탕 적당량

용법 살구씨는 끓는 물에 담가두었다가 속껍질과 눈을 없애고 고소한 냄새가 날 때까지 볶는다. 짓찧은 호두살과 함께 솥에 넣고

설탕과 물을 넣어 걸쭉해질 때까지 끓인 다음 꿀을 넣고 잠시 더 끓여 낸다. 한번에 20g씩 하루 2번 먹는다.

효능 폐를 보하고 기침을 멈추며 숨찬 것을 낮게 한다.

◎ 생강무약즙

적응증 급성 인후염, 임신부 기침

재료 무 100g, 생강 50g

용법 무와 생강을 깨끗이 손질하여 따로따로 짓찧어 즙을 짜낸 다음 고루 섞어서 조금씩 자주 마신다.

효능 기침을 멈추고 담을 삭이며 해독한다.

◎ 소허파찹쌀약밥

적응증 노인의 만성 기관지염, 임신부 기침

재료 소허파 150~200g, 생강즙 10~15g, 찹쌀 적당량

용법 소허파를 얇게 썰어 깨끗이 씻은 다음 찹쌀과 함께 냄비에 넣고 밥을 짓는다. 밥이 다 되면 생강즙을 고루 섞어서 먹는다.

효능 폐와 비를 보하고 몸을 덥혀주며 기침을 멈추고 담을 삭인다.

◎ 참깨산약약튀김

적응증 기침이 나는 데, 머리카락이 일찍 희어지는 데, 습관성 변비, 임신부 기침과 산후 변비

재료 참깨 10g, 산약 250g, 엿 100g, 기름 적당량

용법 껍질을 벗긴 산약을 얇게 썰어 끓는 기름에 넣어 튀겨낸 데다 엿을 녹여 바르고 볶은 참깨를 입혀서 간식으로 늘 먹는다.

효능 비와 신을 보하고 메마른 것을 눅여준다.

◎ 호두설탕약찜

적응증 노인기침, 소변을 자주 보는 데, 허리와 무릎에 힘이 없는
데, 임신부 기침

재료 호두 10개, 설탕 30~50g, 술 1~2숟가락

용법 호두를 까서 살만 골라 설탕과 함께 그릇에 담고 거기에 술
을 넣은 다음 30분 정도 쪄서 하루 2번에 나누어 먹는다.

효능 신비(腎脾)를 보하고 폐를 눅여주며 혈을 보한다.

◎ 오리고기호두약튀김

적응증 마른기침, 허리가 아픈 데, 성기능장애, 변비, 임신부 기
침, 산후 변비

재료 오리 1마리, 호두살 200g, 올방개 150g, 닭고기 100g, 유
채씨, 파, 생강, 소금, 달걀흰자, 조미료, 술, 옥수수가루, 땅콩기
름 각 적당량

용법 오리의 털과 내장을 버리고 깨끗이 손질하여 끓는 물에 넣
었다 꺼내어 물기를 없앤 다음 그릇에 담는다. 여기에 파, 생강,
소금, 술을 뿌려 시루에 찐 다음 뼈를 발라낸다. 오리고기에 닭고
기, 달걀흰자, 옥수수가루, 조미료, 술, 소금, 짓찧은 호두살과 올
방개를 함께 버무려 끓는 기름솥에 넣고 튀겨내어 유채씨를 고루
뿌려 먹는다.

효능 신정을 보하고 폐를 눅여주며 천식을 낫게 한다.

◎ 귤껍질약설탕

적응증 입맛이 없으면서 소화가 안되는 데, 기침이 나면서 가래
가 많은 데, 임신부 기침

재료 귤껍질가루(흰속을 긁어버린 것) 100g, 설탕 500g

용법 설탕을 냄비에 넣고 물을 조금 붓고 약한 불에서 졸이다가 귤껍질가루를 고루 섞는다. 손에 붙지 않을 정도로 더 졸여 기름을 바른 쟁반에 담아 식힌 다음 약 100개 정도로 잘라서 한번에 1개씩 하루 3번 먹는다. 늘 먹으면 소화가 잘되고 입맛이 돈다.

효능 비를 보하고 입맛을 돋우며 기침을 멈추고 담을 삭인다.

◎ 생강녹차

적응증 감기, 임신부 기침

재료 생강 5쪽, 녹차 10g, 설탕 30g

용법 생강과 녹차, 설탕을 물 500㎖에 넣고 5~10분 정도 끓여서 식기 전에 마시고 땀을 낸다.

효능 풍한(風寒)을 없애고 열을 내리며 기침을 멈추고 담을 삭인다.

◎ 맥문동약죽

적응증 임신부가 가슴이 답답하고 불안하며 기침하는 데, 마른기침이 나고 혈담을 뱉거나 각혈하는 데, 미열이 나는 데, 구토하는 데, 노인이 입안과 목이 마르는 데

재료 맥문동 20~30g, 흰쌀 100g, 설탕 적당량

맥문동

용법 맥문동의 덩이뿌리를 물에 달여 탕액을 얻는다. 흰쌀로 죽을 쑤다가 절반쯤 익었을 때 맥문동 탕액과 설탕을 넣고 잠시 더 끓여서 식사로 먹거나 간식으로 먹는다.

효능 폐를 눅여주고 위를 보하며 심열을 내린다.

5) 임신부 배뇨장애

【음식요법】

◎ 녹두약죽
적응증 여름철에 열이 나고 갈증이 나는 데, 노인부종, 임신부 배
뇨장애
재료 녹두 250g, 흰쌀 125g, 설탕 적당량
용법 녹두를 깨끗이 씻어 솥에 넣고 끓이다가 흰쌀을 넣어 죽이
된 다음 설탕을 넣어 먹는다.
효능 더위를 막고 진액이 생기게 하며 해독작용이 있다.

◎ 녹두나물약볶음
적응증 여러가지 종처, 소변이 벌겋고 잘 나오지 않는 데, 임신부
나 산후에 소변이 잘 나오지 않는 데, 임신부 부종
재료 녹두나물, 식물성 기름, 소금, 양념감 각 적당량
용법 녹두나물 적당량을 식물성 기름에 볶은 다음 소금과 양념재
료를 넣어 반찬으로 먹는다.
효능 열독(熱毒)을 없애고 삼초(三焦)를 고르게 한다.

◎ 돼지콩팥두충약구이
적응증 손발이 찬 데, 요통, 만성 신염, 임신기 또는 산후에 소변
이 잘 나오지 않는 데
재료 돼지콩팥 4개, 두충(생것) 15g
용법 두충을 3~5㎜ 두께로 썰고 돼지콩팥은 쪼개어 주머니모양

으로 만든다. 여기에 두충을 채워 넣고 맞 덮어 물에 적신 종이로
여러겹 싸서 잿불에 묻어 천천히 굽는다. 소금을 치지 않고 식기
전에 먹는다.
효능 신장의 양기를 보하고 피부를 튼튼하게 한다.

◎ 부추달걀약볶음
적응증 허리와 무릎이 아픈 데, 천식, 음위증, 유정, 임신 중이거
나 산후의 배뇨장애
재료 부추 100g, 달걀 2개, 기름, 소금 각 적당량
용법 부추를 물로 깨끗이 씻어 썰어 달군 프라이팬에 기름을 두르
고 약간 볶다가 소금으로 간을 맞춘 다음 달걀을 까넣어 먹는다.
효능 비위를 덥혀주고 음혈을 보하며 허리와 무릎을 튼튼하게 한다.

◎ 토끼고기뽕나무뿌리껍질약국
적응증 영양장애성 부종, 당뇨병, 임신부 또는 산후 배뇨장애
재료 토끼고기 250g, 뽕나무뿌리껍질(상백피) 30g, 소금 적당량
용법 뽕나무뿌리껍질은 물에 불려 벗긴 다음 썰어 약천주머니에 넣
는다. 토끼고기는 깨끗이 씻어 잘게 썬 다음 함께 물에 넣고 끓이
다가 피거품을 건져내고 약천주머니를 넣고서 다시 끓인다. 약천주
머니는 건져버리고 잠시 더 끓여 소금으로 간을 맞추어 먹는다.
효능 비위를 보하고 부은 것을 내린다.

◎ 산약찹쌀약만두
적응증 입맛이 없고 소화가 안되는 데, 월경 때 설사하거나 붓는
데, 임신부 배뇨장애

재료 산약 50g, 설탕 90g, 찹쌀가루 500g, 후춧가루 적당량

용법 산약을 깨끗이 손질하여 짓찧어 시루에 찐 다음 거기에 설탕과 후추를 섞어 소를 만든다. 찹쌀가루를 반죽하여 메추리알만 하게 잘라 얇게 밀어서 그 안에 소를 넣고 둥근 만두를 빚는다. 이것을 끓는 물에 넣어 익혀서 식기 전에 먹는다.

효능 비를 보하고 습을 없애며 신기(腎氣)를 보한다.

◎ 호두약죽

적응증 노인이 허리가 아프고 팔다리에 힘이 없는 데, 기침하는 데, 숨이 찬 데, 습관성 변비, 소변이 잘 나오지 않는 데, 요로결석, 앓고난 후, 몸이 허약한 데, 임신 때와 산후 배뇨장애

재료 호두 10~15개, 흰쌀 100g

용법 호두를 까서 속살을 빼내어 짓찧은 다음 흰쌀과 함께 죽을 쑤어 식사로 먹거나 간식으로 먹는다.

효능 신, 폐를 보하고 장을 윤활하게 한다.

【약초요법】

◎ 옥수숫수염, 마늘, 팥

적응증 임신 때 소변이 잘 나오지 않는 데

용법 옥수숫수염, 마늘 각 15g, 팥 30g을 물에 달여 하루 2번에 나누어 먹는다.

◎ 동아율무약차

적응증 갈증이 나는 데, 급성 방광염, 땀띠, 대하, 임신부 배뇨장애

재료 동아(동과) 200~400g, 율무쌀(의이인) 30~50g, 설탕, 소금 각 적당량

용법 동아를 썰어서 율무쌀과 함께 끓여서 매일 또는 하루걸러 한번씩 설탕이나 소금을 조금 타서 차처럼 마신다.

효능 비를 보하고 소변이 잘 나가게 한다.

◎ 수세미오이등심초약탕

적응증 소아방광염, 요도염, 급성 신염, 산후와 임신중 및 출산후 배뇨장애

재료 수세미오이 150~200g, 등심초 50g, 총백 3개

용법 등심초, 총백, 수세미오이를 깨끗이 씻어 잘게 썬 다음 물 1.5ℓ를 붓고 절반이 되도록 끓인 다음 등심초를 건져버리고 간을 맞추어 하루 2~3번에 나누어 먹는다.

효능 열을 내리고 해독하며 소변이 잘 나오게 하고 부은 것을 내리게 한다.

※신염에 쓸 때에는 소금을 넣지 않고 먹는다.

◎ 산약가루약암

적응증 소화가 안 되는 데, 소변을 자주 보는 데, 임신·산후 배뇨장애

재료 산약 60g, 술 1~2숟가락

용법 가루낸 산약을 끓는 물에 풀어 넣고 익힌 다음 술 1~2숟가락을 타서 식기 전에 먹는다.

효능 비, 신을 보하고 기를 잘 돌게 하며 정기를 보한다.

◎ 지황포도연뿌리고

적응증 급성 방광염, 요도염, 급성 신우방광염, 임신 중 또는 출산 후 배뇨장애

재료 생지황 200g, 포도즙 250g, 연뿌리즙(생것) 250g, 꿀(졸인 즙과 같은 양)

용법 생지황을 물로 깨끗이 씻어 잘게 썬 다음 적당량의 물을 부어 20분 정도 끓여서 탕액을 3번 반복하여 받아낸다. 탕액을 합하여 약한 불에서 걸쭉해질 때까지 졸인다. 여기에 포도즙, 연뿌리즙을 섞어 다시 졸여 고약처럼 만든 다음 졸인 즙과 같은 양의 꿀을 넣어 끓여서 식혀 병에 넣어 둔다. 하루에 1숟가락씩 하루 2번 따뜻한 물에 타서 먹는다.

효능 출혈을 멈추고 혈열을 내리며 소변이 잘 나오게 한다.

6) 임신부 빈뇨

【음식요법】

◎ 잉어기삼약찜

적응증 입맛이 없고 소화가 안되며 몸이 붓는 데, 기침이 나면서 숨이 찬 데, 산후 또는 임신 때 소변을 자주 보는 데

재료 잉어 750g, 황기, 만삼 각 10g, 표고버섯, 참대순, 설탕 각 15g, 돼지고기, 파, 술, 소금, 간장, 마늘, 조미료, 생강즙, 땅콩기름, 두부가루 각 적당량

용법 잉어는 비늘, 아가미, 내장을 없애고 깨끗이 손질한 다음 칼로 몸통살을 자른다. 참대순, 표고버섯은 물에 불려 잘게 찢어놓

는다. 황기, 만삼은 물에 축여 5~10mm 두께로 벗겨 썰고 생강, 마늘은 다져 놓는다.

먼저 땅콩기름을 넣고 끓이다가 잉어를 넣어 튀겨낸다. 솥에 돼지기름과 설탕을 넣고 대추빛이 나도록 끓이다가 잉어, 만삼, 황기를 함께 넣고 물을 부은 다음 끓인다. 고기가 푹 익으면 만삼과 황기를 꺼내고 참대순과 버섯을 넣고 다시 끓인다. 여기에 두부가루를 넣고 풀기를 낸 다음 잉어를 돼지기름에 발라 먹는다.

효능 기운을 돋우고 비를 보하며 소변을 잘 나가게 하고 부은 것을 내린다.

7) 임신부 대하

【음식요법】

◎ 대합조개맨드라미꽃약찜
적응증 임신부가 대하가 있는 데, 월경량이 많은 데
재료 대합조개 45g, 맨드라미꽃(계관화) 15g
용법 조갯살을 물에 씻어 썬다. 맨드라미꽃을 씻어 적당히 잘라 함께 사기그릇에 담고 뚜껑을 닫은 다음 물이 끓는 솥 안에 들여 놓고 충분히 쪄서 조개만 가려내어 한번에 먹는다. 7~10번 만들어 먹으면 효과가 있다.
효능 열을 내리고 해독하며 음을 보하고 눈을 밝게 하며 출혈을 멈춘다.

8) 임신부 요통

【음식요법】

◎ 돼지콩팥황금약찜

적응증 임신부 요통

재료 돼지콩팥 2개, 속썩은풀뿌리(황금) 9g

용법 돼지콩팥을 썰어서 물에 30분 정도 담갔다가
다시 잘게 썬다. 속썩은풀뿌리와 함께 사기그릇에
넣은 다음 끓는 솥에 들여놓고 푹 쪄서 콩팥을 갈
라내어 먹는다.

속썩은풀뿌리

효능 열을 내리고 습열(濕熱)을 없애며 신(腎)을 보하고 태아를
안정시킨다.

　※황금이 들어 있는 한약재들은 비타민 C, 니코틴산, 글루타민산,
가스트린합제, 희염산합제와 함께 쓰면 치료효과를 낮추므로 같이
쓰지 않는다.

9) 급성 유선염

이 병은 흔히 산후 3주~3개월 사이에 생기는데 초산부는 경산부
보다 2배나 더 많다.

원인

젖꼭지가 오므라들었거나 젖을 제때에 먹이지 않아 젖멍울이 지
는 것, 젖을 먹일 때 위생을 잘 지키지 못하는 것, 젖꼭지에 상처를

입는 것 등이 원인이 된다. 원인균으로는 포도구균, 사슬구균이 많다. 균은 젖꼭지의 상처, 부스럼 또는 헌 자리 등을 통해 들어간다.

증상

초기부터 유방이 불어나고 젖멍울이 지며 쑤신다. 심한 경우는 오슬오슬 춥고 열이 난다. 한창 곪을 때에는 몹시 아프다. 유방이 몹시 불어나고 벌개지며 파동이 나타나고 유방 피부의 혈관이 도드라져 보일 때에는 이미 곪았다는 것을 의미한다.

【생활섭생】

◎ 해산하기 전부터 젖꼭지를 바로잡으며 자주 찬물이나 알코올로 닦고 기름 같은 것을 발라주어야 한다. 산후에는 젖멍울이 생기지 않도록 잘 주물러주며 특히 밤에 젖이 몰리지 않도록 짜주어야 한다.

◎ 젖멍울이 지기 시작할 때에는 젖을 자주 짜내어 멍울이 커지지 않게 해야 한다. 조기에 더운찜질 또는 물리치료를 하면 젖멍울이 커지는 것을 막을 수 있다. 곪는 시기에는 더운찜질이 아니라 찬찜질을 해야 한다.

【음식요법】

◎ 무잎
적응증 유선염
재료 무잎, 술 적당량

용법 신선한 것을 짓찧어 즙을 짜서 따끈하게 덥혀 술 1잔과 함께 마신다.

◎ 파
적응증 유선염, 감기의 초기, 두통, 코가 막히는 데, 눈과 얼굴이 붓는 데, 소변이 잘 나오지 않는 데, 토하면서 설사하는 데, 하복통, 저혈압, 부스럼
용법 다양한 음식에 넣어 먹거나 따로 먹는다.

◎ 해바라기
적응증 급성 유선염
용법 해바라기씨 적당량을 말려 부스러뜨린 다음 탈 정도로 볶아 가루낸다. 9~15g을 더운 물에 타서 하루 3번 먹는다.
　　※처음 먹었을 때에는 땀을 내야 한다. 임상적으로 효과가 좋은 것으로 알려졌다.

◎ 귤즙약술
적응증 유선염으로 아픈 데, 젖부족증
재료 귤즙 250g, 술 30g
용법 귤껍질을 벗기고 깨끗한 약천에 싸서 즙을 낸다. 여기에 술을 넣은 다음 휘저어서 마신다.
효능 기를 잘 돌게 하고 통증을 멈춘다.

◎ 호두껍데기가루
적응증 유선염

용법 호두껍데기 적당량을 약성이 남게 태워서 보드랍게 가루내어 한번에 5~6g씩 술에 타서 먹는다.

◎ 새우껍데기가루
적응증 유선염
용법 새우껍데기 생것 적당량을 볶아서 보드랍게 가루내어 한번에 10g씩 하루 2번 아침저녁에 물에 타서 먹는다.

【약초요법】

◎ 감자
적응증 유선염
용법 싹이 있는 생감자를 갈아서 아픈 곳에 여러번 갈아 붙인다.
효능 감자 싹에 있는 솔라닌은 많은 양일 경우, 독작용이 있지만 적은 양에서는 소염작용이 있으므로 유선염 때에 붙이면 곪는 것을 막으며 곪았을 때에도 빨리 가라앉는다.

◎ 마늘, 파
적응증 유선염
용법 마늘, 파 각 같은 분량을 함께 짓찧어서 부은 곳에 붙인다.

◎ 팥, 식초
적응증 유선염
재료 팥, 식초 각 적당량
용법 팥가루를 식초에 개어서 아픈 곳에 붙인다.

◎ 우엉

적응증 유선염

용법 우엉잎 12~13개를 가루내어 쌀가루와 함
께 섞은 다음 물에 개어 멍울이 진 데 붙인다.
우엉씨(우방자) 10~15g을 물에 달여 2~3번에
나누어 먹어도 된다.

우엉

◎ 민들레, 향부자

적응증 유선염

용법 민들레 20g, 향부자 10g을 물에 달여 하루 2~3번에 나누
어 빈속에 먹는다.

◎ 선인장

적응증 유선염

용법 선인장의 가시를 떼버리고 술을 조금 섞은 다음 짓찧어서
아픈 국소에 붙인다. 선인장을 짓찧어서 짠 즙으로 밀가루를 반
죽하여 아픈 국소에 붙이되 하루 2번씩 갈아붙인다. 유효율이
90% 이상으로 알려져 있다.

◎ 호박수염

적응증 젖꼭지가 말려들어가면서 유방이 아플 때
재료 호박수염, 소금
용법 호박줄기에서 갈라져 나온 수염 모양의 가는 줄기 한 줌에
소금을 좀 섞어 짓찧은 다음 뜨거운 물에 풀어먹는다.

◎ 버들잎

적응증 유선염

용법 버들잎을 잘게 썰어 물에 달여서 찌꺼기를 짜버린 다음 다시 걸쭉하게 졸여서 아픈 곳에 바른다.

◎ 호두나무껍질

적응증 유선염

용법 호두나무껍질을 약성이 남게 태워서 보드랍게 가루낸 다음 한번에 5~6g씩 술에 타 먹는다.

◎ 민들레

적응증 유선염

재료 민들레 40g, 알콜 농도 25%의 술 2㎖

용법 신선한 민들레 40g을 짓찧어 즙을 짜서 25%의 술 2㎖를 섞어 하루 1~2번에 나누어 식후에 먹고 찌꺼기는 국소에 붙여 찜질한다. 2~3번 하면 통증이 멎고 부은 곳이 가라앉는다.

◎ 민들레, 금은화

적응증 몹시 붓고 아프며 국소가 화끈 달아오르는 데

용법 민들레, 금은화를 하루 각 20g씩 물에 달여 2~3번에 나누어 식후에 먹고 찌꺼기를 국소에 붙인다.

◎ 붓순잎, 팥

적응증 유선염

재료 붓순잎, 팥 각 적당량, 술

용법 같은 분량을 보드랍게 가루낸 다음 술에 개어 붙인다.

◎ 민들레, 꿀풀(하고초)
적응증 유선염
용법 민들레, 꿀풀을 각 20g씩 물에 달여 하루
2~3번에 나누어 식전에 먹는다.

꿀풀

◎ 무릇(야자고)
적응증 유선염
재료 비늘줄기, 전초
용법 신선한 비늘줄기와 전초를 짓찧어서 아픈 곳
에 붙인다. 그 밖의 화농성 염증과 타박상에 짓찧
어서 붙여도 효과가 있다.

무릇

◎ 마(산약)
적응증 유선염
용법 마의 덩이뿌리를 생즙이 나올 때까지 짓찧어서 부은 곳에
붙인다.
치료경험 – 급성 유선염 환자 82명을 위의 방법으로 치료한 결과 평균
10일 안에 모두 나았다. 특히 멍울이 진 데 붙이면 금방 삭아 없어진다.

◎ 주염나무열매(조협)
적응증 유선염
재료 주염나무열매, 75%의 알코올, 천조각
용법 보드랍게 가루내어 75%의 알코올에 갠 다음 작은 천조각

(0.5×0.5cm)에 싸서 앓는 쪽 콧구멍에 넣었다가 12시간 지나서 빼낸다.

치료경험 - 유선염 환자 36명을 위의 방법으로 치료한 결과 24~48시간 안에 젖에 생긴 망울이 없어진 환자가 28명이었고, 나머지 8명은 2번 치료하고 나았다.

◎ 귤껍질, 감초

적응증 유선염

용법 귤껍질 50g, 감초 10g을 물에 달여서 하루 2번에 나누어 먹는다.

치료경험 - 유선염 환자 88명을 위의 방법으로 치료한 결과 1~2일에 나은 환자가 62명, 3~4일에 나은 환자가 17명, 5~9일에 나은 환자가 6명이었고 나머지 3명은 효과가 없었다.

◎ 차조기잎(자소엽)

적응증 유선염

용법 차조기잎을 20~30g씩 물에 달여 하루 3번에 나누어 먹고 그 찌꺼기를 아픈 곳에 붙여 찜질한다.

◎ 감자, 삼씨(마인), 피마주씨(피마자), 콩기름

적응증 유선염

재료 삼씨 50g, 피마주씨 80g, 구운 감자 50g, 콩기름 40㎖

용법 삼씨 2줌(약 50g), 피마주씨 2줌(약 80g)을 함께 짓찧은 다음 구운 감자 2개(약 50g), 콩기름 2숟가락(40㎖)을 넣고 다시 고루 섞어서 아픈 곳에 붙이고 찜질한다.

치료경험 – 유선염 환자 7명을 위의 방법으로 치료한 결과 초산부 2명은 3시간 만에 부은 곳이 가라앉았고 경산부 5명은 8시간이 지나 부은 곳이 완전히 내렸다.

◎ **단국화(감국)**

적응증 유선염

용법 신선한 단국화를 하루 30~60g씩 물에 달여 2~3번에 나누어 먹고 그 찌꺼기를 아픈 곳에 붙인다.

◎ **담뱃잎**

적응증 유선염

용법 신선한 담뱃잎을 뜨거운 술에 슬쩍 담갔다 꺼내 아픈 국소에 붙인다.

◎ **순비기나무열매(만형자)**

적응증 유선염

용법 순비기나무열매를 볶아서 보드랍게 가루내어 한번에 3~4g씩 술로 먹는 한편 술에 개어서 아픈 곳에 붙인다.

순비기나무

◎ **복숭아나무껍질(도피)**

적응증 유선염

재료 복숭아나무껍질 적당량, 달걀 1개

용법 신선한 복숭아나무껍질 50~60g을 물에 달인 다음 찌꺼기를 짜버리고 달걀 1개를 까두어 한번에 먹는다.

※젖이 몹시 불었을 때에는 젖을 짜내고 써야 하며, 곪았을 때는 효과가 없다.

◎ 생지황, 마늘
적응증 유선염
용법 생지황, 마늘 각 같은 분량을 짓찧어서 아픈 곳에 붙인다. 생지황만을 짓찧어 붙여도 된다.

◎ 쇠(마치현)
적응증 유선염
용법 쇠비름을 깨끗이 씻은 다음 짓찧어서 아픈 곳에 붙인다.

◎ 황경피나무껍질(황백)
적응증 유선염
용법 황백을 보드랍게 가루내어 꿀에 개어서 아픈 곳에 붙인다.

◎ 백양나무잎
적응증 유선염
용법 신선한 백양나무잎을 2~3잎씩 아픈 곳에 겹으로 붙였다가 3~4시간 지나서 떼버리고 새 것을 갈아붙인다.

◎ 끼무릇(반하), 파
적응증 유선염
용법 끼무릇 생것 3~6g, 파 2~3대를 함께 짓찧어서 동그랗게 빚어 젖앓이하는 반대쪽 콧구멍에 30분씩 하루 2번 넣어 둔다.

치료경험 – 급성 유선염 환자 72명을 위의 방법으로 치료한 결과 2~3번 만에 모두에게서 효과가 있었다.

◎ 수세미오이씨(사과자)

적응증 유선염

용법 수세미오이씨 40g을 거멓게 볶아서 가루내어 술이나 더운 물에 타서 먹는다.

◎ 홰나무꽃(괴화)

적응증 유선염

용법 홰나무꽃을 하루 40g씩 물에 달여 2번에 나누어 식후에 먹는다.

◎ 누에

적응증 유선염

재료 누에, 식초, 금은화, 민들레

용법 보드랍게 가루낸 다음 식초에 개어서 하루 3~5번 부은 곳에 붙인다. 겸해서 금은화, 민들레를 물에 달여 먹으면 더 좋다.

◎ 황경피나무껍질(황백), 송진

적응증 유선염

재료 황경피나무껍질 10g, 송진 가루 30g, 75% 알코올 100㎖

용법 황경피나무껍질 10g을 75% 알코올 100㎖에 1주일 동안 담가 두었다가 거른 다음 송진 가루 30g을 놓고 다시 1주일 동안 담가둔다. 송진가루가 충분히 풀린 다음 고무마개가 있는 병에 담아 두고, 기름종이에 발라 유선염 국소에 붙인다.

치료경험 – 유선염 환자 74명을 위의 방법으로 치료한 결과 61명이 곪지 않고 나았다. 대체로 약을 4~5일 붙인 다음 딴딴한 멍울이 풀리면서 통증이 멎고 부종도 내렸다.

◎ 복숭아나무껍질(도피), 달걀

적응증 유선염

용법 복숭아나무껍질 60g을 물 500㎖에 넣고 절반 되게 달여서 거른 다음 달걀 1개를 넣어 하루 2번에 나누어 먹는다.

◎ 장구채(왕불류행)

적응증 유선염

용법 장구채를 하루 15~20g씩 물에 달여 2~3번에 나누어 먹는다.

장구채

◎ 말벌집(노봉방)

적응증 유선염

용법 말벌집을 부스러뜨려 약한 불에서 노랗게 되도록 볶은 다음 보드랍게 가루내어 한번에 4g씩, 4시간에 한번씩 3일 동안 먹는다. 낫지 않으면 다시 3일 동안 계속 먹는다.

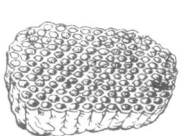

말벌집

치료경험 – 급성 유선염 환자 28명을 위의 방법으로 평균 2.1일 치료한 결과 나은 환자가 23명, 좀 좋아진 환자가 1명이었고, 나머지는 치료를 늦게 시작해 효과가 없었다. 특히 발병 후 10일이 채 안된 환자들에게서 효과가 좋았다.

◎ 메기

적응증 유선염

재료 메기, 설탕

용법 잘게 썰어 짓찧은 다음 설탕을 조금 두고 섞어서 부은 곳에
붙인다. 배를 가르고 뼈를 발려 낸 다음 그대로 붙여도 된다.

◎ 돼지쓸개

적응증 유선염

용법 돼지나 산돼지 쓸개를 말려 가루낸 다음 물에 개어 부은 곳
에 붙인다. 쓸개즙을 발라도 된다.

◎ 망초

적응증 급성 유선염 초기

용법 망초 50g을 두 겹의 약천에 편 다음 약이 나오지 못하게 핀
으로 잡아매서 부은 곳에 대고 싸맨다.

◎ 삼칠, 글리세린, 꿀

적응증 유선염

용법 삼칠 가루, 글리세린 각 40g, 꿀(또는 설탕) 20g을 한데 고
루 섞어서 국소에 바른다. 신선한 삼칠 전초를 함께 짓찧어 국소
에 붙여도 좋다. 부은 것이 잘 내리고 통증이 또한 멎는다.

◎ 사슴뿔(녹각 또는 낙각)

적응증 유선염

용법 사슴뿔을 보드랍게 가루내어 한번에 1~2g씩 하루 4~6번

빈속에 먹는다.

치료경험 – 급성 유선염 환자 27명을 위의 방법으로 치료한 결과 1명을 제외하고 다 나았다.

◎ 뱀차조기
적응증 급성 유선염

재료 뱀차조기, 식초

용법 신선한 것에 식초를 조금 두고 짓찧어서 아픈 곳에 붙인다.

치료경험 – 급성 유선염 환자 65명을 위의 방법으로 치료한 결과 56명이 나았다.

◎ 까실쑥부장이
적응증 유선염

용법 까실쑥부장이 전초를 하루 20~30g씩 물에 달여 2~3번에 나누어 먹는다.

효능 독을 빼며 부은 것을 가라앉히고 열을 내리는 작용이 있다.

까실쑥부장이

※까실쑥부장이는 여러해살이 풀인데 줄기는 곧추 자라고 높이가 50~110cm 정도이며, 가을에 꽃이 피고 열매를 맺는다. 우리나라 각지의 산이나 골짜기, 들판 등의 그늘지고 습기찬 곳에서 자란다.

◎ 둥근참느릅나무뿌리
적응증 급성 유선염

재료 둥근참느릅나무뿌리, 설탕

용법 하루 20~30g씩 물에 달여 2~3번에 나누어 빈속에 먹고 그 찌꺼기에 설탕을 조금 두고 짓찧어서 아픈 국소에 붙인다.

※둥근참느릅나무는 참느릅나무의 특산변종으로 충청남도 계룡산에서 자라는 데, 어린 잎과 순을 나물로 먹는다. 나무껍질은 회갈색이며 두껍다.

◎ 매발톱나무뿌리

매발톱나무

적응증 유선염

용법 신선한 매발톱나무뿌리를 하루 20~30g씩 물에 달여 2~3번에 나누어 먹는다.

효능 매발톱나무 뿌리에는 식물성 살균소인 베르베린이 들어 있으므로 염증을 가라앉히는 작용을 한다.

치료경험 – 급성 유선염 환자 17명을 위의 방법으로 치료한 결과 1명(발병 5일 만에 치료를 받아 곪았다)을 제외하고 모두 2~3일 사이에 부은 곳이 가라앉고 열감과 통증이 없어졌다. 딴딴한 멍울은 8일 만에 완전히 없어졌다.

※매발톱나무는 우리나라 전역의 산기슭이나 산중턱 나무숲 주변의 양지바른 곳에서 자라는데, 뿌리 껍질은 악성 종양, 만성 담낭염, 자궁출혈, 산후출혈 등의 치료약으로 쓰인다.

◎ 금은화감초약술

적응증 궤양, 생손앓이, 유선염 초기

재료 금은화 200g, 감초 40g, 술 100g

용법 금은화와 감초를 300㎖의 물에 넣고 달이다가 1/3 정도 졸면 찌꺼기는 짜버리고 여기에 술을 넣고 다시 살짝 끓여서 한번에 40㎖씩 하루 3번 마신다.

효능 항염증작용, 해독작용, 해열작용이 있다.

◎ **풀솜나물**

적응증 유선염

용법 풀솜나물 신선한 전초를 잘 짓찧어 유선염을 앓는 유방에 붙인다.

【뜸요법】

◎ 9, 10가슴등뼈 틈새의 양옆에 있는 기죽마혈에 쌀알 크기의 뜸봉으로 뜸을 하루에 7장씩 뜬다. 조기에 뜨면 곪지 않고 가라앉는 경우가 많다.

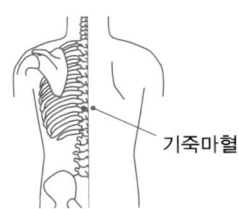

기죽마혈

【찜질요법】

◎ **무찜질**

적응증 유선염

용법 생무를 강판에 친 것을 깨끗한 천에 싸서 아픈 곳에 찜질한다. 곪기 전에 찜질하면 곪는 것을 막으며 딴딴하던 유방이 풀린다.

◎ **더운물찜질**

적응증 유선염

용법 유방에 딴딴한 젖망울이 지는 것은 유선염의 초기 증상이다. 이때에는 더운 물에 수건을 담가두었다가 꼭 짜 유방을 싸서

비벼준다. 좀 아픈 감이 있으나 참으면서 비벼주면 곧 젖망울이
풀리면서 젖도 잘 나오고 통증도 멎는다.

◎ **볏짚찜질**
적응증 유선염
재료 볏짚, 쌀가루
용법 볏짚을 지나치게 타지 않도록 태워 가루낸 다음 쌀가루로
쑨 풀에 개어 유선염을 앓는 유방에 발라주기를 하루 2~3번씩
2~3일 하면 곪지 않고 가라앉는다.

10) 습관성 유산

3번 이상 거듭 유산하는 경우를 말한다.

원인

자궁발육부전, 자궁위치이상, 자궁기형, 자궁근종, 자궁내막염
그리고 만성 신염 등일 때와 황체호르몬이 잘 분비되지 않거나 비
타민 E, K 등이 모자랄 때 올 수 있다. 대체로 이런 원인들이 겹쳐
서 습관성 유산을 일으킨다.

증상

일반적으로 아랫배가 아프고 성기출혈이 있다. 이 시기를 절박유
산이라 한다. 유산이 가까워올수록 성기출혈이 더 많아지며 아랫배
도 더 아프다. 때로는 해산할 때처럼 진통이 오면서 핏덩이나 태아
또는 태아부속물이 나온다.

습관성 유산 때의 자연요법은 여성호르몬제 치료와 배합하는 것이 좋다.

【생활섭생】

◎ 유산되는 달수가 가까워 올 때에는 안정하면서 하루 2~3번 골반을 높이고 1시간 정도씩 쉬는 것이 좋다.

【음식요법】

◎ 잣
적응증 습관성 유산
용법 잣 30~60g을 하루분량으로 하여 계속해서 먹는다.

◎ 강낭콩
적응증 절박유산, 메스꺼운 데
용법 강낭콩 적당량을 삶아 먹는다.

◎ 파
적응증 절박유산
용법 국을 끓여 늘 먹는다.

◎ 포도순
적응증 젖부족증, 절박유산
용법 포도순 60g을 물 500㎖에 달여서 하루 3번에 나누어 먹는다.

◎ 땅콩가루

적응증 절박유산

재료 땅콩 생것, 미음

용법 땅콩(생것)을 그늘에 말린 다음 가루내어 미음에 타서 한번에 30g씩 먹는다.

◎ 팥가루

적응증 절박유산

재료 팥가루, 술

용법 팥을 가루내어 한번에 1숟가락씩 하루 2번 술에 타서 먹는다.

◎ 호박꼭지

적응증 절박유산

용법 호박꼭지 3~5개를 물에 달여서 하루 2번에 나누어 공복에 먹는다.

◎ 연뿌리약죽

적응증 노인이 몸이 허약한 데, 입맛이 없는 데, 병후, 입안이 마르고 갈증이 나는 데, 절박유산

재료 연뿌리(신선한 것), 설탕 각 적당량, 흰쌀 100g

용법 연뿌리를 깨끗이 씻어서 얇게 썰어 흰쌀과 함께 넣고 죽을 쑤어 설탕을 쳐서 식사로 먹는다.

효능 비위를 보하고 입맛을 돋우며 설사를 멈춘다.

※무쇠그릇은 쓰지 않는다.

◎ **검정콩, 술, 설탕**

적응증 절박유산

재료 검정콩 90g, 술 60g, 설탕 적당량

용법 검정콩을 물에 씻은 다음 술에 넣어 불린다. 다음 물과 함께 끓이다가 약한 불에서 검정콩이 푹 무를 때까지 끓인 다음 설탕을 쳐서 하루 3번에 나누어 식전에 먹는다.

효능 위장을 보하여 태아를 안정시킨다.

◎ **파즙, 술, 참기름**

적응증 절박유산

용법 파즙에 술 반잔, 참기름 반잔을 섞어 하루 2번에 나누어 먹는다.

◎ **찹쌀속단콩약죽**

적응증 습관성 유산, 절박유산

재료 찹쌀 60g, 속단, 검정콩 각 30g

용법 속단을 물에 불려 잘게 썬 다음 약천에 싸서 검정콩(짓찧은 것), 찹쌀과 함께 냄비에 넣고 물 750㎖를 부어 약한 불로 서서히 끓여 죽을 쑤어 식기 전에 먹는다. 하루 한번씩 5~7번 만들어 먹으면 좋다.

효능 간신을 보하고 혈맥을 조절하며 태아를 안정시킨다.

◎ **참기름꿀약졸임**

적응증 절박유산으로 피가 나는 데

재료 참기름 100g, 꿀 200g

용법 참기름과 꿀을 따로따로 약한 불에 졸여서 식힌 다음 고루 섞는다. 한번에 1숟가락씩 하루 2번 먹는다.
효능 기운을 돋우고 간신을 보하며 출혈을 멈춘다.

◎ 달걀약쑥구이
적응증 습관성 유산, 설사
재료 달걀 2개, 약쑥잎 적당량
용법 쑥잎에 물을 뿌려 축축하게 한 다음 달걀을 싸서 불 위에 놓고 천천히 굽는다. 쑥잎이 말라 불꽃이 붙기 시작하면 불에서 꺼내어 달걀을 한번에 1알씩 하루 2번 먹는다. 여러날 반복한다.
효능 태아를 안정시키고 해독한다.

◎ 달걀약쑥잎약국
적응증 습관성 유산, 월경통, 월경이 고르지 못한 데
재료 달걀 2개, 약쑥잎 12g
용법 약쑥잎을 깨끗이 손질하여 달걀과 함께 약탕관에 담고 거기에 물을 붓고 끓여서 달걀이 익은 다음 꺼내어 껍질을 벗겨버리고 다시 넣어 끓인다. 임신 1개월에는 하루 한번씩 5~8일간 먹으며 임신 2개월에는 10일에 한번씩, 임신 3개월에는 15일에 한번씩, 임신 4개월 후부터는 한 달에 한번씩 해산 전까지 먹는다.
효능 태아를 안정시키고 지혈작용을 한다.

◎ 달걀아교약국
적응증 절박유산
재료 달걀 3개, 아교(튀긴 것) 30g, 소금 3g, 술 500㎖

용법 달걀을 그릇에 깨서 넣고 소금을 쳐서 고루 섞는다. 술과 아교를 냄비에 넣어 아교가 녹을 때까지 끓이다가 달걀을 부어 익힌다. 달걀이 익으면 먹는다. 한번에 1개분씩 하루 3번 먹는다.
효능 태아를 안정시킨다.

◎ 달걀아교약탕
적응증 절박유산, 가슴이 답답한 데
재료 달걀 1개, 아교 10g, 소금 적당량
용법 아교에 물 500㎖를 붓고 센 불에서 끓인 다음 달걀을 깨서 넣고 국을 끓여 소금으로 간을 맞추어 먹는다.
효능 음혈을 보하고 태아를 안정시키며 정신을 안정시키고 가슴이 답답한 증상을 낫게 한다.

◎ 황기천궁약죽
적응증 절박유산
재료 황기, 천궁 각 20g, 찹쌀(또는 흰쌀) 150g
용법 황기와 천궁을 잘게 썰어 물 1.5ℓ를 붓고 30~40분 달여서 찌꺼기는 건져낸 다음 여기에 찹쌀을 넣고 묽게 죽을 쑤어 하루 3번에 나누어 식간에 먹는다.
효능 기를 보하고 진정작용 등을 한다.

◎ 농어
적응증 절박유산
용법 농어로 국을 끓여 먹거나 회를 만들어 먹는다. 지져 먹어도 된다.

◎ 농어황기약찜

적응증 소아 소화불량증, 임신부 부종, 절박유산, 수술 후 새살이
잘 돋아나게 하는 데

재료 농어 1마리(250~500), 황기 15~30g

용법 농어를 비늘과 아가미, 내장을 버리고 물로 깨끗이 씻는다.
황기는 꿀물에 재워서 볶는다. 이것을 농어 뱃속에 채워 넣고 1시
간 정도 쪄 익혀서 한번에 먹는다. 하루걸러 한번씩 3~5번 정도
먹으면 효과가 있다.

효능 비위를 보하고 기운을 돋군다.

◎ 잉어아교약죽

적응증 절박유산, 습관성 유산

재료 잉어 1마리, 아교 15g, 찹쌀 90g

용법 잉어를 비늘과 내장을 버리고 깨끗이 손질한 다음 찹쌀과
함께 먼저 끓인다. 여기에 아교를 넣고 녹여서 하루 3번에 나누
어 식기 전에 먹는다.

효능 태아를 안정시키고 혈을 보한다.

◎ 잉어아교귤껍질약죽

적응증 절박유산

재료 잉어(500g) 1마리, 아교 15g, 귤껍질, 생강, 소금 각 적당
량, 찹쌀 100g

용법 잉어의 비늘은 남겨두고 내장을 버린 다음 찹쌀, 귤껍질, 생
강과 함께 끓인다. 여기에 아교 15g을 넣고 녹여서 소금으로 간
을 맞추어 한번에 먹는다. 5~7번 먹는 것이 좋다.

효능 태아를 안정시키고 속을 편안하게 한다.

◎ 흑계약탕
적응증 산후 몸이 허약한 데, 절박유산
재료 검정닭(흑계) 1마리, 파, 생강, 조피열매(산초), 술, 소금 각
적당량
용법 검정닭을 잡아 털과 내장을 버리고 물로 깨끗이 씻어 솥에
넣고 물을 붓고 끓이다가 피거품을 걷어버린다. 파, 생강, 조피열
매, 술, 소금 각 적당량을 넣고 약한 불에서 닭고기가 무를 때까
지 끓여서 하루 3번에 나누어 고기와 국을 식전에 먹는다.
효능 기혈을 보하고 풍습(風濕)을 없앤다.

【약초요법】

◎ 찔광이(산사)
적응증 산후복통, 습관성 유산, 갱년기장애, 아랫배가 아프면서
피가 나오기 시작할 때
용법 찔광이 50g에 물 300㎖를 붓고 달여 하루 3번에 나누어 먹
는다.

◎ 황련
적응증 눈이 붉어지고 몹시 불안하고 허리가 아프면서 피가 보이
는 등의 유산 징조가 나타날 때
용법 황련을 가루내어 한번에 6~8g씩 하루 3번 술에 타서 식후
에 먹는다.

◎ **호박덩굴**

적응증 습관성 유산

용법 호박덩굴을 말린 다음 가루내어 임신 2~9달까지 매일 한 숟가락씩 먹는다.

◎ **찔광이약엿**

적응증 산후 자율신경실조증, 습관성 유산, 출혈하는 데

재료 찔광이 200g, 당귀 120g, 작약 100g, 꿀 150g, 물엿 400g

용법 찔광이(산사), 당귀, 작약을 보드랍게 가루내어 고루 섞은 다음 꿀과 물엿을 넣고 반죽하여 약엿을 만든다. 한번에 10g씩 하루 3번 식전에 먹는다.

효능 진정작용, 보혈작용, 진통작용에 좋다.

◎ **포도나무잎(또는 덩굴, 뿌리)**

적응증 습관성 유산, 입덧

용법 포도나무잎을 하루 10~20g씩 물에 달여 2번에 나누어 먹는다.

◎ **연밥포도약탕**

적응증 절박유산

재료 포도(말린 것) 30g, 연밥

용법 연밥과 포도를 깨끗이 씻어 물에 불린 다음 그릇에 넣어 물 700~800㎖를 붓고 센 불에서 끓인다. 하루 2번에 나누어 먹는다.

효능 비기(脾氣)와 신(腎)을 보하고 뼈와 근육을 튼튼하게 하며 태아를 안정시킨다.

◎ 당귀총백약탕

적응증 절박유산으로 허리와 배가 아픈 데

재료 당귀 15g, 총백 3개, 술 100㎖

용법 당귀는 물에 씻어 축축하게 한 다음 얇게 썰고 총백은 씻어 잘게 썬다. 당귀와 총백을 물 1ℓ와 함께 냄비에 넣고 600㎖가 되게 끓이다가 술을 넣고 다시 살짝 끓여 찌꺼기는 버리고 하루 3번에 나누어 먹는다.

효능 혈을 보하고 월경을 고르게 하며 통증을 멈추고 태아를 안정시킨다.

◎ 당귀, 궁궁이(천궁), 익모초

적응증 절박유산

용법 당귀 28g, 궁궁이 20g, 익모초 12g을 물에 달여 하루 2번에 나누어 식간에 먹는다.

◎ 속단(술에 담근 것), 두충(생강즙을 축여 볶은 것)

적응증 절박유산

용법 속단, 두충 각 같은 분량을 보드랍게 가루낸 다음 졸인 꿀로 알약을 만들어 한번에 6~8g씩 하루 3번 식후에 먹는다.

◎ 속단, 두충, 마

적응증 절박유산

용법 속단, 두충, 마 각 같은 분량을 보드랍게 가루낸 다음 졸인 꿀로 알약을 만들어 한번에 5~6g씩 하루 3번 식후에 먹는다. 유효율은 대체로 80~90%로 알려지고 있다.

◎ **속단, 속썩은풀뿌리(황금)**

적응증 절박유산

용법 속단, 속썩은풀뿌리를 하루 각 8~10g씩 물에 달여 2~3번
에 나누어 식후에 먹는다.

◎ **속단, 밤나무겨우살이**

적응증 절박유산

용법 속단, 밤나무겨우살이 각 같은 분량을 가루내어 한번에
10~12g씩 두고 쌀죽을 쑤어 먹는다.

◎ **뽕나무겨우살이(상기생)**

적응증 절박유산

용법 뽕나무겨우살이를 하루 10~20g씩 물에 달여 2~3번에 식
후에 먹는다.

◎ **뽕나무겨우살이, 속단, 새삼씨(토사자)**

적응증 절박유산

용법 뽕나무겨우살이, 속단 각 100g, 새삼씨 200g
을 보드랍게 가루내어 아교를 녹인 것으로 반죽해
알약을 만들어 한번에 5~6g씩 하루 2~3번 식후에
먹는다.

뽕나무겨우살이

◎ **뽕나무겨우살이(상기생), 아교, 약쑥**

적응증 태동이 심하면서 배가 아플 때

용법 뽕나무겨우살이 20g, 아교(볶은 것), 약쑥 각 8g을 물에 달

여 하루 2~3번에 나누어 식후에 먹는다.

◎ 아교
적응증 태동이 심하면서 배가 아플 때
용법 아교를 강낭콩알 크기로 썰어서 볶아 보드랍게 가루내어 한번에 7~8g씩 하루 3번 먹는다. 꿀로 알약을 만들어 두고 임신전 기간 동안에 먹어도 좋다.

◎ 아교, 약쑥, 파
적응증 절박유산
용법 아교, 약쑥 각 15g, 파 1대를 물에 달여 하루 2번에 나누어 먹는다.

◎ 아교, 진교, 약쑥
적응증 절박유산
재료 아교(볶은 것), 진교, 약쑥 각 적당량
용법 각 같은 분량을 가루내어 한번에 10~15g씩 두고 쌀죽을 쑤어 먹는다.

◎ 향부자, 차조기잎(소엽)
적응증 복통 증상
용법 향부자 8~10g, 차조기잎 20~30g을 물에 달여 하루 2번에 나누어 식간에 먹는다. 각 같은 분량을 보드랍게 가루내어 한번에 4~8g씩 하루 3번 먹어도 된다.

차조기잎

◎ 산약모시풀약죽

적응증 절박유산, 습관성 유산

재료 산약(신선한 것) 60~90g, 두충(혹은 속
단) 6g, 모시풀뿌리(저근) 15g, 찹쌀, 설탕 각
적당량

모시풀뿌리

용법 산약은 껍질을 벗기고 깨끗이 씻은 다음
잘게 썰어 솥안에 넣고 약천에 싼 두충, 모시풀뿌리와 찹쌀을 물
과 함께 넣고 죽을 쑨다. 죽이 다 되면 두충, 모시풀뿌리를 꺼내
버리고 설탕을 탄다. 하루 3번에 나누어 식전에 먹는다.

효능 태아를 안정시킨다.

【뜸요법】

◎ 허리등뼈 양옆에 있는 신수혈과 관원수
혈, 2, 3허리등뼈 사이에 해당하는 명문혈에
쌀알 크기의 뜸봉으로 뜸을 5~7장 뜬다.

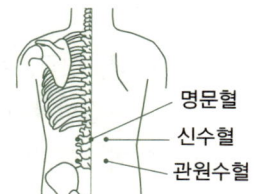

명문혈
신수혈
관원수혈

11) 자간

임신, 해산 때 또는 해산 뒤에 경련발작을 일으키면서 정신을 잃
거나 흐려지는 등의 증상이 나타나는 위중한 병이다.

자간은 경련발작이 일어나는 시기에 따라 임신자간, 해산자간,
산후자간으로 나눈다.

증상

주증상은 의식이 없고 눈동자가 커지며 혈압이 높아지고 열이 오르면서 발작을 일으키는 것이다. 일단 정신이 들면 전신피로감, 두통, 근육통 등이 나타난다.

경련 발작 때는 먼저 혀를 깨물지 않도록 입을 벌리고 어금니 사이에 젓가락 같은 것을 물려 놓아야 하며, 의식회복 전에는 아무것도 먹이지 말아야 한다. 의식이 회복되면 소금기가 없는 음식을 비롯하여 약물을 먹여야 한다.

【약초요법】

◎ 소쓸개 또는 돼지쓸개
적응증 습관성 유산
용법 소쓸개 또는 돼지쓸개를 말린 다음 가루내어 한번에 1g씩 빈속에 먹는다.
    ※쓸개즙산은 해독작용이 있으므로 전간, 자간 등에 널리 쓰인다.

◎ 울금, 흰가루병누에(백강잠)
적응증 습관성 유산
용법 울금, 흰가루병누에를 7 : 3의 비율로 보드랍게 가루내어 한번에 3~4g씩 하루 3번 식후에 먹는다.

울금   흰가루병누에

◎ 바구니나물뿌리(길초), 귤껍질(진피)

적응증 습관성 유산

용법 바구니나물뿌리 10g, 귤껍질 2g을 물에 달여 3~4번에 나누어 식후에 먹는다.

효능 진정작용, 진경작용이 있어 경련 발작을 멎게 한다.

바구니나물

4. 산후관리와 자연요법

1) 젖부족증

산후에 젖 분비기능이 낮아져서 젖이 잘 나오지 않거나 적게 나오는 병적 현상을 말한다. 1차성과 2차성으로 나눈다.

원인

1차성은 30대 중반 이후에 첫 아이를 낳은 초산부나 건강하지 못한 임신부에게 생기고, 2차성은 갓난아이가 젖을 빠는 힘이 약하거나 산모에게 몰려 있는 젖을 짜내지 않을 때, 아이에게 젖을 불규칙적으로 먹일 때 잘 생긴다. 지나친 정신적·육체적 피로, 영양부족, 전신 질병이 있는 경우에도 젖부족증이 생길 수 있다.

증상

젊은 초산부인 경우는 산후 2~4일 동안 젖이 적게 나오다가 정상적으로 나올 수 있다.

【생활섭생】

◎ 영양가가 높고 물기가 많은 음식이나 뜨끈한 미역국 같은 것을

먹으면서 유방을 자주 비벼주거나 더운찜질을 하는 한편 일정한 사
이를 두고 젖을 먹이며 젖을 먹인 뒤에는 남은 젖을 짜내야 한다.

【음식요법】

◎ 깨소금
적응증 입맛이 없고 젖이 적은 데
재료 참깨 50g, 소금 25g
용법 물에 일어서 깨끗이 손질한 참깨와 소금을 솥에 넣고 고소
한 냄새가 날 때까지 볶은 다음 식혀서 보드랍게 가루내어 다른
음식과 함께 먹거나 양념재료로 쓴다.
효능 몸을 보하고 젖이 잘 나오게 한다.

◎ 달걀흰자, 꿀
적응증 젖부족증
용법 달걀흰자 4개와 같은 분량의 꿀을 넣고 고루 섞어서 하루
3~4번에 나누어 먹는다.

◎ 팥죽
적응증 젖부족증
용법 팥 30~60g으로 죽을 쑤어 여러날 먹는다.

◎ 땅콩
적응증 젖부족증
용법 땅콩을 하루 500g 정도씩 약한 불에 볶아서 먹는다.

◎ **땅콩약죽**

적응증 젖부족증

재료 땅콩(겉껍질만 벗긴 것), 흰쌀 각 200g

용법 땅콩을 짓찧어 흰쌀과 함께 죽을 쑤어 하루 3번에 나누어 먹는다.

효능 젖이 잘 나오게 한다.

◎ **완두**

적응증 젖부족증

용법 완두 적당량을 삶아서 먹거나 완두콩만을 해먹는다.

　※돼지족발을 푹 고아낸 국물과 함께 먹으면 더 좋다.

◎ **참깨**

적응증 젖부족증

용법 참깨를 볶아서 가루낸 것에 소금을 조금 넣어 먹는다.

◎ **돼지고기, 고구마줄기**

적응증 젖부족증

용법 고구마줄기 50~100g을 달인 물에 돼지고기를 적당량 넣고 국을 끓여 먹는다.

◎ **돼지고기고구마잎약국**

적응증 젖부족증

재료 돼지고기 150~200g, 고구마잎(연한 것) 200~250g

용법 고구마잎은 물에 깨끗이 씻어 일정한 크기로 썰고 돼지고기는 깨끗이 손질하여 큼직하게 썬다. 이것을 솥에 넣고 물을 부어 1시간 정도 끓인 다음 하루 2번에 나누어 식기 전에 먹는다.

효능 기혈을 보하며 젖이 잘 나오게 한다.

◎ 돼지족발새우약탕

적응증 젖부족증

재료 돼지족발 1개, 새우 120g, 술 40g

용법 새우는 깨끗이 씻어 껍질을 벗긴다. 돼지족발은 깨끗이 손질하여 2쪽으로 가르고 다시 3~4토막으로 잘라 냄비에 넣는다. 여기에 물 750㎖를 부은 다음 센 불에서 푹 삶아 술을 타서 한번에 먹는다. 5~7번 만들어 먹으면 좋다.

효능 기운을 돋우고 젖이 잘 나오게 한다.

◎ 돼지족발땅콩약탕

적응증 젖부족증

재료 돼지족발 2개, 땅콩 200g, 소금 적당량

용법 돼지족발을 깨끗이 씻어 토막 내어 냄비에 넣고 거기에 땅콩, 소금 적당량을 넣은 다음 물을 부어 약한 불로 돼지족발이 푹 무를 때까지 삶는다. 한번에 먹거나 2번에 나누어 먹는다.

효능 음혈을 보하고 젖이 잘 나오게 한다.

◎ 돼지족발완두콩약탕

적응증 젖부족증

재료 돼지족발 3개, 완두콩 250g

용법 깨끗이 손질한 돼지족발과 완두콩을 물에 푹 끓여서 하루 3

번에 나누어 먹는다.
효능 젖이 잘 나오게 한다.

◎ **돼지고기상추씨약죽**

적응증 젖부족증

재료 돼지고기 200g, 상추씨(여문 것) 10~20g, 흰쌀 적당량

용법 상추씨를 가루내어 돼지고기와 함께 끓이다가 고기가 다 익었을 때 흰쌀을 넣고 죽을 쑤어 먹는다.

효능 젖을 내는 작용, 영양작용이 있다.

◎ **돼지족발목통약탕**

적응증 젖부족증

재료 돼지족발 4개, 목통 8~10g

용법 먼저 목통을 물에 끓이다가 돼지족발을 깨끗이 손질하여 넣고 푹 끓여서 목통은 건져버리고 돼지족발과 함께 국물을 2번에 나누어 먹는다.

효능 젖이 잘 나오게 하고 소변이 잘 나오게 한다.

◎ **귤즙약술**

적응증 유선염으로 아픈 데, 젖부족증

재료 귤즙 250g, 술 30g

용법 귤껍질을 벗기고 깨끗한 약천에 싸서 즙을 낸다. 여기에 술을 넣은 다음 휘저어서 마신다.

효능 기를 잘 돌게 하고 통증을 멈춘다.

◎ 새우약국

적응증 젖부족증

재료 새우살 100~200g, 술 적당량

용법 새우살을 깨끗이 손질하여 냄비에 넣고 여기에 적당량의 술을 붓는다. 뚜껑을 덮고서 술이 졸아들면 물을 부어 약한 불에서 서서히 구수한 냄새가 날 때까지 끓인다. 따뜻한 것을 한번에 먹는다. 여러날 계속 먹는 것이 좋다.

효능 피가 잘 돌게 하고 젖이 잘 나오게 한다.

◎ 붕어달걀약국

적응증 젖부족증

재료 붕어 50~100g, 달걀 1개

용법 붕어 2~3마리를 깨끗이 손질하여 냄비에 넣고 끓인 국에 달걀을 풀어 넣고 잠깐 끓인다. 따뜻한 것을 한번에 먹는다.

효능 원기를 보하고 젖이 잘 나오게 한다.

◎ 메기달걀약국

적응증 젖부족증

재료 메기 500g, 달걀 2개, 소금, 생강, 파 적당량

용법 메기를 잡아 내장을 버리고 깨끗이 씻어 토막 낸다. 솥에 물을 적당히 붓고 푹 끓인 다음 가시를 발라내고 다시 끓이다가 달걀을 깨서 넣고 익으면 소금, 생강, 파를 넣는다. 하루 2~3번에 나누어 먹는다.

효능 젖이 잘 나오게 한다.

◎ 돼지족발

적응증 젖부족증

용법 돼지족발을 물에 넣고 푹 삶아서 뼈를 추려내고 따뜻하게 수시로 먹는다.

◎ 돼지족발두부약국

적응증 젖부족증

재료 돼지족발 1개, 두부 200g, 총백, 소금, 간장 각 적당량

용법 돼지족발을 깨끗이 손질하고 잘라 솥에 넣고 끓이다가 익었을 때 두부와 총백을 썰어 넣는다. 소금, 간장을 친 다음 좀 더 끓여서 두부를 익힌다. 너무 오래 끓이면 두부 맛이 떨어진다. 한번에 먹거나 2번에 나누어 먹는다.

효능 기혈을 보한다.

◎ 돼지족발약국

적응증 산후 관절통, 몸이 붓는 데, 산후 젖부족증

재료 돼지족발 4개, 파 50g, 소금 적당량

용법 돼지족발을 깨끗이 손질한 것과 썰어놓은 파를 솥에 넣고 적당량의 물을 붓고 푹 끓여서 소금으로 간을 맞춘다. 하루 2~3번에 나누어 먹는다.

효능 혈을 보하고 몸이 부은 것을 내린다.

◎ 돼지족발약죽

적응증 젖부족증

재료 돼지족발 4개, 흰쌀 적당량

용법 돼지족발을 깨끗이 씻어서 냄비에 넣고 푹 삶은 다음 거기에 흰쌀을 넣고 죽을 쑤어 식기 전에 먹는다.
효능 젖을 내는 작용, 영양작용이 있다.

◎ 돼지족발약찜
적응증 설사, 젖부족증
재료 돼지족발 1개, 소금 적당량
용법 깨끗이 손질한 돼지족발을 적당한 양의 물에 넣고 약한 불에서 뼈가 물러지도록 끓인 다음 소금으로 간을 맞추어 여러번에 나누어 먹는다.
효능 설사를 멈춘다.

◎ 돼지족발등칡줄기약탕
적응증 젖부족증
재료 돼지족발 2개, 등칡줄기 5g, 소금, 총백, 생강 각 적당량
용법 돼지족발을 깨끗이 손질하여 등칡줄기(축축하게 하여 썬 것)와 함께 물을 부은 솥에 넣는다. 약한 불로 2시간 정도 끓인 다음 등칡줄기는

등칡줄기

갈라내고 거기에 소금과 생강, 총백을 넣는다. 하루 2번에 나누어 먹되 며칠 동안 계속 먹는다.
효능 몸을 보하고 젖이 잘 나오게 한다.

◎ 돼지족발문어약탕
적응증 산후 미열이 나는 데, 젖이 적은 데

재료 돼지족발 1개, 문어 150g

용법 문어는 깨끗이 씻어 길이 3cm, 너비 1.5cm로 썬다. 돼지족발은 2조각으로 쪼개어 토막낸다. 이것을 솥에 넣고 물 750㎖를 부어 센 불에서 충분히 익혀 식기 전에 먹는다. 5~7번 먹으면 좋다.

효능 혈과 기를 보하고 젖이 잘 나오게 한다.

◎ 돼지족발붕어약탕

적응증 젖부족증

재료 돼지족발 1개, 붕어(생것) 90~120g

용법 붕어는 비늘과 내장을 버리고 씻으며 돼지족발은 적당한 크기로 토막낸다. 이것을 냄비에 넣고 물 750㎖를 부은 다음 푹 익혀서 식기 전에 먹는다.

효능 몸을 보하고 젖이 잘 나오게 한다.

◎ 돼지족발줄목통약탕

적응증 젖부족증

재료 돼지족발 1개, 줄 100g, 으름덩굴줄기(목통) 10~15g, 조미료, 소금 각 적당량

용법 줄과 으름덩굴줄기를 씻어 축축하게 하여 잘게 썬다. 돼지족발과 함께 냄비에 넣고 물을 부어 충분히 끓인 다음 약재는 건져버리고 소금과 조미료를 쳐서 식기 전에 먹는다.

효능 혈을 보하고 젖이 잘 나오게 한다.

줄

※줄은 여러해살이 풀로 우리나라 전역의 개울가, 물웅덩이 주변에 자라는데, 줄기와 뿌리줄기는 먹을 수 있고 이뇨제로도 쓴다.

◎ 돼지족발오리고기약죽

적응증 몸이 허약한 데, 붓는 데, 젖부족증

재료 돼지족발 2개, 오리 1마리, 흰쌀 적당량

용법 오리는 털과 내장을 버리고 토막 내며 돼지족발은 깨끗이 손질하여 쪼갠다. 솥에 물을 적당히 붓고 푹 삶아 뼈를 추려낸 다음 거기에 흰쌀을 넣고 죽을 쑤어 식기 전에 먹는다.

효능 소변을 잘 나오게 하고 부은 것을 내리며 음혈을 보한다.

◎ 돼지콩팥넘나물약볶음

적응증 허리가 아프거나 귀에서 소리가 나는 데, 산후에 젖이 적은 데

재료 돼지콩팥 1쌍, 넘나물 250g, 파, 식물성 기름, 생강, 마늘, 소금, 설탕, 감인가루 각 적당량

용법 돼지콩팥은 근막과 실선을 없애버리고 깨끗이 씻어 썬다. 넘나물(원추리)은 가늘게 찢어놓는다. 달군 냄비에 식물성 기름을 두르고 파, 생강,

넘나물

마늘을 넣고 살짝 볶다가 썬 돼지콩팥을 넣고 벌겋게 될 때까지 익힌 다음 잘게 찢은 넘나물을 넣고 소금과 설탕을 넣어 잠깐 볶는다. 여기에 다시 감인가루(혹은 전분)를 물에 풀어 넣어 식기 전에 먹는다.

효능 신장을 보한다.

◎ 목화씨달걀약국

적응증 요통, 야뇨증, 음위증에 쓰며 산후에 몸이 허약하고 젖이 적은 데

재료 목화씨 10g, 달걀 2개, 설탕 적당량

용법 목화씨를 깨끗이 씻어 짓찧은 것과 달걀을 함께 냄비에 넣고 물 1ℓ를 부어서 끓여 익힌다. 달걀이 익으면 꺼내어 껍질을 까서 설탕을 넣고 국물에 다시 잠깐 끓여 식기전에 먹는다.

효능 신장의 양기를 보한다.

◎ 붕어목통약탕

적응증 젖부족증, 배뇨장애

재료 붕어 적당량, 목통 3g

용법 목통은 물에 씻어 축축하게 한 다음 잘게 썰고 붕어는 배를 갈라 내장을 버리고 비늘을 없앤다. 목통과 붕어를 냄비에 넣고 물을 부은 다음 푹 끓여서 붕어와 국물을 함께 먹는다.

효능 젖 분비를 좋게 하고 소변이 잘 나오게 한다.

◎ 닭백합흰쌀약곰

적응증 산후 몸이 허약한 데, 젖부족증

재료 닭(암컷) 1마리, 백합 3개, 흰쌀 200g

용법 깨끗이 손질한 닭의 배 안에 백합과 흰쌀을 넣고 꿰매어 물을 적당히 붓고 곰하여 하루 2번에 나누어 식사로 먹는다.

효능 몸을 보하고 젖이 나오게 하며 갈증을 멈춘다.

◎ 오리보약찜

적응증 명치 밑이 묵직하고 소화가 안 되며 몸이 허약한 데, 산후에 젖이 적으면서 저절로 나오는 데

재료 오리(늙은 것) 1마리, 인삼, 황기 각 15g, 귤껍질 10g, 돼지

고기 100g, 조미료, 소금, 술, 간장, 생강, 파, 식물성 기름(졸인 것) 각 적당량

용법 오리의 털과 내장을 버리고 기름에 넣어 노릿해지도록 튀겨 내어 토막을 낸다. 돼지고기는 썰어서 끓는 물에 넣었다 꺼내어 씻어서 솥에 돼지고기, 오리고기, 인삼, 황기, 귤껍질, 조미료, 소금, 술, 간장, 생강, 파를 함께 넣고 물을 조금 부어서 물이 다 졸아들도록 푹 끓인다. 하루 2번에 나누어 먹는다.

효능 비와 폐를 보하고 기혈을 늘리며 담을 삭인다.

◎ 장구채두부약탕

적응증 젖부족증

재료 장구채(볶은 것) 30g, 두부 300g

용법 장구채(왕불류행)와 두부를 물에 끓인 다음 찌꺼기를 버리고 한번에 먹는다. 며칠 계속 먹는 것이 좋다.

효능 피를 잘 돌게 하고 젖분비를 좋게 한다.

◎ 넘나물약만두지짐

적응증 젖부족증

재료 돼지고기 500g, 넘나물(훤초) 250g(혹은 마른 것 100g), 밀가루 200g, 파, 소금 각 적당량

용법 돼지고기를 잘게 썰고 넘나물(마른 것)은 깨끗이 손질하여 썬 다음 물에 불린다. 파, 소금과 함께 냄비에 넣고 고루 섞어 익혀서 만두속을 만든다. 밀가루를 반죽하여 민 다음 속을 넣고 쪄서 여러번에 나누어 먹는다.

효능 젖이 잘 나오게 하고 몸을 보한다.

◎ 조피열매약콩

적응증 명치 밑이 아픈 데, 먹은 것이 잘 내려가지 않는 데, 젖부
족증

재료 콩(누런 것) 30g, 조피열매(산초) 3g, 소금 적당량

용법 콩과 조피열매를 솥에 넣고 물 500㎖를 붓고 끓이다가 약한
불에서 콩이 무를 때까지 끓인 다음 소금으로 간을 맞추어 한번
에 10g씩 하루 3번 식전에 먹는다.

효능 속을 덥히고 통증을 멈춘다.

◎ 잉어, 흰쌀

적응증 젖부족증

재료 잉어, 흰쌀 각 적당량

용법 잉어를 넣고 흰 쌀죽을 쑤어 먹는다. 잉어만으로 국을 끓여
먹어도 효과가 있다.

◎ 박주가리(나마) 줄기

적응증 젖부족증

재료 박주가리 20g, 돼지고기 100g

용법 박주가리 15~20g을 달인 물에 돼지고기
50~100g을 넣고 국을 끓여 먹는다.

박주가리

◎ 닭해삼약곰

적응증 산후에 몸이 허약한 데, 어지럼증이 있는 데, 젖부족증

재료 닭 1마리, 해삼(마른 것) 50g

용법 내장을 버리고 깨끗이 손질한 닭의 뱃속에 해삼(추운 계절

에는 따뜻한 물에 약 이틀 정도 담그고 더운 계절에는 하루 정도 담근 것)을 넣어 꿰맨다. 닭이 잠길 정도로 물을 붓고 푹 삶아서 하루 2번에 나누어 먹는다.

효능 젖을 내는 작용, 영양작용, 보혈작용이 있다.

◎ 사슴고기
적응증 젖부족증
용법 사슴고기로 국을 끓여 먹는다.

◎ 닥풀(황촉규)
적응증 젖부족증
재료 닥풀 뿌리 50g, 콩 또는 돼지족발 적당량
용법 닥풀 뿌리 50g을 달인 물에 콩 또는 돼지족발을 삶아서 먹는다.

황촉규뿌리

◎ 메기국
적응증 젖부족증
재료 메기 1마리, 달걀 적당량
용법 메기로 국을 끓여 먹는다. 달걀을 까넣어 먹으면 더 좋다.

◎ 잉어, 돼지족발, 목통
적응증 젖부족증
용법 잉어 1마리, 돼지족발 1개, 목통 3g을 끓여서 즙을 내어 먹는다.

◎ 포도순

적응증 젖부족증, 절박유산

용법 포도순 60g을 물 500㎖에 달여서 하루 3번에 나누어 먹는다.

【약초요법】

◎ 민들레

적응증 젖부족증

용법 민들레를 하루 30~40g씩 물에 달여 2~3번에 나누어 먹는다.

◎ 깨풀(철현)

적응증 젖부족증

용법 신선한 깨풀 20~40g을 물에 넣고 달여서 하루 2~3번에 나누어 먹거나 그 물로 국을 끓여서 먹는다.

깨풀

◎ 맥문동

적응증 젖부족증

재료 맥문동 20g, 돼지족발 삶은 물

용법 맥문동의 속심을 버리고 하루 10~20g씩 물에 달여 2번에 나누어 먹는다. 돼지족발 삶은 물에 달여 먹으면 더 좋다.

◎ 삼씨(마인)

적응증 젖부족증

재료 삼씨, 꿀 적당량

용법 삼씨를 보드랍게 가루낸 다음 졸인 꿀로 알약을 만들어 한 번에 3~4g씩 하루 2~3번 먹는다.

◎ 뽕나무겨우살이(상기생)
적응증 젖부족증
용법 뽕나무겨우살이를 하루 10~20g씩 물에 달여 2번에 나누어 먹는다.

◎ 장구채(왕불류행)
적응증 젖부족증
용법 장구채 전초를 하루 6~15g씩 물에 달여 2~3번에 나누어 빈속에 먹는다.

◎ 절굿대뿌리
적응증 젖부족증
용법 절굿대뿌리 마른 것을 하루 10~15g씩 물에 달여 하루 2~3번에 나누어 먹는다.

절굿대뿌리

◎ 소회향열매
적응증 젖부족증
용법 소회향열매를 하루 5~10g씩 적당한 양의 물에 달여 하루 3 번에 나누어 먹는다. 여기에 민들레뿌리를 같이 넣어서 달여 먹 거나 감주와 같이 먹으면 더 좋다.
효능 소회향 열매에는 정유가 2~3%나 들어 있는데 이 정유는 젖 선의 분비를 왕성하게 하므로 젖을 잘 나오게 한다.

◎ 별꽃(번루)

적응증 산후에 죽은 피가 있어 배가 아프고 젖이 잘
나오지 않는 데
용법 별꽃 전초를 하루 30~60g씩 물에 달여 2~3번
에 나누어 먹는다.

별꽃

◎ 수세미오이덩굴

적응증 젖부족증
용법 수세미오이덩굴을 태워 가루낸 다음 한번에 4g씩 하루 한
번 먹는다.

◎ 종유석, 뻐꾹채(누로)

적응증 젖부족증
재료 종유석, 뻐꾹채 각 적당량
용법 각 같은 분량을 가루내어 한번에 5~6g씩 하루
2~3번 식후에 먹는다.

뻐꾹채

◎ 상추씨, 찹쌀, 감초

적응증 젖부족증
용법 상추씨, 찹쌀 각 50g을 보드랍게 가루내어 물 한 사발을 넣
고 잘 섞은 다음 감초가루 1g을 넣고 끓여서 먹는다.
효능 젖이 잘 나오게 한다.

◎ 잇꽃(홍화), 만삼

적응증 젖부족증

용법 잇꽃 25g, 만삼 10g을 물에 달여 하루 2번에 나누어 술 1잔과 함께 먹는다.

◎ **화살나무껍질(위모)**
적응증 젖부족증
용법 화살나무껍질을 잘게 썬 다음 하루 15~20g씩 물에 달여 2~3번에 나누어 빈속에 먹는다.

화살나무껍질

◎ **천산갑**
적응증 젖부족증
용법 천산갑 적당량을 보드랍게 가루내어 한번에 5~6g씩 하루 2번 빈속에 술로 먹는다.

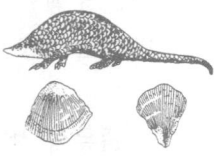
천산갑

【지압안마요법】

◎ 산후에 처음부터 젖이 모자라거나 나오지 않을 때에는 젖선, 젖관 등에 자극을 주면 젖이 잘 나오게 된다. 처음에 손바닥으로 젖 둘레를 가볍게 쓰다듬은 다음 젖꼭지 둘레를 다섯 손가락으로 쪼아주는 식으로 10~15번 자극을 준다.
◎ 젖꼭지 아래에 있는 유근혈 부위에 손바닥을 대고 하루 2~3번씩 7~10일 동안 비빈다.

【뜸요법】

◎ 두 젖꼭지 사이의 중간점에 해당하는 단중혈과 젖꼭지 아래에

있는 유근혈에 뜸대뜸으로 국소가 화끈 달아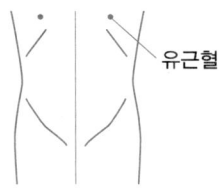
오르도록 쪼여준다. 이 혈들에 쌀알 크기의
뜸봉으로 뜸을 하루 5~7장씩 5~6일 동안 떠
도 효과가 있다.

2) 젖과다증

해산 후 젖분비가 병적으로 많아져 갓난아이에게 젖을 충분히 먹
인 다음에도 계속 젖이 많이 나오는 것을 말한다.

증상

지나치게 많은 양의 젖이 분비되면 산모는 심히 쇠약해질 수 있
으며 젖을 제때 짜버리지 않으면 유방이 아프고 심할 때에는 몸살
까지 오게 된다. 이런 경우에는 유방을 주무르고 젖을 짜버려야 하
며 먹는 것을 다소 제한해야 한다. 특히 물기 있는 음식을 덜 먹으
면서 자연요법으로 치료하는 것이 좋다.

【음식요법】

◎ 양내포약국
적응증 몸이 허약한 데, 산후에 젖이 저절로 나오거나 식은땀이
나는 데
재료 양의 간, 위, 폐, 염통, 콩팥 각 1개, 조피열매(산초) 50g,
사과 1개, 굴껍질 10g, 돼지기름 50g, 후추 50g, 생강 10g, 파
10g, 소금, 조미료, 술 각 적당량

용법 양의 간, 폐, 염통, 콩팥을 깨끗이 손질하여 잘게 썰어 위 안에 넣는다. 조피열매, 사과, 귤껍질, 후추, 생강, 파를 짓찧어 약천주머니에 넣고 묶어 위 안에 넣은 다음 실로 꿰맨다. 이것을 솥에 넣고 돼지기름, 소금과 함께 물을 붓고 충분히 익힌 다음 꺼내어 약천주머니는 버린다. 나머지는 잘게 썰어 국물에 넣고 하루 3번에 나누어 먹는다.
효능 오장을 보하고 정기를 보한다.

◎ 두시약밥
적응증 젖을 뗀 다음 유방이 불어나고 아프면서 젖이 저절로 나오는 데
재료 두시 60g, 기름 30g, 흰쌀 90g
용법 솥에 기름을 두르고 볶다가 두시와 흰쌀(씻어 1시간 불린 것)을 넣고 물을 부어 밥을 짓는다. 밥이 다 되면 식기 전에 한번에 먹는다. 5~7일 반복하면 효과가 있다.
효능 비위를 보하며 해독한다.

◎ 문어물냉이약탕
적응증 몸이 허약한 데, 앓고난 후, 산후에 젖이 절로 나오고 땀이 많이 나는 데
재료 문어(마른 것) 50g, 물냉이 1,500g, 돼지고기 500g, 대추(꿀에 재운 것) 3개, 조미료, 소금 각 적당량
용법 물냉이를 깨끗이 씻은 후 굳은 줄기를 가려내고 물기를 없앤다. 문어는 깨끗이 씻어 물에 불린다. 돼지고기는 크게 토막을 내어 씻고 대추는 씨를 뺀다. 먼저 솥에 물 3ℓ를 붓고 끓이다가

문어와 물냉이를 넣고 끓인다. 여기에 돼지고기와 대추를 마저 넣고 1시간 정도 끓여 국물이 2ℓ 정도 되게 한다. 다음 물냉이, 문어, 돼지고기를 꺼내어 물냉이는 물에 데쳐 그릇에 담고 돼지 고기와 문어는 보기 좋게 썰어 물냉이 위에 놓는다. 국물에 조미 료를 넣고 소금으로 간을 맞춘 다음 고기 담은 그릇에 붓는다. 고 기와 국물을 다 먹는다.

효능 기혈을 보하고 정수를 늘리며 몸을 튼튼하게 한다.

【약초요법】

◎ 엿기름(맥아)

적응증 산후 젖이 지나치게 많은 데, 유방이 불어나면서 아픈 데, 젖을 떼는 데

재료 엿기름 50~60g, 설탕 적당량

용법 먼저 엿기름을 솥에 넣고 약한 불에서 자주 저으면서 고소한 냄새가 나도록 볶은 다음 이것을 거칠게 가루낸다. 냄비에 엿기름 가루와 설탕을 넣고 물 1ℓ를 부은 다음 서서히 끓여서 500㎖가 될 때까지 끓여 찌꺼기는 버리고 더울 때 마신다. 하루 한번씩 식 후에 먹는데 2~3일 계속 먹는다. 또는 볶은 다음 껍질을 벗겨버 리고 가루낸 것을 한번에 5g씩 더운 물이나 찬물로 하루 3번 먹 어도 좋다.

효능 젖이 적게 나오게 한다.

※엿기름은 소화를 돕고 위를 덥혀 주며 입맛을 돋우는 데 주로 쓰지만 약간 볶아서 쓰면 젖 분비가 줄어들게 하면서 몸을 가뿐하 게 한다.

◎ 칡뿌리

적응증 산후 젖이 지나치게 많은 데, 유방이 불어나면서 아픈 데, 젖을 떼는 데

용법 칡뿌리 15g을 물 200㎖에 넣고 진하게 달여 하루 3번에 나누어 식후에 먹는다.

효능 물 마시는 양이 적어지고 소변을 잘 나가게 하면서 젖분비를 줄어들게 한다.

◎ 호박씨

적응증 젖과다증

용법 껍질 벗긴 호박씨 100g을 물 600㎖에 넣고 달여서 하루 3번에 나누어 식간에 먹는다.

효능 이뇨작용과 대변을 묽게 하여 몸에서 수분을 배설시키는 작용이 있으므로 젖 분비를 줄어들게 한다.

3) 산후증

산후에 찬바람을 맞았거나, 해산할 때 피를 많이 흘린 경우에 생기는 질병이다.

머리와 온몸으로 바람이 들어오는 감이 느껴지는 것이 특징이다.

증상

온몸이 화끈 달아오르다가 식은땀이 비 오듯이 나며 머리, 이마, 손발, 팔, 다리, 배, 등, 엉덩이가 시리다. 찬물을 만지거나 찬 것에 손을 대면 소름이 끼치거나 전기가 통하는 것 같은 느낌이 있다. 이

밖에 찬물을 많이 마시면 몸이 떨리고 어지러움을 느낀다.

【생활섭생】

◎ 몸을 차게 하거나 바람을 맞지 않도록 하며 땀을 많이 내지 말아야 한다. 치료 기간에는 될수록 찬물에 손을 넣지 않는 것이 좋다.

【음식요법】

◎ **상추쌈**
적응증 산후 어지럼증, 출혈
용법 상추로 쌈을 싸서 먹는다.

◎ **상추나물**
적응증 산후 어지럼증, 출혈
용법 상추로 나물을 해서 3~5일 정도 계속 먹는다.

◎ **메추리알**
적응증 산후증으로 등과 허리로 바람이 들어오는 것 같은 데
용법 메추리알 날것을 한번에 5개씩 하루 3번 식간에 먹는다.
치료 경험 – 산후증 환자 33명을 위의 방법으로 치료한 결과 뚜렷하게 나은 환자가 14명, 좀 나은 환자가 19명으로 모두 효과가 있었다. 메추리알을 3~4주일 동안 먹는 과정에 산후증의 자각증상이 거의 다 없어졌다.

◎ 졸인 꿀

적응증 산후에 갈증이 심해 찬물을 자꾸 켤 때

용법 졸인 꿀을 조금씩 더운물에 타서 먹는다.

◎ 꿀, 소주

적응증 산후증으로 배가 아픈 데

용법 꿀과 소주를 같은 양으로 섞어 2잔씩 하루 3~4번 마신다.

◎ 호박대추약탕

적응증 기관지천식, 노인의 만성 기관지염, 산후에 땀이 많이 나는 데

재료 호박 500g, 대추 15~20개, 설탕 적당량

용법 호박은 껍질을 벗겨 썰어 씨를 뺀 대추와 함께 솥에 넣고 끓인 다음 설탕을 넣어서 먹는다.

효능 폐기를 잘 돌게 하고 비위를 튼튼하게 한다.

◎ 해삼닭약곰

적응증 산후에 몸이 허약한 데, 어지럼증이 있는 데, 젖부족증

재료 닭 1마리, 해삼(마른 것) 50g

용법 닭은 털과 내장을 버리고 깨끗이 손질한 다음 닭의 뱃속에 해삼(추운 계절에는 따뜻한 물에 약 이틀 정도 담그고 더운 계절에는 하루 정도 담근 것)을 넣어 꿰매어 닭이 잠길 정도로 물을 붓고 푹 삶아서 하루 2번에 나누어 먹는다.

효능 젖을 내는 작용, 영양작용, 보혈작용이 있다.

◎ 닭고기약죽

적응증 노인이 몸이 허약한 데, 앓고난 후, 산후 땀이 많이 나는 데
재료 암탉 1마리(1,000g 되는 것), 흰쌀 100g
용법 닭을 깨끗이 손질한 다음 토막을 내어 물이 담긴 냄비에 넣고 닭고기가 무르도록 오래 끓인다. 뼈를 발라내고 여기에 흰쌀을 깨끗이 일어 넣고 죽을 쑤어 아침과 저녁식사로 먹거나 간식으로 식기 전에 먹는다.
효능 오장과 기혈을 다 보한다.

◎ 쇠고기완두약국

적응증 산후에 땀이 나는 데, 기능성 자궁출혈, 영양장애성 부종, 몸이 무겁고 소변이 잘 나오지 않는 데
재료 쇠고기 150g, 완두 150g, 소금 적당량
용법 불린 완두와 잘게 썬 쇠고기에 물을 붓고 끓여서 소금으로 간을 맞추어 식기 전에 먹는다.
효능 비위를 튼튼하게 하고 기를 보하고 부종을 내린다.

◎ 인삼약죽

적응증 산후에 땀이 많이 나는 데, 배뇨장애, 노인이 몸이 허약한 데, 앓고난 후, 식욕이 없고 설사하는 데, 가슴이 두근거리는 데, 숨이 찬 데, 불면증, 성기능장애
재료 인삼가루 3g(또는 만삼가루 15g), 설탕 적당량, 흰쌀 50~100g
용법 흰쌀을 깨끗이 씻어 물과 함께 냄비에 넣고 죽을 쑤다가 인삼가루(또는 만삼가루)와 설탕을 넣고 잠시 끓여 아침 식전에 먹

는다.

효능 원기와 오장을 보하고 늙는 것을 막는다.

　　※가을철과 겨울철에 먹는 것이 좋다. 몸이 허하고 화(火)가 왕성
한 체질이나 몸이 실한 중노년기의 사람에게는 쓰지 않는다. 죽을
먹는 기간에는 무와 차잎을 먹지 말아야 하며, 요리를 할 때에는
무쇠그릇을 쓰지 말아야 한다.

◎ 암탉당귀만삼약곰

적응증 앓고난 후, 몸이 허약한 데, 소화가 안 되는 데, 월경주기
가 앞당겨지거나 늦어지는 데, 산후 어지럼증

재료 암탉 1마리, 당귀, 만삼 각 15g, 파, 생강, 술, 소금 각 적당
량

용법 닭의 배안에 물에 불린 당귀와 만삼 조각, 파, 생강, 술, 소
금과 함께 넣고 꿰맨다. 이것을 솥에 물을 넣고 약한 불로 천천히
끓여 고아서 하루 2~3번에 나누어 식기 전에 먹는다.

효능 기혈을 보하고 허한 증상을 낫게 한다.

◎ 달걀흰자, 형개가루

적응증 산후 어지럼증

용법 달걀 1개의 흰자에 형개가루 8g을 타서 먹는다.

◎ 문어생강즙약복음

적응증 앓고난 후, 산후 어지럼증

재료 문어(생것) 250g, 생강즙 1~2숟가락, 기름, 소금 각 적당량

용법 문어를 깨끗이 손질하여 잘게 썬 다음 달군 냄비에 기름을 두

르고 문어를 볶다가 소금, 생강즙을 넣고 다시 살짝 볶아 먹는다.

효능 위를 튼튼하게 하고 기와 혈을 보한다.

◎ 돼지등뼈연뿌리약탕

적응증 산후 어지럼증, 앓고난 후, 허리가 아프고 팔다리에 힘이 없는 데, 관절통

재료 돼지등뼈(척수 포함) 500g, 연뿌리 250g

용법 돼지등뼈를 깨끗이 씻어서 부수어 푹 삶은 다음 뼈를 발라 내고 거기에 잘게 썬 연뿌리를 함께 넣고 더 끓여서 식기 전에 먹는다. 3일에 한번씩 2~4번 먹으면 효과가 있다.

효능 몸을 보하고 정수(精髓)를 늘리며 출혈을 멈춘다.

◎ 돼지순대고수약볶음

적응증 빈혈증, 산후에 땀이 많이 나는 증상

재료 돼지내장 500g, 돼지대장 1토막, 고수(호유) 100g, 식물성 기름, 파, 생강, 소금, 설탕, 술, 감인가루 각 적당량

용법 깨끗이 씻은 돼지내장을 잘게 썬다. 깨끗이 씻은 고수를 돼지대장 안에 넣어 양쪽 끝을 실로 꿰매어 냄비에 넣는다. 여기에 물을 적당량 붓고 약한 불에서 70% 정도 익었을 때 내장을 건져내고 실을 뜯어 고수찌꺼기는 골라버리고 내장을 둥근 조각으로 자른다. 냄비에 식물성 기름을 약

고수

간 넣고 볶은 다음 파, 생강을 넣고 돼지내장, 간장, 소금, 설탕, 술을 넣어 요리한다. 여기에 순대국물을 옮겨 쏟고 충분히 끓여서 국이 다 되었을 때 감인가루를 넣고 익힌 다음 그릇에 담아 윗

면에 고수(생것)를 조금 뿌린다. 하루 2~3번에 나누어 먹는다.

효능 몸을 보하고 장출혈을 멈춘다.

◎ 양간약튀김

적응증 불면증, 야맹증, 산후 어지럼증

재료 양의 간 500g, 감인가루, 식물성 기름, 간장, 식초, 설탕, 술, 생강, 파 각 적당량

용법 양의 간을 깨끗이 씻어서 잘게 썰어 겉에 감인가루를 묻혀 끓는 기름에 튀겨 낸다. 간장, 식초, 설탕, 술, 생강, 파 등을 넣어 만든 초간장을 찍어 먹는다.

효능 간을 보하고 눈을 밝게 한다.

◎ 구기자양골약찜

적응증 빈혈로 머리가 아프고 어지러운 데, 가슴이 두근거리는 데, 월경 때 머리가 아프고 어지러운 데, 산후 어지럼증

재료 구기자 50g, 양골 1개, 생강, 파, 소금, 술, 조미료 각 적당량

용법 구기자를 깨끗이 씻어 짓찧은 다음 사기뚝배기에 양골을 통째로 넣는다. 이때 양골은 깨지 말고 그대로 넣어야 한다. 거기에 물을 적당히 붓고 파, 생강, 소금, 술을 넣은 다음 뚜껑을 꼭 봉하여 물솥에 넣고 찐다. 익으면 조미료를 쳐서 먹는다.

효능 간, 신, 뇌를 보하고 정신을 안정시키며 몸을 튼튼하게 한다.

◎ 양고기구귤약탕

적응증 앓고난 후, 몸이 허약한 데, 산후에 땀이 많이 나는 데

재료 양고기, 양간 각 250g, 지골피(구기뿌리껍질) 12g, 귤껍질, 신국 각 10g, 감인가루, 식물성 기름, 된장, 소금, 술, 설탕 각 적당량

용법 지골피, 귤껍질, 신국에 물을 적당하게 붓고, 40분 정도 끓여 찌꺼기는 버리고 다시 졸여 액을 만든다. 양고기와 양간을 깨끗이 손질하여 잘게 썰어 감인가루에 잘 버무린 다음 끓는 기름에 튀겨낸다. 졸임액에 튀겨낸 양고기와 파, 된장, 소금, 설탕, 술을 적당량 넣고 잠시 끓여서 여러번에 나누어 식기 전에 먹는다.

효능 기와 혈을 보한다.

◎ 농어감국약볶음

적응증 몸이 허약한 데, 산후에 땀이 많이 나는 데

재료 농어 등심살 150g, 감국 8g, 파, 생강, 소금 각 3g, 술 6g, 설탕 15g, 유채기름 500g, 전분, 조미료, 참기름 각 적당량

용법 감국을 따서 10%의 소금물에 씻고 찬 물에 우린 다음 건져서 물기를 없앤다. 전분은 따뜻한 물에 10㎖ 정도 풀어 놓는다. 농어는 깨끗이 손질하여 굵직굵직하게 토막을 내어 끓는 유채기름 솥에 넣고 80% 정도 익도록 튀겨내어 기름기를 없앤다. 달군 솥에 기름을 두르고 파, 생강을 넣고 약간 볶다가 술과 함께 국물을 붓고 살짝 끓인다. 여기에 전분을 넣고 소금으로 간을 맞춘 다음 설탕과 튀겨낸 고기를 넣고 조미료와 참기름을 쳐서 사발에 담는데, 감국의 절반은 고기 밑에 깔고 절반은 가장자리에 놓아 모양을 낸다. 식전에 더운 물에 먹는다.

효능 몸을 보하는데, 특히 신(腎)을 보한다.

◎ 두렁허리귀삼약국

적응증 몸이 허약한 데, 병후, 건강회복, 산후에 땀이 많이 나는 데, 자궁하수

재료 두렁허리(선어) 250g, 당귀, 인삼(만삼) 각 10g, 소금, 파, 생강 각 적당량

용법 두렁허리는 대가리와 뼈, 내장을 버리고 잘게 썰어 솥에 넣는다. 당귀와 인삼(만삼)을 물에 씻어 젖은 천에 싸서 축축하게 한 다음 얇게 썰어 약천에 싸서 솥에 앉힌다. 물을 적당하게 붓고 1시간 정도 끓인 다음 약을 건져내고 거기에 파, 생강을 넣고 소금으로 간을 맞추어 밥을 먹을 때 국 대신 먹는다.

효능 몸을 보하고 기운을 돋군다.

◎ 돼지콩팥약찜

적응증 산후에 땀이 많이 나는 데, 몸이 허약한 데, 가슴이 두근거리는 데, 숨이 가쁜 데, 허리가 시큰거리고 아픈 데, 불면증

재료 돼지콩팥 500g, 만삼 10g, 산약 10g, 당귀 10g, 간장, 식초, 생강, 마늘, 참기름 각 적당량

용법 돼지콩팥의 근막을 벗겨내고 깨끗이 씻은 다음 당귀, 만삼, 산약과 함께 냄비에 넣고 물을 적당하게 붓고서 돼지콩팥이 익을 때까지 푹 끓인다. 돼지콩팥을 건져내어 얇게 썰어서 생강(잘게 썬 것), 마늘, 간장, 식초, 참기름 등 양념을 넣어 먹는다.

효능 기혈과 신(腎)을 보한다.

◎ 산약호두약완자

적응증 몸이 허약한 데, 식욕이 없고 입안과 목안이 마르는 데,

산후에 땀이 많이 나는 데

재료 산약(생것) 500g, 밀가루 150g, 호두살, 과일즙 각 적당량, 꿀 1숟가락, 설탕 100g, 돼지기름, 감인가루 각 적당량

용법 산약을 깨끗이 씻은 다음 시루에 넣고 쪄서 껍질을 벗기고 밀가루와 함께 반죽하여 둥글게 빚어 넙적한 쟁반에 놓는다. 그 위에 호두살과 과일즙을 적당히 놓고 다시 시루에서 20분 정도 찐다. 이것으로 완자를 빚고 그 위에 설탕, 꿀을 발라 간식으로 여러번에 나누어 먹는다.

효능 진음(眞陰)을 보하고 소화를 돕는다.

◎ 새우해마병아리약찜

적응증 산후에 땀이 많이 나는 데, 월경이 없는 데, 기능성 자궁출혈, 대하

재료 새우살 15g, 해마 10g, 병아리 1마리, 술, 조미료, 소금, 생강, 파, 초두부가루 각 적당량

용법 병아리를 잡아 털과 내장을 버리고 깨끗이 손질하여 냄비에 담는다. 그 위에 따뜻한 물로 깨끗이 씻어 10분 정도 불려놓았던 해마, 새우살을 넣는다. 여기에 파, 생강국물을 붓고 시루에 푹 찐다. 냄비에서 병아리를 건져내고 파, 생강을 골라내어 소금으로 간을 맞춘 다음 초두부가루로 풀기를 낸 후 조미료를 쳐서 닭고기에 퍼 담아 먹는다.

효능 신양과 신정을 보하고 기운을 돋군다.

◎ 닭간육계약찜

적응증 허리가 시리고 밤에 소변을 자주 보는 데, 소아야뇨증, 산

후에 배뇨장애가 있거나 땀이 많이 나는 데, 관절통
재료 닭간 1~2마리분, 육계 2~3g
용법 깨끗이 손질한 닭의 간과 잘게 썬 육계를 냄비에 넣는다. 물
을 조금 부은 다음 뚜껑을 꼭 덮고 물이 다 줄어들도록 끓여 식기
전에 먹는다.
효능 신양을 보한다.

◎ 돼지비장황기약국
적응증 노인이 입안과 목안이 마르는 데, 당뇨병, 산후에 땀이 나
는 데, 소변장애, 오로(惡露)가 잘 나오지 않는 데
재료 돼지비장 100g, 황기(생것) 15g, 생지황 30g, 산약(생것)
30g, 산수유 100g
용법 황기, 생지황, 산약, 산수유를 물에 넣고 1시간 정도 끓여
거르기를 2번 반복한다. 거른 액에 돼지비장을 잘게 썰어 넣고
국을 끓여서 소금으로 간을 맞추어 먹는다.
효능 기를 보하고 정신을 안정시킨다.

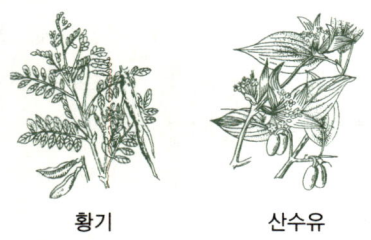

황기   산수유

◎ 대추술약졸임
적응증 몸이 허약한 데, 갈증이 나는 데, 산후에 땀이 나는 데
재료 대추 250g, 양기름 25g, 술 200g

용법 대추에 약간의 물을 붓고 끓여 물기가 없어질 때까지 졸인 다음, 양기름과 술을 넣고 잠시 더 끓여 식혀서 단지에 넣고 꼭 봉하여 7일 정도 두었다가 한번에 3~5알씩 하루 2~3번 먹는다.

효능 비위의 기를 보하며 진액이 생기게 한다.

【약초요법】

◎ 검정콩, 백하수오

적응증 산후증, 백대하

용법 검정콩, 백하수오 각 적당량을 여러번 쪄서 말린 다음 가루를 내어 한번에 5g씩 하루 3번 먹는다.

◎ 돼지쓸개, 천남성

적응증 산후증

용법 돼지쓸개 말린 것 1g과 천남성 가루 10g을 함께 고루 섞은 다음 졸인 꿀로 알약을 만들어 한 번에 3g씩 25~30%의 술 50㎖에 풀어서 먹는다. 이 약을 먹기 30분전에 아스피린 1~1.2g을 먹고 더운 방에서(30℃ 정도) 땀을 내면 더 좋다.

천남성

치료경험 – 산후증 환자 156명을 위의 방법으로 2번 치료한 결과 대상 환자의 70% 이상이 효과를 보았다. 특히 오슬오슬 춥고 바람맞기를 싫어하는 증상, 요통이 없어졌다.

◎ 단너삼(황기)

적응증 식은땀이 많이 나며 맥이 없는 데

용법 황기를 하루 15~20g씩 물에 달여 2번에 나누어 식간에 먹는다.

◎ 형개, 방풍
적응증 산후증
용법 형개, 방풍을 하루 각 10g씩 물에 달여 3번에 나누어 식후에 먹는다.

방풍

◎ 굴조개껍질(모려), 밀기울
적응증 식은땀이 많이 나는 데
용법 굴조개껍질, 밀기울 각 같은 분량을 볶아 가루내어 한번에 4~5g씩 돼지고기국과 함께 먹는다.

◎ 인삼호두약탕
적응증 산후 숨이 찬 데
용법 인삼과 호두 각 10g을 물에 달여 하루 2~3번에 나누어 빈속에 먹는다.
효능 기운을 돋우고 폐와 비장의 기능을 돕는다.

◎ 둥굴레약차
적응증 산후 어지럼증과 두통, 잠이 잘 오지 않는 데, 가슴이 답답하고 갈증이 나는 데, 마른기침이 나면서 숨이 찬 데
재료 둥굴레(옥죽) 250g, 설탕 300g
용법 둥굴레를 깨끗이 씻어 잘게 썰어 물에 넣고 20분 정도 달인 다음 거르고 나머지 찌꺼기에 다시 물을 붓고 달여 거르기를 3번

한다. 거른 액을 합하여 약한 불에서 걸쭉해지도록 달인다. 여기에 설탕을 섞어서 햇볕에 말려 부스러뜨린 다음 병에 넣어 두고 한번에 10g씩 하루 3번 끓는 물에 타서 차처럼 마신다.

효능 음을 보하고 진액을 불려주며 기침을 멈춘다.

◎ 생강나무가지(황매목)

적응증 산후 오로가 잘 나오지 않는 데

재료 생강나무가지 50g

용법 잘게 썬 것 50g을 물에 달여 하루 2~3번에 나누어 먹는다.

생강나무가지

치료경험 – 산후증 환자 89명을 위의 방법으로 5~7일 동안 치료한 결과 찬바람이 들어오는 감, 찬물에 손을 넣지 못하는 증상, 두통, 식은땀 등의 증상이 대상 환자의 90% 이상에서 없어졌거나 증상이 가벼워졌다. 30일 동안 치료한 다음 완치된 환자가 17명, 좀 나은 환자가 8명이었다.

◎ 강활

적응증 산후 온몸이 쑤시며 아픈 데

용법 강활 뿌리를 잘게 썬 다음 하루 10~15g씩 물에 달여 2~3번에 나누어 식후에 먹는다.

강활

◎ 마치현약탕

적응증 산후 오로가 잘 나오지 않는 데

재료 마치현, 설탕 각 30g

용법 마치현을 물에 씻어 잘게 썰어 냄비에 넣은 다음 물을 부어

다린 후, 찌꺼기는 버리고 설탕을 넣고 풀어서 한번에 먹는다.
효능 해독하고 어혈을 없앤다.

◎ 복숭아씨연뿌리약국

적응증 산후 오로가 잘 나오지 않는 데, 월경이 없는 데
재료 복숭아씨(도인) 10g, 연뿌리(연근) 250g, 소금 적당량
용법 복숭아씨(끓는 물에 넣어 속껍질을 벗긴 것), 연뿌리(잘게
썬 것)를 냄비에 넣고 물을 부은 다음 국을 끓여 소금으로 간을
맞춘다. 하루 2~3번에 나누어 먹는다.
효능 피를 잘 돌게 하고 어혈을 없앤다.

◎ 오미자 줄기

적응증 산후증
용법 가을에 오미자 줄기를 말린 다음 보드랍게 가루내어 한번에
3~5g씩 하루 3번 식후에 먹는다.

◎ 찔광이(산사)

적응증 가슴이 두근거리며 식은땀이 나는 데
용법 찔광이를 하루 40~50g씩 물에 달여 2~3번에 나누어 먹는다.

◎ 찔광이(산사)약탕

적응증 산후 오로가 잘 나오지 않는 데, 산후 혈압이 높은 데, 가
슴이 두근거리며 식은땀이 나는 데
재료 찔광이, 설탕 각 30g
용법 찔광이를 부스러뜨려 말렸다가 물 750㎖와 함께 충분히 달

인 다음 설탕을 타서 한번에 먹는다.

효능 어혈을 없애고 적(積)을 흩어지게 한다.

◎ 승마약술

적응증 산후 오로가 잘 나오지 않는 데

재료 승마 9g, 술 45g

용법 승마를 깨끗이 씻어 축축할 때 잘게 썰어 약탕관에 넣는다. 여기에 술을 넣어 뚜껑을 닫고 10분 정도 끓인 후 승마는 버리고 하루 2번에 나누어 마신다.

효능 풍열(風熱)을 없애고 어혈을 푼다.

◎ 익모약탕

적응증 산후 오로가 잘 나오지 않는 데, 월경이 없는 데

재료 익모초 30g, 설탕 적당량

용법 익모초를 물에 씻어 축축하게 한 다음 5~10㎜ 길이로 썰어 냄비에 넣고 물을 부어 달여서 찌꺼기는 짜버리고 거기에 설탕을 넣어 하루 3번에 나누어 먹는다.

효능 피를 잘 돌게 하고 어혈을 없앤다.

【한증요법】

◎ 60~80℃ 되는 한증탕에서 처음에 5분으로 시작하여 점차 시간을 늘리는 방법으로 하루걸러 한번씩 한증을 한다. 한증이 끝난 다음 따뜻한 물로 몸을 씻고 30분 동안 안정하는 것이 좋다. 10번을 한 치료주기로 한다.

4) 산후기질병

산후기질병에는 산후출혈, 산후열, 훗배앓이, 산후부종, 산후경련 등이 있다.

증상

산후출혈은 산후에 부속기에서 피가 나오는 것이고, 산후열은 해산해서 10일 안에 이틀 이상 38℃ 이상의 열이 나는 것을 말한다.

훗배앓이는 산후에 며칠 동안 자궁근육이 수축되면서 진통이 오듯이 아랫배가 아픈 것을 말하는데 초산부보다 경산부에게서 자주 그리고 심하게 통증이 나타난다. 산후에 몸이 붓는 것, 오그라드는 것 등도 모두 산후기질병으로 자연요법의 대상이 된다.

【음식요법】

◎ 붕어녹차약찜

적응증 월경 때와 산후에 붓는 데, 당뇨병, 소아 소화불량증, 식체, 갈증이 나는 데

재료 붕어 1마리(150~200g), 녹차 10~15g, 식물성 기름, 소금 각 적당량

용법 붕어는 비늘은 그대로 두고 아가미와 내장을 없앤다. 붕어의 배 안에 녹차를 넣고 꿰맨 다음 사발에 담고 그 위에 기름과 소금을 뿌려서 푹 찐다. 차잎은 꺼내버리고 먹는다.

효능 비위를 보하고 습(濕)을 없애며 음(陰)을 보한다.

◎ 돼지위올방개약탕

적응증 임신 때나 산후에 몸이 붓는 데, 식체, 헛배부른 데, 신장성 부종

재료 돼지위(저두) 150~200g, 올방개 10~15개, 소금 적당량

용법 올방개는 껍질을 벗겨서 잘게 썰고 돼지위는 깨끗이 씻어서 잘게 썬다. 올방개와 함께 물에 넣고 끓여서 소금으로 간을 맞추어 먹는다. 붓는 데는 소금을 치지 않고 먹는다.

효능 비를 보하고 적(積)을 없애며 부종을 내린다.

◎ 붕어녹차약찜

적응증 월경 때와 산후에 붓는 데, 당뇨병, 소아 소화불량증, 식체, 갈증이 나는 데

재료 붕어 1마리(150~200g), 녹차 10~15g, 식물성 기름, 소금 각 적당량

용법 붕어는 비늘은 그대로 두고 아가미와 내장을 없앤다. 붕어의 배 안에 녹차를 넣고 꿰맨 다음 사발에 담고 그 위에 기름과 소금을 뿌려서 푹 찐다. 차잎은 꺼내버리고 먹는다.

효능 비위를 보하고 습(濕)을 없애며 음(陰)을 보한다.

◎ 암탉팥약곰

적응증 영양장애성 부종, 심장성 부종, 만성 신염, 임신 때나 산후에 붓는 데

재료 암탉 1마리(500g정도 되는 것), 붉은팥 60g

용법 내장을 버리고 깨끗이 씻은 닭의 배안에 물에 불린 팥을 넣고 꿰맨다. 이것을 사기뚝배기에 앉히고 뚜껑을 꼭 덮어서 물솥

에 넣어 고아서 먹는다.

효능 속을 덥혀주고 기운을 돋우며 소변이 잘 나오게 하고 부은
것을 내린다.

◎ 꿀, 술, 식초

적응증 산후기질병

재료 꿀, 술(25%), 식초(10%) 각 적당량

용법 각 30㎖씩 섞어서 한번에 마신다.

치료경험 - 산후복통 환자 60명을 위의 방법으로 치료한 결과 한번 먹
고 나은 환자가 45명이었고 나머지 15명은 2번 먹고 나았다. 약을 먹고
20~30분지나자 땀이 축축이 나면서 복통이 멎었다.

◎ 호박씨

적응증 산후에 몸이 붓는 데, 당뇨병

용법 호박씨를 하루 30~60g 정도씩 까서 새참으로 먹는다. 또
는 호박씨(볶은 것) 30g을 물에 달여서 하루 2번에 나누어 공복
에 먹는다.

【약초요법】

◎ 측백잎

적응증 산후출혈

용법 측백잎을 하루 20~40g씩 물에 달여 2~3번에 나누어 빈속
에 먹는다.

치료경험 - 산후출혈 환자 53명, 인공 유산으로 오는 출혈 환자 13명을

위의 방법으로 치료한 결과 지혈 효과가 아주 좋았다.

◎ 부들꽃가루(포황)

적응증 산후출혈

용법 부들꽃가루를 한번에 3g씩 하루 3번 3일 동안 먹는다.

효능 부들꽃은 자궁근육을 수축시킨다.

치료경험 - 31명의 산모에게 위의 약을 쓴 결과 3일 지난 뒤 자궁 저부가 평균 4.71cm 내려갔는데, 부들꽃을 쓰지 않은 산모 31명은 평균 3.61cm 밖에 내려가지 않았다. 출혈량도 매우 적었고 오로도 없었다.

◎ 익모초

적응증 산후기질병

용법 익모초 전초를 하루 10~15g씩 물에 달여 2~3번에 나누어 먹는다.

◎ 닥풀(황촉규)

적응증 산후기질병

용법 닥풀 줄기와 뿌리 30~40g을 닭고기 국물 또는 물에 달여 하루 2~3번에 나누어 먹는다. 삶은 달걀 2개와 함께 먹으면 더 좋다.

◎ 여우콩(녹곽)

적응증 산후열

용법 여우콩의 줄기와 잎을 하루 15~20g씩 물에 달여 2~3번에 나누어 식후에 먹는다.

◎ **강황, 몰약**

적응증 훗배앓이

용법 강황 10g, 몰약 5g의 비율로 보드랍게 가루내
어 한번에 2~3g씩 하루 3번 식후에 먹는다.

강황

◎ **맑은대쑥씨, 복숭아씨**

적응증 훗배앓이

용법 맑은대쑥씨, 복숭아씨(밀기울과 함께 약간 볶은 것) 각 같은
분량을 보드랍게 가루낸 다음 졸인 꿀로 알약을 만들어 한번에
6g씩 하루 3번 식후에 먹는다.

◎ **탱자열매, 함박꽃 뿌리**

적응증 산후에 배가 아프고 헛배가 불러 편안히 눕지 못하는 데

용법 탱자열매, 함박꽃 뿌리 각 같은 분량을 보드랍게 가루내어
한번에 4~5g씩 하루 3번 식후에 먹는다.

◎ **익모초찔광이약탕**

적응증 산후 자궁출혈

재료 익모초, 찔광이(검게 볶은 것) 각 12g

용법 깨끗이 손질한 익모초와 찔광이(산사)를 물에 달여 찌꺼기
는 버리고 하루 2~3번에 나누어 먹는다.

효능 월경을 고르게 하고 출혈을 멈춘다.

【뜸요법】

◎ 산후기질병 일반에는 아랫배에 있는 중극혈, 관원혈, 기해혈, 2, 3허리등뼈 사이에 해당하는 명문혈, 허리등뼈 양옆에 있는 신수혈, 방광수혈에 쌀알 크기의 뜸봉으로 뜸을 5~7장씩 뜬다.

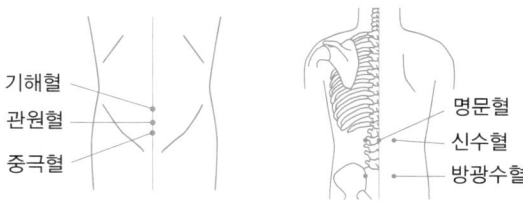

기해혈
관원혈
중극혈

명문혈
신수혈
방광수혈

【부항요법】

◎ 뜸요법 혈을 중심으로 부항을 붙인다.

5) 산후 출혈

해산한 뒤에(해산과 관련되는) 신체기관에서 피가 나오는 것을 말한다.

【음식요법】

◎ **당귀생강양고기약탕**
적응증 산후 출혈과 복통, 빈혈증, 월경이 없는 데
재료 양고기 400g, 당귀 60g, 생강 40g
용법 양고기(씻어 썬 것), 생강(씻어 썬 것), 당귀(씻어 축축하게 한 다음 썬 것)에 물 1.5ℓ와 함께 냄비에 넣고 끓여서 찌꺼기는 건져버리고 여러번 나누어 따뜻하게 데워 먹는다.

효능 혈을 보하고 출혈을 멈추며 비위를 튼튼하게 하고 월경을 고르게 하며 통증을 멈춘다.

◎ **연뿌리냉이약볶음**
적응증 산후 출혈
재료 냉이(생것) 30g, 연뿌리(생것) 60g, 기름 15g
용법 냉이와 연뿌리를 깨끗이 씻어 적당히 썬다. 솥에 기름을 두르고 볶다가 위의 재료를 넣고 고소한 냄새가 날 때까지 볶는다. 한꺼번에 먹거나 2번에 나누어 먹는다. 5~7일 계속하는 것이 좋다.
효능 출혈을 멈추고 어혈을 푼다.

【약초요법】

◎ **냉이**
적응증 자궁출혈을 비롯한 출혈성 질병, 오줌이 잘 나오지 않으면서 몸이 붓는 데
용법 신선한 냉이를 뿌리째 하루 30g씩 물에 달여 2번에 나누어 먹는다. 신선한 냉이꽃 20~30g을 물에 달여 먹어도 된다.
치료경험 – 산후 자궁출혈 환자 3명을 위의 방법으로 치료한 결과 3명 모두에게서 피가 멎었다.
　　※냉이에는 지혈유효성분인 부르신산이 들어 있다. 또 약리실험에서 뚜렷한 지혈작용, 자궁수축작용이 증명되었으며, 혈우병 그리고 적리에 효과가 있다는 자료도 보고 되었다.

◎ **냉이익모약탕**

적응증 기능성 자궁출혈, 산후 출혈

용법 냉이와 익모초 각 30g을 깨끗이 씻어 자른 다음 냄비에 물과 함께 넣고 20분 정도 끓이다가 설탕을 넣는다. 한번에 1컵씩 하루 3번 공복에 먹는다.

효능 출혈을 멈추고 어혈을 없앤다.

◎ 냉이지혈약탕

적응증 산후 출혈

재료 냉이 30g, 단삼 6g, 당귀 12g

용법 냉이, 단삼, 당귀를 물에 불렸다가 약한 불에서 40분 정도 달여 식기 전에 먹는다.

효능 출혈을 멈추고 피를 잘 돌게 하며 어혈을 없애며 통증을 멈춘다.

◎ 붉은 맨드라미

적응증 산후에 배가 계속 아프면서 출혈이 계속 멎지 않을 때

용법 붉은 맨드라미 전초 두 줌을 물에 달여 하루 3번에 나누어 식후에 먹는다.

◎ 범고비(면마)

적응증 특히 산후 이완성 출혈

용법 범고비 적당량을 거멓게 볶은 다음 가루내어 한번에 2~3g씩 하루 3번 식후에 먹는다.

※범고비에 들어 있는 팔마톤이 자궁수축약인 에르코틴과 비슷한 작용을 한다.

◎ 연잎

적응증 산후 해산 뒤에 출혈을 계속하면서 빈혈증상이 있을 때
용법 마른 연잎 적당량을 재가 되지 않을 정도로 태운 다음 보드
랍게 가루내어 한번에 4g씩 하루 3번 더운 술 한잔에 타서 먹는
다. 연뿌리를 짓찧어서 짜낸 즙을 먹어도 좋다.
효능 출혈을 멈추는 작용이 있다.

◎ 측백잎

적응증 산후 출혈
용법 거멓게 태운 측백잎 20~40g을 물에 달여 하루 2~3번에
나누어 식간에 먹는다.
효능 지혈작용이 있다.

◎ 익모초

적응증 산후 출혈
용법 익모초를 10~15g씩 물에 달여 하루 2~3번에 나누어 먹는다.
효능 자궁수축작용, 지혈작용이 있다.

◎ 생지황, 익모초

적응증 산후 자궁출혈
재료 생지황, 익모초 각 적당량, 술 5~6㎖
용법 각 짓찧어 즙을 짜서 10㎖씩 술 5~6㎖에 섞어 약간 끓인 후
하루 2~3번에 나누어 먹는다.

◎ 조뱅이(소계)

적응증 산후 자궁출혈

재료 조뱅이, 녹말, 졸인 꿀 각 적당량

용법 말린 조뱅이를 가루내어 녹말과 5 : 1의 비율로 섞은 다음 졸
인 꿀로 알약을 만들어 한번에 8~10g씩 하루 3번 식후에 먹는
다. 1 : 10의 물엑기스를 만들어 한번에 1~3㎖씩 먹어도 된다.

치료경험 – 조뱅이와 물을 1 : 10의 비율로 만든 물엑기스를 한번에 3㎖
씩 하루 3번 먹는 방법으로 산후 자궁출혈 환자 45명을 치료한 결과 보
통 2~3일 사이에 자궁이 평균 2~5㎝ 정도 줄어들면서 피가 멎었다.

　※뇌출혈에도 상당한 효과가 있는 것으로 알려졌다.

◎ 꽈리 뿌리

적응증 산후 자궁출혈, 과다월경

재료 꽈리 뿌리 20g

용법 하루 15~20g씩 물에 달여 2~3번에 나누어
식후에 먹는다.

효능 약리실험에서 자궁수축작용이 확증되었다.

꽈리

치료경험 – 산후 자궁출혈, 과다월경 환자를 위의 방법으로 치료하여 효
과를 보았다.

◎ 부들꽃가루(포황)

적응증 산후 출혈

재료 부들꽃가루, 녹말, 졸인 꿀 각 적당량

용법 가루를 한번에 3g씩 물에 타서 하루 3번 먹거나, 거멓게 볶
아서 녹말과 5 : 1의 비율로 섞어 졸인꿀로 알약을 만들어 한번에
6~8g씩 하루 3번 식후에 먹는다. 산후에 5~6일 동안 계속 먹으

면 효과가 있다.

효능 자궁수축작용, 지혈작용이 있다.

6) 산후열

보통 해산해서 10일 안에 이틀 이상 열이 38℃ 이상 오르는 것을
말한다.

원인

해산을 돕는 사람의 손이나 기구를 통해서, 산모의 손과 외음부
에서 감염, 몸의 다른 병조에서 감염(편도염, 중이염, 충치, 충수염
등), 질강에 이미 있던 병균의 창상감염 등에 의하여 생길 수 있다.

【음식요법】

◎ 감
적응증 산후에 춥고 떨리면서 열이 계속 나고 팔다리와 머리가
아플 때
용법 서리 맞은 감을 한번에 3개 정도씩 하루 3번 먹는다.

【약초요법】

◎ 멧돼지쓸개
적응증 산후열
재료 멧돼지쓸개, 기름종이, 30%의 술

용법 쓸개즙이 쏟아지지 않게 쓸개낭을 잘 잡아매고 기름종이에 싸서 바람이 잘 통하는 곳에 걸어 두고 말린다. 이렇게 말린 쓸개 0.5g을 30%의 술 한잔에 타서 마시고 땀을 약간 낸다.
효능 산후에 나는 열을 잘 내리게 한다. 병균을 죽이는 작용이 있으므로 병균감염으로 오는 발열에 좋다.

◎ 형개
적응증 산후에 열이 나며 온몸이 아플 때
용법 형개 적당량을 보드랍게 가루내어 한번에 한 숟가락씩 하루 3번 식간에 먹는다.

7) 산후 부종

산후 며칠 동안 온몸이 붓는 것을 말한다.

【음식요법】

◎ 도라지, 가물치
적응증 산후 부종
용법 도라지 두 줌과 가물치로 국을 끓여 먹는다.
효능 소변이 잘 나오게 하고 산후에 오는 부종을 잘 내리게 한다.

◎ 잉어(또는 숭어, 가물치)
적응증 산후 부종
용법 큰 잉어 또는 숭어나 가물치로 국을 끓여 먹는다.

효능 산후에 몸을 보하는 작용이 있다. 또 소변이 잘 나오게 하므로 산후에 오는 부종에도 효과가 있다.

◎ 호박
적응증 산후 부종
용법 늙은 호박 한 개를 삶아서 짜낸 즙을 마신다.
효능 소변이 잘 나오게 하며 특히 해산한 뒤에 몸이 붓는 것을 내리게 한다.

【약초요법】

◎ 방기, 쉽싸리(택란)
적응증 산후에 몸이 부석부석하고 부은 데
용법 방기와 쉽싸리를 각 같은 분량으로 섞은 다음 한번에 10~12g을 물에 달여서 2~3번에 나누어 식간에 먹는다.

방기

◎ 아욱씨(동규자)
적응증 산후 부종
용법 아욱씨를 보드랍게 가루낸 다음 25%의 술 한 병에 20~40g을 타서 한번에 50㎖씩 먹는다. 아욱잎과 줄기로 국을 끓여 먹어도 좋다.
효능 이뇨작용이 있어 부종을 잘 내리게 한다.

아욱씨

◎ 질빵으아리

적응증 산후부종

용법 질빵으아리 전초 12~20g을 물에 달여 하루 3번에 나누어 먹거나, 보드랍게 가루낸 다음 알약을 만들어 한번에 4~6g씩 하루 3번 먹어도 좋다.

8) 산후 기침

산후에 기침을 몹시 하는 증상을 말한다.

【음식요법】

◎ 두부, 꿀
적응증 산후에 숨이 차고 기침이 날 때
용법 두부 한 모와 꿀 두 숟가락 정도를 넣고 국을 끓여 먹는다.

◎ 배, 꿀
적응증 산후증으로 특별한 원인 없이 마른기침을 하는 데
용법 배의 속을 파내고 그 속에 꿀을 넣은 다음 쪄서 먹는다.

【약초요법】

◎ 마가목(정공등)
적응증 산후에 오는 기침과 천식
용법 마가목 열매 10~20g을 물에 달여 하루 2~3번에 나누어 식후에 먹는다. 마가목 달인 물을 물엿처럼 걸쭉해지게 졸여서 한

번에 한 숟가락씩 먹어도 좋다.
효능 진해작용, 거담작용이 있다.

◎ 오미자
적응증 산후 허약, 산후에 마른기침을 할 때
용법 오미자를 한번에 4~6g씩 하루 2~3번 뜨거운 물에 우려 그
물을 마시거나 물에 달여 식전에 먹는다.
효능 폐를 보하며 갈증을 없애고 기침을 멎게 하며 가슴이 답답
한 증상을 낫게 하는 작용이 있다.

◎ 관동화
적응증 산후에 마른기침을 할 때
용법 관동화 12g을 꿀물에 축인 다음 달여서 하루
3번에 나누어 식후에 먹는다.
효능 숨이 차고 마른기침이 나는 데 쓰면 기침이
멎으면서 속이 편안해진다.

관동화

◎ 무씨(나복자)
적응증 입맛이 없고 나른한 감이 있으면서 기침이 날 때
용법 무씨를 보드랍게 가루내어 한번에 10~20g씩 하루 2~3번
설탕물 또는 꿀물로 식전에 먹는다.

◎ 패모
적응증 산후 기침
용법 패모를 볶아서 가루내어 설탕물에 반죽한 다음 0.4g이 되

게 알약을 만들어 한번에 10알씩 하루 2~3번 먹는다.

※패모의 알칼로이드 성분은 기관지 활평근을 이완시키고 기관지
의 분비를 억제하는 작용이 있어 산후 기침에 쓰면 좋다.

【지압안마요법】

◎ 여러혈 누르기 숨이 차면서 기침이 날 때에는 먼저 울대뼈 양
쪽에 있는 혈(인영혈, 부돌혈)을 15초 정도씩 가볍게 눌러주고 가
슴뼈 양쪽 쇄골 아래에 있는 혈(유부혈, 욱중혈)과 어깨뼈 아래
오목한 곳(중부혈)을 15초씩 눌러주는 동작을 3~4번 반복한다.

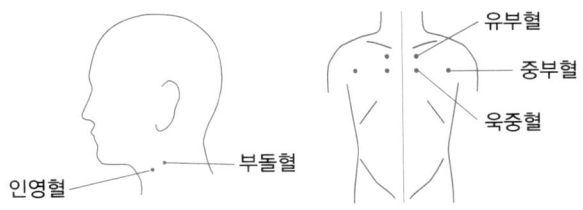

◎ 거궐혈, 중완혈 배꼽 가운데로부터 19.98cm
위 되는 곳(거궐혈)과 13.32cm 위 되는 곳(중
완혈)을 15초씩 3~4번 눌러준다. 이런 방법
으로 하루 1~2번씩 계속하면 속이 편안해지
면서 기침도 멎는다.

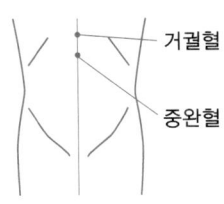

【뜸요법】

◎ 고황혈, 폐수혈 4와 5가슴등뼈 사이에서 양옆으로 각 11.66cm
되는 곳(고황혈)과 3과 4가슴등뼈 사이에서 양옆으로 각 6.66cm 되

는 곳(폐수혈)에 팥알 크기의 뜸봉으로 하루
5~7장씩 뜸을 뜬다.

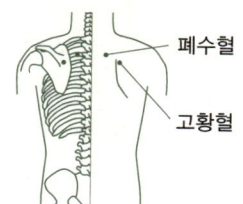

폐수혈
고황혈

9) 산후 복통

해산 직후부터 며칠 동안 자궁근육이 수축되면서 진통이 오듯이
아랫배가 아픈 것을 말하는데 민간에서는 훗배앓이라고 한다.

증상
초산부보다 경산부에게 자주 혹은 심하게 나타난다. 통증이 심한
경우에는 땀을 흘리면서 몹시 괴로워하며 잠도 제대로 이루지 못하
게 된다.

【음식요법】

◎ 파뿌리
적응증 임신부 복통
용법 파뿌리 적당량을 깨끗이 벗겨서 밑둥으로부터 약 20cm 되
게 잘라 일정한 분량을 냄비에 넣고 250㎖ 정도의 물을 부은 다
음 100㎖ 정도 되게 달여서 아침저녁 2번에 나누어 먹는다.

◎ 냉이약탕
적응증 산후 복통
재료 냉이(신선한 것) 60~90g, 설탕 60~90g
용법 냉이를 깨끗이 씻어 잘게 썰어서 솥에 넣고 설탕을 넣고 약

한 불에서 볶은 다음 물을 붓고 10분 정도 달인다. 하루 3번에 나누어 공복에 먹는다.
효능 지혈 및 진정작용이 있다.

◎ 마른명태게루기약국
적응증 산후 복통
재료 마른명태 9마리, 게루기(제니) 30g
용법 마른명태를 성글게 짓찧은 데다가 게루기 뿌리를 넣고 국을 끓여 찌꺼기는 버리고 하루 3번에 나누어 식전에 먹는다. 여러날 계속하여 만들어 먹는다.
효능 해독하고 풍을 없애며 영양작용이 있다.

게루기

◎ 수수쌀마치현약죽
적응증 산후 복통
재료 수수쌀 300g, 마치현 600g, 소금 적당량
용법 마치현을 달여 찌꺼기는 버리고 그 물에 수수쌀을 넣고 죽을 쑨다. 소금으로 간을 맞추어 하루 3번 따뜻하게 하여 먹는다.
효능 어혈을 없애고 통증을 멈춘다.

◎ 익모검정콩약탕
적응증 월경이 없는 데, 월경량이 적은 데, 월경 때와 산후의 하복통
재료 검정콩 60g, 익모초 30g, 술 1~2숟가락, 설탕 적당량
용법 익모초(물에 씻어 썬 것), 검정콩(짓찧어 부스러뜨린 것)을 물 1.5ℓ와 함께 냄비에 넣고 500㎖가 되게 끓여서 설탕과 술을

넣고 마신다. 하루 한번 먹는다. 5~7일 동안 계속하는 것이 좋다.
효능 피를 잘 돌게 하고 어혈을 없애며 월경을 고르게 한다.

◎ 돼지고기찔광이약볶음

적응증 산후 복통, 식체, 소아 소화불량증, 고혈압, 부정맥
재료 돼지고기 1,000g, 찔광이(산사) 100g, 참기름, 생강, 파,
조피열매(산초), 술, 콩기름, 조미료, 설탕 각 적당량
용법 찔광이는 불순물을 골라버리고 짓찧어 부스러뜨린다. 생강은
얇게 썰고 파는 굵직굵직하게 썬다. 먼저 찔광이를 2ℓ의 물에 넣
고 끓이다가 돼지고기를 넣고 절반 정도 익혀서 꺼내 길이가 4cm,
너비가 1cm가 되게 썬 다음 생강, 파, 술, 조피열매 등 양념을 섞어
서 1시간 정도 재운다. 달군 솥에 기름을 두르고 볶다가 재운 고기
를 넣고 약간 누런빛이 나도록 볶는다. 거의 볶아질 무렵에 참기
름과 조미료, 설탕을 쳐서 하루 3번에 나누어 식기 전에 먹는다.
효능 진정작용, 강심작용, 혈압을 낮추는 작용, 소화작용이 있다.

◎ 양고기당귀생강약찜

적응증 산후 복통과 몸이 허약한 데, 월경이 없는 데
재료 양고기 250g, 당귀, 생강 각 15g
용법 당귀(물에 씻어 축축하게 한 다음 썬 것), 생강(씻어 자른
것), 양고기를 사기그릇에 담고 물을 약간 부은 다음 물이 끓는
솥에 들여놓고 센 불에 쪄서 하루 2~3번에 나누어 먹는다.
효능 혈을 보하고 잘 돌게 하며 월경을 고르게 하고 통증을 멈춘다.
 ※감기 또는 열이 나는 데는 쓰지 않는다.

◎ 양고기당귀생강약국

적응증 산후 복통

재료 양고기 90~120g, 당귀, 생강 각 9~15g, 소금 적당량

용법 양고기를 잘게 썰어 당귀, 생강과 함께 솥에 넣어 물을 붓고 끓이다가 피거품을 걷어버리고 양고기가 무를 때까지 끓인다. 소금으로 간을 맞춰 하루 3번에 나누어 식사로 먹는다.

효능 어혈을 풀고 통증을 멈춘다.

◎ 양고기당귀생강약탕

적응증 산후 출혈과 복통, 빈혈증, 월경이 없는 데

재료 양고기 400g, 당귀 60g, 생강 40g

용법 양고기(씻어 썬 것), 생강(씻어 썬 것), 당귀(씻어 축축하게 한 다음 썬 것)를 물 1.5ℓ와 함께 냄비에 넣고 끓여서 찌꺼기는 건져버리고 여러번에 나누어 따뜻하게 하여 먹는다.

효능 혈을 보하고 출혈을 멈추며 비위를 튼튼하게 하고 월경을 고르게 하며 통증을 멈춘다.

【약초요법】

◎ 대추

적응증 산후 복통

용법 대추 반 사발에 물 1사발을 붓고 달여서 먹으면 좋다.

◎ 더덕

적응증 산후 복통

용법 더덕을 보드랍게 가루내어 한번에 8~10g씩 하루 2~3번 따뜻한 술에 타서 먹거나, 썰어서 한번에 16~20g씩 하루 2번 물에 달여 먹는다.

◎ 머루순
적응증 산후 복통
용법 머루순 10~15g을 물에 달여 2번에 나누어 식후에 먹는다.

머루순

◎ 찔광이(산사)
적응증 산후 복통, 습관성 유산, 갱년기장애
용법 찔광이 50g에 물 300㎖를 붓고 달여 하루 3번에 나누어 먹는다.

◎ 찔광이향부자약탕
적응증 산후 복통
재료 찔광이(산사) 30g, 향부자 15g, 설탕 적당량
용법 찔광이를 잘 씻고 향부자는 천에 싸서 물과 함께 냄비에 넣고 30분 정도 끓인후 설탕을 넣어 먹는다.
효능 기혈이 잘 돌게 하고 소화를 도우며 통증을 멈춘다.

◎ 천궁찔광이약탕
적응증 산후 복통
재료 천궁 10g, 찔광이(산사) 40g
용법 깨끗이 손질한 천궁과 찔광이를 물 500㎖에 달여 절반 정도

로 줄면 찌꺼기는 버리고 하루 2번에 나누어 먹는다.
효능 피가 잘 돌게 하며 진정작용, 진통작용이 있다.

◎ 당귀찔광이약탕
적응증 산후 복통
재료 당귀 20g, 찔광이(쪄서 햇볕에 말린 것) 40g
용법 깨끗이 손질한 당귀와 찔광이(산사)를 물 500㎖에 달여 물
이 절반 가량 줄면 찌꺼기를 버리고 하루 2번에 나누어 먹는다.
효능 혈을 보하고 월경을 고르게 하며 통증을 멈춘다.

◎ 식초, 백반
적응증 산후 복통
용법 5%의 식초 10㎖에 백반 2g을 보드랍게 가루내어 넣고(1회
분) 병에 넣어 공기가 통하지 못하게 마개로 막아 보관한 것을 따
뜻한 물 100㎖에 타서 식후에 먹는다.
치료경험 – 산후 복통 환자 160명을 위의 방법으로 치료한 결과, 약을
4번 먹은 후 치유율이 경산부에서 95%, 초산부에서 100%였다. 보통 2
번 먹으면 복통을 비롯한 모든 증상이 없어진다.

◎ 현호색
적응증 산후 복통
용법 현호색을 보드랍게 가루내어 한번에 4g씩 하루 3번 먹는다.
　　　※현호색에 들어 있는 코리달린이라는 성분은 진통 효과를 나타낸
　　　다. 산후 복통만이 아니라 월경통 등 여러가지 통증에도 효과가
　　　있다.

◎ 가지뿌리, 설탕

적응증 산후 복통

용법 가지뿌리 4개에 설탕과 술을 적당량 넣고 물에 달여 먹는다.

◎ 차잎약술

적응증 산후 복통

용법 차잎을 가루내어 설탕과 함께 섞어 사발에 담고 데운 술을 부어 마신다. 한번에 1잔씩 하루 3~4번 마신다.

효능 기혈이 잘 돌게 하고 통증을 멈춘다.

◎ 생지황익모약술

적응증 산후 복통, 월경색이 붉으면서 덩어리가 있는 데

재료 생지황 6g, 익모초 10g, 술 250g

용법 술을 약탕관에 넣고 거기에 생지황, 익모초를 넣은 다음 뚜껑을 닫고 증기솥에 넣고 20분 정도 찐다. 한번에 40g씩 하루 3번 이틀에 나누어 마신다.

효능 음을 보하고 열을 내리며 출혈을 멈추고 피를 잘 돌게 한다.

◎ 익모초, 술

적응증 산후 복통

용법 익모초를 꽃이 필 무렵에 베어다가 깨끗이 씻어서 한번에 10g씩 짓찧어 짜낸 즙에 술을 약간 타서 하루 3번 먹는다.

◎ 애기흑삼릉

적응증 산후 복통

용법 애기흑삼릉의 덩이줄기 6~12g을 물에 달여 하루 3번에 나누어 먹거나 알약 또는 가루약을 만들어 먹는다.

◎ 게껍질가루
적응증 산후 복통
용법 게껍질(약성이 남게 태워서 가루낸 것)을 한번에 4g씩 술에 타서 먹는다.

◎ 분지나무뿌리
적응증 산후 복통
용법 분지나무뿌리 50~60g을 물에 달여 2~3번에 나누어 식후에 먹는다.

◎ 당귀
적응증 산후 복통
용법 당귀 적당량을 가루내어 한번에 3~4g씩 물에 달여 식후에 먹는다.
　　※당귀에는 자궁이완작용을 하는 정유가 많이 들어 있다. 또한 쿠마린이라는 성분이 들어있어 통증을 멈춘다.

◎ 함박꽃뿌리(작약), 감초
적응증 산후 복통
용법 함박꽃뿌리 15g, 감초 8~10g을 물에 달여 하루 2~3번에 나누어 먹는다.
　　※함박꽃뿌리와 감초를 배합하면 진통작용과 진정작용에 큰 효과

가 있다. 함박꽃뿌리와 감초의 배합으로 이루어지는 작약 감초탕은 오랜 옛날부터 산후 복통을 비롯한 거의 모든 복통 치료에 쓰였는데 확실한 진통효능이 증명되었다.

【찜질요법】

◎ 젖풀찜질 신선한 젖풀(백굴채)을 짓찧어서 따
뜻하게 덥힌 다음 천에 싸서 아랫배에 대고 찜질
을 한다. 식으면 다시 뜨거운 것으로 갈아댄다.
산후에 오는 복통을 잘 낫게 한다.

젖풀

【뜸요법】

◎ 명문혈, 관원혈 2와 3허리등뼈 사이(명문혈)와 배꼽 가운데서
부터 9.99㎝ 아래 되는 곳(관원혈)에 콩알 크기의 뜸봉으로 뜸을
5~7장 뜬다.

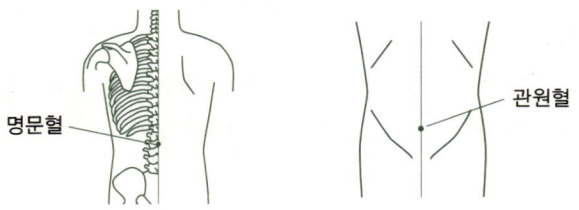

명문혈

관원혈

【부항요법】

◎ 중극혈, 관원혈 아랫배의 복판선에서 두덩
뼈 이음부의 윗가장자리로부터 3.33㎝ 되는

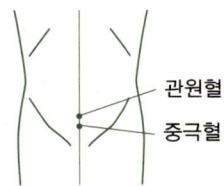

관원혈
중극혈

곳인 중극혈과 관원혈에 10~20분씩 부항을 붙인다. 7일 동안을
계속 붙이면 산후 복통이 잘 멎는다.

Ⅱ. 각종 여성 질환의 예방과 치료

음식으로 조절하는 행복한 임신 관리

1. 임신 관련 질환

1) 임신조절

여성의 건강을 지키고 무분별한 낙태를 방지하기 위해 피임을 하는 것을 말한다.

【약초요법】

◎ **후박, 복숭아씨(도인), 잇꽃(홍화)**
적응증 임신 조절
용법 후박 5g, 복숭아씨, 잇꽃 각 3g을 300㎖의 물에 넣고 물의 양이 절반으로 줄어들 때까지 달여서 하루 3번에 나누어 빈속에 먹는다.

잇꽃

◎ **봉선화씨**
적응증 임신 조절
용법 익은 봉선화씨 9g을 물에 달여 월경이 끝난 다음 날부터 5일 동안 차 대신 수시로 마신다.
효능 자궁의 긴장도를 높이고 수축을 빠르게 하며, 배란을 억제하고 난소를 위축시키면서 수태가 되지 않도록 피임작용을 한다.

【뜸요법】

◎ 석문혈, 피임혈 배꼽 가운데서 아래로 6.66㎝ 되는 곳(석문혈)과 다리 안쪽 복사뼈 가운데서 위로 6.66㎝ 되는 곳(피임혈)에 뜸을 뜨는데 콩알 크기의 뜸봉으로 석문혈에는 매일 한번에 10장씩 5일 동안, 양쪽 다리 피임혈에는 매일 한번에 3장씩 7일 동안 뜸을 뜬다.

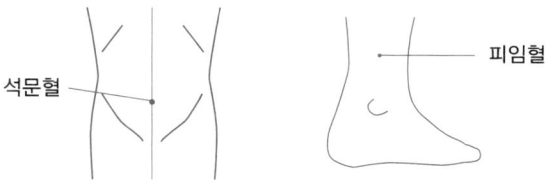

2) 불임증

불임증이란 결혼 후 2~3년이 지나도록 임신되지 않는 것을 말한다. 불임증에는 결혼해서 한번도 임신하지 못한 원발성과 한번 해산했거나 유산한 뒤에 2~3년이 지나도록 다시 임신되지 않는 속발성이 있다.

원인

여성의 경우, 자궁이 제대로 자라지 못하여 아주 작은 상태에 있을 때, 생식기에 염증이 있을 때, 자궁이 제자리에 놓여 있지 못할 때, 월경이 고르지 못할 때 불임증이 생긴다.

남성의 경우, 정자와 정액을 만드는 곳인 고환과 전립선 등 생식기에 염증이 있어서 정자를 제대로 만들어내지 못하거나 정자를 만든다 해도 양이 적고 활동하는 힘이 약할 때에는 불임증이 생길 수 있다.

남녀 모두에게 원인이 될 수 있는 병은 내분비계통의 질병 및 만성 중독, 만성 전염병, 혈액병 등이며 중한 질병을 앓고 나서 몸이 약해졌을 때에도 불임증에 걸릴 수 있다.

결혼 후 2~3년 지났는데도 임신하지 못하면 부부가 병원에 가서 정확한 진단을 받고 해당되는 치료를 받아야 한다. 치료 도중에 금방 효과가 나타나지 않는다고 해서 중단하지 말고 인내성 있게 치료를 계속 받아야 한다.

성기기형으로 인한 성생활불능과 무정자증 등 절대적인 불임증 외에는 모두 자연요법을 쓸 수 있다.

【음식요법】

◎ 콩보리약떡국

적응증 명치 밑이 차고 아픈 데, 월경통, 불임증

재료 초과 2.5g, 양고기 1,000g, 보리가루, 콩가루 각 500g, 생강 5g, 후춧가루, 소금, 조미료 각 적당량

용법 양고기를 깨끗이 손질하여 잘게 썰어 짓찧은 생강과 함께 물을 붓고 끓인다. 양고기가 거의 익을 무렵에 보리가루와 콩가루를 함께 물로 반죽하여 적당한 크기로 썰어 넣고 익혀서 후춧가루, 소금, 조미료를 쳐서 식사로 먹는다. 늘 먹으면 좋다.

효능 속을 덥혀주고 찬 기운을 없앤다.

◎ 산딸기약술

적응증 음위증, 불임증, 유정, 신경증, 어지럼증

재료 산딸기(복분자) 200g, 30~40% 술 1,000g

용법 산딸기를 술에 담가 20~30일 정도 두었다가 한번에 10㎖씩 하루 3번 마신다.

효능 강장 및 강정 작용, 강심작용, 건위소화작용 등에 쓴다.

산딸기

◎ 돼지꼬리속단두충약찜

적응증 허리와 무릎이 시리고 힘이 없는 데, 음위증, 유정, 산후 뼈마디가 아픈 데, 불임증

재료 돼지꼬리 1~2개, 속단 25g, 두충 30g, 소금 적당량

용법 먼저 속단을 물에 씻어서 젖은 천에 싸고 습기를 준 다음 잘게 썬다. 두충은 물에 씻어서 잘게 자른다. 깨끗이 손질한 돼지꼬리와 속단, 두충을 함께 냄비에 넣고, 연한 소금물을 부어 물이 다 줄어들 때까지 푹 끓인다. 속단과 두충을 건져버리고 먹는다.

속단

효능 신장의 양기를 보한다.

◎ 양고기마늘약국

적응증 허리와 무릎이 시리고 아픈 데, 불임증, 산후에 소변이 잘 나오지 않거나 뼈마디가 아픈 데

재료 양고기 250g, 마늘 50g

용법 양고기는 깨끗이 손질하여 썰고 마늘은 껍질을 벗긴다. 양

고기와 마늘을 물에 넣고 국을 끓여 식기 전에 먹는다.
효능 간신을 보하고 허리와 무릎을 튼튼하게 한다.

◎ 문어알
적응증 불임증
용법 문어알 적당량을 술에 재워서 뚝배기에 넣고 뚜껑을 꼭 덮
은 다음 따뜻한 방에 하룻밤 두었다가 한번에 1숟가락씩 하루 3
번 식전에 먹는다. 또는 문어알을 끓여 먹거나 가루내어 한번에
8~10g씩 하루 3번 식후에 먹어도 좋다.

◎ 사슴꼬리약국
적응증 허리가 시큰거리고 아픈 데, 양위증, 새벽설사, 월경이 없
는 데, 기능성 자궁출혈, 산후 배뇨장애, 불임증
재료 사슴꼬리(마른 것) 70g, 흰버섯(물에 불린 것) 200g, 참대
순 25g, 소금, 조미료, 술, 생강, 파, 닭고기국물, 청국장가루, 돼
지기름 각 적당량
용법 사슴꼬리를 물에 불렸다가 끓는 물에 담가 털을 뽑고 깨끗
이 손질한 다음 물에 넣고 푹 삶아서 토막을 낸다. 흰버섯은 잘게
찢어서 데쳐내고 참대순도 썰어서 끓는 물에 데쳐낸다. 파는 송
송 썰고 생강은 다진다. 달군 솥에 돼지기름을 두르고 파와 생강
을 누렇게 복은 다음 여기에 닭고기국물을 넣는다. 국물이 끓을
때 사슴꼬리와 참대순, 흰버섯, 술, 소금을 함께 넣고 약한 불에
서 한동안 끓이다가 센 불에 올려 놓는다. 청국장가루를 쳐서 풀
기를 낸 다음 조미료를 쳐서 한번에 먹거나 하루 2번에 나누어
식기 전에 먹는다.

효능 신장의 양기를 보하고 신장을 덥혀준다.

【약초요법】

◎ 오미자

적응증 불임증

용법 오미자 1kg에 5ℓ의 물을 붓고 1ℓ가 되게 달인 약물에 약솜을 적셔 질강에 넣어 준다.

효능 질강에 정자응집성 대장균이 있으면 불임이 될 수 있는데, 오미자 우린 물은 이 균을 죽이는 작용이 있다.

치료경험 - 온천 지역에서 불임증 환자를 위와 같은 방법으로 치료한 결과 질 청정도가 정상으로 된 비율이 35%에서 85.7%로 높아졌고 질 분비물과 경관점액의 PH도 치료 전(6.0~7.4)에 비하여 치료 후에는 거의 정상 범위(4.0~5.9)로 낮아졌다.

◎ 당귀, 잇꽃(홍화)

적응증 불임증

재료 당귀 50g, 잇꽃 10g, 40% 소주 1ℓ

용법 잘게 썬 당귀 50g과 잇꽃 10g을 40% 소주 1ℓ에 30일 동안 담갔다가 걸러서 한번에 5~10㎖씩 하루 3번 식후에 먹는다.

치료경험 - 불임증 환자 20명을 위의 방법으로 치료한 결과 40~180일 사이에 모두 효과가 나타나 임신하였다.

◎ 숨위나물 뿌리(냉초)

적응증 불임증

용법 냉초 2kg을 잘게 썰어 물 5~6ℓ에 넣고 달인 다음 찌꺼기는 짜버리고 다시 물엿처럼 걸쭉하게 졸여서 한번에 10~15g씩 하루 3번 식후에 먹는다.

숨위나물

◎ 숨위나물 뿌리(냉초), 익모초, 깜또라지(용규)
적응증 냉병이 생겨서 임신되지 않는 데
용법 숨위나물 뿌리, 익모초, 깜또라지 각 같은 양을 물에 달여 찌꺼기를 짜버리고 다시 물엿처럼 걸쭉하게 졸인 다음 팥알 크기의 알약을 만들어 한번에 5알씩 하루 3번 식간에 먹는다.

◎ 밤나무겨우살이
적응증 불임증
용법 밤나무겨우살이를 보드랍게 가루내어 한번에 5~6g씩 하루 3번 식후에 먹는다.

◎ 익모초
적응증 불임증
재료 익모초 적당량
용법 물에 달여 찌꺼기를 짜버린 다음 다시 물엿처럼 걸쭉하게 졸여 한번에 10~15g씩 하루 3번 식후에 먹는다.

◎ 냉초, 익모초
적응증 냉병으로 생긴 불임증
용법 냉초, 익모초 각 같은 분량을 잘게 썰어 물에 달여 찌꺼기는 짜버린다. 다시 물엿처럼 걸쭉하게 졸여서 팥알 크기로 알약을 만들어 한번에 5알씩 하루 3번 식간에 먹는다.

◎ **삼지구엽초(음양곽)**

적응증 냉병으로 월경이 고르지 못하고 성기능
이 낮아지며 임신이 되지 않는 데
용법 신선한 삼지구엽초 전초 200g을 잘게 썰
어 25%의 술 한 잔과 섞어 잘 짓찧어 즙을 짠
뒤 하루 3번 빈속에 먹는다.

삼지구엽초

◎ **삼지구엽초, 약쑥**

적응증 불임증

용법 삼지구엽초, 약쑥을 하루 각 15g씩 물에 달여 2~3번에 나
누어 식후에 먹는다. 또는 약쑥만을 20~30g씩 물에 달여 하루
2~3번에 나누어 먹기도 한다.

◎ **익모초, 사철쑥(인진)**

적응증 불임증

용법 익모초, 사철쑥 각 1kg을 잘게 썰어 물 7~8ℓ에 넣고 달인 다
음 찌꺼기를 짜버리고 다시 물엿 정도로 졸여서 한번에 10~15g씩
하루 3번 식후에 먹는다.

◎ **추리나무 뿌리**

적응증 불임증

용법 추리나무 뿌리를 하루 20g씩 잘게 썰어 물에 달여 2~3번
에 나누어 식후에 먹는다.

◎ 노가지 열매(두송자)

적응증 불임증

용법 노가지 열매 적당량을 시루에 쪄서 햇볕에
말린 다음 보드랍게 가루내어 한번에 3~4g씩
하루 3번 식후에 먹는다.

노가지

◎ 바위손(권백)

적응증 불임증

용법 바위손 적당량을 잘게 썰어 약한 불에 볶
아 말린 다음 보드랍게 가루내서 졸인 꿀로 알
약을 만들어 한번에 5~6g씩 하루 3번 식후에
먹는다.

바위손

◎ 생지황

적응증 월경장애가 있고 대하가 많으면서 임신하지 못하는 데
용법 생지황 20g을 물에 달여 하루 2번에 나누어 식간에 먹는다.

◎ 잠자리

적응증 냉이 있어 아랫배와 손발이 차면서 임신이 되지 않는 데
재료 잠자리, 술, 꿀 적당량
용법 늦은 여름과 이른 가을에 잠자리를 잡아 날개와 꽁지를 떼
버리고 약한 불에 볶아 말려서 가루낸다. 이것을 한번에 2~3g씩
술에 타서 먹거나 더운 물로 먹는다. 또한 잠자리가루에 꿀을 적
당한 양 넣어 콩알 크기로 알약을 만들어 한번에 5~6알씩 하루
3번 식사 30분 전에 먹어도 된다. 20~30일 동안 계속 먹는다.

◎ 익모초, 약쑥(애엽), 당귀, 약방동사니(향부자)

적응증 불임증

용법 익모초 60g, 약쑥 80g, 당귀, 약방동사니 각 40g을 보드랍게 가루낸 다음 졸인 꿀로 반죽해서 알약을 만들어 한번에 5~6g씩 하루 3번 식후에 먹는다.

효능 이 약초들은 몸을 보호하는 데 쓰이는 데, 자궁 긴장도를 늦춰 주며 여성의 영양상태와 내분비장애를 낫게 하고 혈액순환을 좋게 한다.

◎ 자라등딱지(별갑)

적응증 생식기의 발육부전, 월경장애, 자궁 부정출혈 등을 겸한 불임증

용법 자라등딱지 적당량을 말려서 보드랍게 가루낸 다음 한번에 10~15g씩 하루 3~4번 먹는다.

자라등딱지

【찜질요법】

◎ 약쑥찜질 부드러운 솜처럼 잘 비빈 약쑥 30g에 2%의 백반물을 뿌려서 말린 다음 배띠(복대)를 만들어 아랫배에 늘 차고 다닌다. 배띠 위에 돌을 달구어 올려놓고 찜질을 하면 더 좋다.

【뜸요법】

◎ 배꼽 밑에 있는 관원혈과 중극혈에 흰쌀알 크기의 뜸봉으로

뜸을 한번에 5~7장씩 15~20일 동안 뜬다.

◎ 발 안쪽 복사뼈 위에 있는 삼음교혈에 흰 쌀알 크기의 뜸봉으로 뜸을 5~7장씩 15~20일 동안 뜬다.

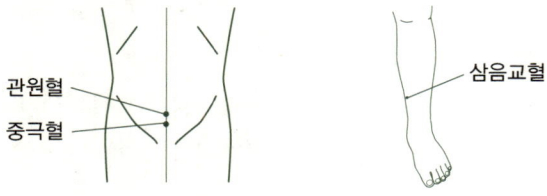

관원혈
중극혈
삼음교혈

【부항요법】

◎ 성기발육부전으로 생긴 불임증 때 두덩뼈 윗부분과 꼬리뼈를 중심으로 그 양쪽과 아래 위에 부항을 하루 한번씩 7일 동안 붙인 다음 5일 쉬고 다시 붙인다.

2. 월경 관련 질환

1) 무월경

3개월 이상 월경이 없는 것으로, 처음부터 없는 경우와 월경이 있다가 병적으로 없어지는 경우가 있다. 자연요법의 대상이 되는 것은 있던 월경이 병적으로 없어진 경우이다.

【음식요법】

◎ 달래
적응증 기능성 자궁출혈, 월경부조, 월경이 없는 데
용법 달래를 날것으로 먹거나 검게 태워 가루낸 것을 먹는다.

◎ 달걀약쑥생강약찜
적응증 월경불순, 월경이 없는 데, 월경량이 많은 데, 월경통
재료 약쑥잎 10g, 생강 15g, 달걀 2개
용법 약쑥잎, 생강(잘게 썬 것), 달걀(껍질째로)을 물과 함께 냄비에 넣고 끓인다. 달걀이 익으면 껍질을 벗겨버리고 다시 냄비에 넣어 끓인 다음 국물은 마시고 달걀을 먹는다.
효능 경맥을 덥히고 출혈을 멈추며 한사(寒邪)를 없애고 통증을

멈춘다.

◎ 천궁달걀약찜

적응증 월경불순, 월경이 없는 데, 월경통

재료 달걀 2개, 천궁(쌀뜨물에 담갔다가 썬 것)
5g, 술 적당량

용법 달걀과 천궁을 냄비에 넣고 물을 부어 끓
이다가 달걀이 익으면 껍질을 벗긴다. 달걀을
다시 냄비에 넣어 약한 불에서 3~5분 정도 끓
인 다음 술을 조금 타서 한꺼번에 먹는다.

천궁

효능 기혈을 잘 돌게 하고 풍을 없애며 통증을 멈춘다.

◎ 돼지간측백씨약찜

적응증 월경이 없는 데

재료 돼지간 180g, 측백씨(백자인) 9g, 술 적당량

용법 돼지간을 씻어 구멍을 낸 다음 측백씨를 짓찧어 구멍 안에
넣고 시루에서 1시간 정도 찐다. 이것을 술(30~50㎖)과 함께 먹
는다.

효능 간의 기능을 돕고 눈을 밝게 하며 심을 보하고 정신을 안정
시킨다.

◎ 돼지간황기약국

적응증 월경이 없는 데, 몸이 허약한 데

재료 돼지간 500g, 황기 60g, 파, 생강, 조피열매, 조미료, 소금
각 적당량

용법 돼지간을 썰어 솥에 넣고 물을 붓고 끓이
다가 피거품을 걷어버린다. 약천에 싼 황기와
파, 생강, 조피열매를 넣고 돼지간이 익을 때까
지 끓인 다음 황기는 건져버리고 소금과 조미료
를 친다. 하루 3번에 나누어 식사로 먹거나 공
복에 먹는다.

황기

효능 간혈을 보하고 피가 잘 돌게 하며 소변이 잘 나가게 한다.

◎ 돼지족발우슬약탕

적응증 월경이 없는 데

재료 돼지족발 1개, 우슬 15g

용법 깨끗이 손질한 돼지족발을 여러 토막으로 만
들어 우슬(물에 씻어 축축하게 하여 잘게 썬 것)
과 함께 냄비에 넣고 물 1ℓ를 부은 다음 500㎖가

우슬

되게 끓여 식기 전에 먹는다. 술 30~60㎖를 타서 먹어도 좋다.

효능 월경을 통하게 하고 혈맥을 잘 통하게 한다.

◎ 양고기당귀생강약탕

적응증 산후 출혈과 복통, 빈혈증, 월경이 없는 데

재료 양고기 400g, 당귀 60g, 생강 40g

용법 양고기(씻어 썬 것), 생강(씻어 썬 것), 당귀(물에 씻어 축축
하게 한 다음 썬 것)를 물 1.5ℓ와 함께 냄비에 넣고 끓여서 약 찌꺼
기는 건져버리고 국물을 여러번에 나누어 따뜻하게 하여 먹는다.

효능 혈을 보하고 출혈을 멈추며 비위를 튼튼하게 하고 월경을
고르게 하며 통증을 멈춘다.

◎ 양고기당귀생강약찜

적응증 산후 복통과 몸이 허약한 데, 월경이 없는 데

재료 양고기 250g, 당귀, 생강 각 15g

용법 당귀(물에 씻어 축축하게 한 다음 썬 것), 생강(씻어 자른 것), 양고기를 사기그릇에 담고 물을 약간 부은 다음 물이 끓는 솥에 들여놓고 센 불에서 쪄서 하루 2~3번에 나누어 먹는다.

효능 혈을 보하고 잘 돌게 하며 월경을 고르게 하고 통증을 멈춘다.

    ※감기 또는 열이 나는 데는 쓰지 않는다.

◎ 복숭아씨선지약국

적응증 월경이 없는 데, 산후 변비

재료 복숭아씨(속껍질을 벗긴 것) 10~12g, 선지 200g, 소금 각 적당량

용법 복숭아씨와 엉킨 선지를 썰어서 냄비에 넣고 물을 붓고 끓이다가 복숭아씨는 버린 다음 소금으로 간을 맞춘다. 한꺼번에 먹거나 2번에 나누어 먹는다.

효능 어혈을 풀고 피를 잘 돌게 한다.

◎ 사슴꼬리약국

적응증 허리가 시큰거리고 아픈 데, 양위증, 새벽설사, 월경이 없는 데, 기능성 자궁출혈, 산후 배뇨장애, 불임증

재료 사슴꼬리(마른 것) 70g, 흰버섯(물에 불린 것) 200g, 참대순 25g, 소금, 조미료, 술, 생강, 파, 닭고기국물, 초두부가루, 돼지기름 각 적당량

용법 사슴꼬리를 물에 불렸다가 끓는 물에 담가 털을 뽑고 깨끗

이 손질한 다음 물에 넣고 푹 삶아서 토막을 낸다. 흰버섯은 잘게 찢어서 데쳐내고 참대순도 썰어서 끓는 물에 데쳐 낸다. 파는 송송 썰고 생강은 다진다. 달군 솥에 돼지기름을 두르고 파와 생강을 누렇게 복은 다음 여기에 닭고기국물을 넣는다. 국물이 끓을 때 사슴꼬리와 참대순, 흰버섯, 술, 소금을 함께 넣고 약한 불에서 한동안 끓이다가 센 불에 올려놓고 초두부가루를 쳐서 풀기를 낸 다음 조미료를 쳐서 한꺼번에 먹거나 하루 2번에 나누어 식기 전에 먹는다.

효능 신양을 보하고 신을 덥혀준다.

◎ 오징어생강약복음

적응증 월경이 없는 데

재료 오징어 250g, 생강 30~50g, 소금 적당량

용법 생강을 깨끗이 씻어 잘게 썬다. 오징어에서 뼈를 발라내고 깨끗이 씻어서 잘게 썬다. 생강과 함께 솥에 넣은 다음 소금을 넣고 볶아서 식기 전에 먹는다.

효능 혈을 보하고 경맥이 잘 통하게 한다.

◎ 오징어복숭아씨약국

적응증 월경이 없는 데

재료 오징어 200g, 복숭아씨 10g, 기름, 소금 각 적당량

용법 복숭아씨(끓는 물에 넣어 속껍질을 벗긴 것)와 오징어(깨끗이 씻어 썬 것)를 냄비에 넣고 물을 부은 다음 국을 끓여 기름과 소금으로 맛을 돋우어 먹는다.

효능 피를 잘 돌게 하고 몰린 것을 흩어지게 하며 음과 혈을 보한다.

◎ **병아리새우해마약찜**

적응증 성기능장애, 소변을 자주 보는 데, 산후에
땀이 많이 나는 데, 월경이 없는 데, 기능성 자궁출
혈, 대하

재료 병아리 1마리, 새우살 15g, 해마 10g, 술, 조
미료, 소금, 생강, 파, 초두부가루 각 적당량

해마

용법 병아리를 잡아 털과 내장을 버리고 깨끗이 손질하여 냄비에
담는다. 그 위에 따뜻한 물에 깨끗이 씻어 10분 정도 불려 놓았던
해마, 새우살을 놓는다. 여기에 파, 생강국물을 붓고 시루에 푹
찐다. 냄비에서 병아리를 건져내고 파, 생강을 골라내어 소금으
로 간을 맞춘 다음 초두부가루로 풀기를 낸 후 조미료를 쳐서 닭
고기에 퍼 담아 먹는다.

효능 신양과 신정을 보하고 기운을 돋군다.

【약초요법】

◎ **꽃다지씨(정력자)**

적응증 월경이 없는 데

재료 꽃다지씨, 꿀 적당량

용법 꽃다지씨 적당량을 약한 불에 볶아서 보드랍
게 가루낸 다음 졸인 꿀로 반죽해서 대추알만하게
알약을 만들어 약천에 싸서 질강 안에 넣어준다.

꽃다지씨

◎ **흰봉선화**

적응증 월경이 없는 데

용법 흰봉선화 꽃과 줄기를 햇볕에 말려 가루낸 것을 한번에 3g 씩 술에 타서 하루 3번 먹는다. 봉선화씨도 쓰인다.
※주로 민간에서 무월경 치료에 많이 써왔다.

◎ 매자기(삼릉)
적응증 자궁 안에 나쁜 피가 몰려 있으면서 나오
지 않아 배가 아플 때
용법 매자기의 덩이뿌리를 보드랍게 가루내어 한
번에 2~3g씩 하루 3번 식후에 먹는다.

효능 피를 잘 돌게 하고 어혈을 없애며 월경을 통
하게 하는 작용을 한다.

◎ 복숭아씨(도인), 대황
적응증 월경이 없는 데
재료 복숭아씨(도인), 대황 각 적당량
용법 복숭아씨와 대황을 1 : 2의 비율로 섞어서 가루내어 밀가루
에 반죽한 다음 녹두알 크기로 알약을 만들어 한번에 5알씩 하루
3번, 식후 30분에 먹는다.
효능 복숭아씨는 월경이 없거나 적을 때 월경을 하게 하는 작용
이 있다.
※대황과 함께 쓰면 약의 효과가 더 세게 나타난다.

◎ 익모초
적응증 월경이 없는 데

로 썰어 냄비에 넣고 물을 부어 달여서 찌꺼기는 짜버리고 거기에 설탕을 넣고 풀어 하루 3~4번에 나누어 먹는다. 또는 많은 양을 솥에 넣고 물에 달여서 찌꺼기를 짜버리고 다시 졸여 물엿처럼 걸쭉하게 만들어 한번에 한 숟가락씩 하루 3번 식간에 먹어도 좋다.

효능 피를 잘 돌게 하고 어혈을 없앤다.

　※익모초는 일반적인 월경장애에 다 쓰일 뿐 아니라 부인과 질병에도 옛날부터 써왔다.

◎ 쇠무릎풀(우슬), 잇꽃(홍화)

적응증 월경이 없는 데

용법 쇠무릎풀 10g, 잇꽃 3~4g을 물에 달여 하루 2~3번에 나누어 식후에 먹는다.

효능 피를 잘 돌게 하고 어혈을 없애며 월경을 하게 한다.

◎ 꼭두서니 뿌리(천초)

적응증 월경이 없는 데

용법 꼭두서니 뿌리 15~20g을 물에 달여 하루 3번에 나누어 식후에 먹는다.

효능 월경이 잘 통하게 하는 작용이 있다.

꼭두서니

◎ 당귀

적응증 월경이 없는데, 월경불순이 있으면서 배가 아픈 데

용법 당귀 적당량을 보드랍게 가루내어 꿀로 반죽한 다음 한 알이 0.2g이 되게 알약을 만들어 한번에 10~20알씩 하루 2번 따

뜻한 물로 식간에 먹는다.

◎ 복숭아씨연꽃뿌리약국
적응증 산후 오로가 잘 나오지 않는 데, 월경이 없는 데
재료 복숭아씨 10g, 연꽃뿌리 250g, 소금 적당량
용법 복숭아씨(끓는 물에 넣어 속껍질을 벗긴 것), 연꽃뿌리(잘게 썬 것)를 냄비에 넣고 물을 부은 다음 국을 끓여 소금으로 간을 맞춘다. 하루 2~3번에 나누어 먹는다.
효능 피를 잘 돌게 하고 어혈을 없앤다.

◎ 찔광이(산사)
적응증 월경이 없는 데, 월경량이 적고 아랫배가 아프며 변비가 있는 데
용법 산사 30g에 설탕을 적당량 넣고 물에 달여서 마신다. 여러날 계속한다.

찔광이

◎ 산약율무약죽
적응증 몸이 허약한 데, 마른기침이 나는 데, 월경통, 월경이 없는 데, 월경 때 어지러운 데, 임신부 기침
재료 산약(생것), 율무씨(의이인) 각 60g, 곶감(흰가루가 생긴 것) 24g
용법 산약은 깨끗이 씻어 잘게 썰고 율무쌀은 짓찧어 부스러뜨려서 함께 적당한 양의 물에 넣고 끓인다. 죽이 될 정도로 끓었을 때 곶감을 잘게 썰어 넣고 잠시 더 끓여서 먹는다. 기침이 심할 때는 곶감을 더 넣는 것이 좋다.

효능 비와 폐를 보하고 기침을 멈추며 담을 삭인다.

◎ **생강대추약차**

적응증 월경이 없는 데, 헛배가 부른 데

재료 생강 15g, 대추 100g, 설탕 100g

용법 생강, 대추, 설탕을 물과 함께 끓여서 차 대신 마신다. 한번에 1잔씩 하루 3번 공복에 마신다.

효능 체액을 생성시키고 기혈을 고르게 한다.

◎ **잇꽃검정콩약탕**

적응증 월경이 없는 데

재료 잇꽃(홍화) 6g, 검정콩 30g, 설탕 적당량

용법 검정콩을 씻어 솥에 넣고 잇꽃을 약천에 싸서 물과 함께 넣은 뒤 검정콩이 푹 무를 때까지 끓이다가 홍화는 건져버리고 설탕을 타서 하루 2번에 나누어 식전에 먹는다.

효능 해독하고 어혈을 없앤다.

◎ **익모검정콩약탕**

적응증 월경이 없는 데, 월경량이 적은 데, 월경 때와 산후의 하복통

재료 익모초 30g, 검정콩 60g, 술 1~2숟가락, 설탕 적당량

용법 익모초(물에 씻어 썬 것), 검정콩(짓찧어 부스러뜨린 것)을 물 1.5ℓ와 함께 냄비에 넣고 500㎖가 되게 끓여 설탕과 술을 넣고 마신다. 하루 한번 먹는다. 5~7일 동안 계속하는 것이 좋다.

효능 피를 잘 돌게 하고 어혈을 없애며 월경을 고르게 한다.

【찜질요법】

◎ 더운물찜질 40~50℃의 물에 수건을 담갔다가 짜서 아랫배나 허리에 대고 찜질한다. 처음에는 10분 동안 하고 차츰 시간을 늘려(15~20분) 하루에 2~3번 한다. 더운 물 대신 모래를 덥혀 주머니에 넣어서 해도 좋다. 한 치료주기는 10일이다. 아랫배가 차면서 월경이 없을 때 좋다.

【뜸요법】

◎ 삼음교혈 안쪽 복사뼈 중심에서 곧추 위로 9.99cm 올라가서 굵은 정강이뼈(경골)의 뒷 가장자리(삼음교혈)에 콩알 크기의 뜸봉으로 뜸을 3~5장 뜬다. 또한 마늘쪽 또는 소금을 1cm 의 두께로 깔고 뜸을 떠도 좋다.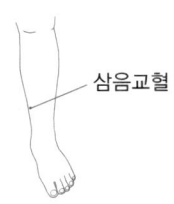

◎ 관원혈, 곡골혈 배꼽 가운데(신궐혈)로부터 9.99cm 아래 되는 곳(관원혈)과 아랫배 부위의 중심선상에서 두덩이뼈 이음부의 윗 가장자리로부터 1.66cm 되는 곳(곡골혈)에 뜸대뜸으로 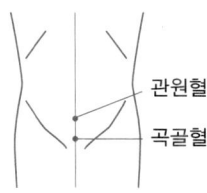 10~20분 동안 쪼여서 열자극을 주어도 효과가 있다.

2) 월경 때 열이 나는 경우

【음식요법】

◎ 전복무약국

적응증 입안과 목구멍이 마르는 데, 당뇨병, 월경 때 열이 나는 데
재료 전복 20~25g, 무 250~300g
용법 전복을 물에 불렸다가 씻어서 썬다. 무를 씻어 잘게 썬 후 전복과 함께 냄비에 넣고 국을 끓여 하루걸러 한번씩 먹는다. 6~7번 먹는 것이 좋다.
효능 음을 보하고 열을 내리며 갈증을 멈춘다.

◎ 돼지고기우렁이약국
적응증 월경기의 발열, 부종
재료 돼지고기 100g, 우렁이 60g(마른 것은 30g)
용법 우렁이를 씻어 끓는 물에 넣어 죽인 다음 꺼내어 물에 헹군다. 그 다음 우렁이살과 돼지고기로 국을 끓여 1~2번에 먹는다.
효능 열을 내리고 음을 보하며 부은 것을 내리게 하고 해독한다.

【약초요법】

◎ 당귀
적응증 월경 때 열이 나는 데
용법 당귀를 하루 15~20g씩 물에 달여 3번에 나누어 식후에 먹는다. 또는 보드랍게 가루내어 한번에 3~4g씩 하루 3번 먹어도 된다.

> ※당귀는 자궁근육의 긴장도를 낮추는 작용이 있다. 그러므로 이 약을 쓰면 자궁에 혈액이 잘 돌게 되므로 국소의 영양이 좋아지고 자궁의 발육이 잘된다. 월경곤란증에 쓰이는 한약처방에는 거의 예외 없이 당귀가 들어 있다.

◎ 당귀, 부자

적응증 월경 때 열이 나는 데

재료 당귀, 부자(법제한 것) 각 적당량

용법 각 같은 분량을 가루내어 하루 10~15g씩 물에 달여 2번에
나누어 식간에 먹는다.

◎ 향부자, 단삼

적응증 월경 때 열이 나는 데

용법 향부자, 단삼 각 적당량을 1:2의 비율로 섞
어 보드랍게 가루내어 한번에 3~4g씩 하루 2~3
번 식간에 먹는다.

단삼

효능 월경 기간이나 월경 7일 전부터 쓰면 통증이 훨씬 경해진다.

◎ 향부자, 잇꽃(홍화)

적응증 월경 때 열이 나는 데

용법 향부자 10g, 잇꽃 3g을 물에 달여 하루 2~3번에 나누어 식
후에 먹는다.

◎ 향부자, 익모초

적응증 월경 때 열이 나는 데

용법 향부자 10g, 익모초 8g을 물에 달여 하루 2~3번에 나누어
식후에 먹는다.

◎ 약쑥, 익모초

적응증 월경 때 열이 나는 데

용법 약쑥, 익모초 각 같은 양을 보드랍게 가루낸 다음 꿀로 알약을 만들어 한번에 5~6g씩 하루 3번 식후에 먹는다.

◎ **익모초, 복숭아씨(도인)**
적응증 월경 때 열이 나는 데
용법 익모초 100g, 복숭아씨 50g에 물을 1ℓ 붓고 500㎖ 되게 달여서 한번에 10~15㎖씩 하루 2~3번 식후에 먹는다.

◎ **구슬꽃잎나무껍질**
적응증 월경 때 열이 나는 데
용법 구슬꽃잎나무껍질을 하루 8~15g씩 물에 달여 2~3번에 나누어 빈속에 먹는다.

구슬꽃잎나무

※구슬꽃잎나무(박태기잎나무)는 우리나라 중부지역 해발 650~2700m에서 자라며 재배하기도 하는 낙엽성 활엽교목이다.

◎ **월계꽃**
적응증 월경 때 열이 나는 데
용법 월계꽃(월계화) 적당량을 보드랍게 가루내어 한번에 1~2g씩 하루 3번 먹는다.

월계꽃

※월경 때의 복통을 멈추는 작용은 꽃이 피지 않은 꽃봉오리가 더 세다. 월경을 하지 않는 기간에 먹어야 효과가 있다. 짓찧어서 붙이면 염증도 잘 가라앉는다.

◎ 집함박꽃 뿌리(백작약)

집함박꽃

적응증 월경 때 열이 나는 데
용법 집함박꽃을 하루 10~15g씩 물에 달여 2~3
번에 나누어 먹는다.

◎ 약쑥(애엽)

적응증 월경 때 열이 나는 데
용법 약쑥은 5~6월경에 뜯어 그늘에 말렸다가 쓴다. 약쑥 30g
을 1회분으로 하여 물에 달여 찌꺼기를 짜버린 다음 달걀흰자 한
개를 풀어 넣고 잘 섞어 하루 3번 식전에 먹는다.
효능 피를 잘 돌게 하고 통증을 멈추게 하는 작용이 있다.

◎ 단삼, 복숭아씨(도인), 잇꽃(홍화)

적응증 월경 때 열이 나는 데
용법 단삼, 복숭아씨, 잇꽃을 각 3g씩 물에 달여 하루 3번 먹으
면 좋다.

◎ 박태기나무

적응증 월경 때 열이 나는 데
용법 박태기나무 8~16g을 물에 달여 하루 3번에 나누어 먹는다.

3) 월경불순(월경부조)

월경주기와 월경량에 이상이 있거나 월경 때 통증이 있는 것을
통틀어 이르는 말이다.

월경불순에는 월경주기가 정상 날짜에 비해 1주일 이상 앞당겨 오는 경우(빈발월경)와 1주일 이상 늦어지는 경우(희발월경), 월경주기에는 이상이 없이 월경할 때마다 나오는 피 양이 정상에 비하여 많이 나오는 경우(과다월경), 적게 나오는 경우(과소월경)가 있다. 또 월경할 때마다 주기적으로 복통이 심하며 요통으로 괴로움을 호소하는 월경곤란증(월경통)이 이에 속한다.

① 월경이상

월경이상에는 월경의 주기이상, 월경량의 이상, 월경의 지속기간 이상, 월경의 시작일과 끝나는 시기가 없어지는 시기이상 그리고 월경 때마다 나타나는 생리적 기능의 장애증후 등이 포함된다. 여기서는 월경주기이상 때에 쓰는 자연요법을 소개한다.

【음식요법】

◎ 달걀, 설탕
적응증 월경이상, 산후 설사
재료 달걀 2개, 설탕 100g
용법 설탕을 냄비에 넣고 물을 부어 끓이다가 달걀을 그대로 넣어 익힌 다음 설탕물은 마시고 달걀은 껍질을 깨서 먹는다. 하루 한번씩 여러날 만들어 먹는 것이 좋다.
효능 기혈을 보한다.

◎ 달걀흰자약찜
적응증 어린이가 코피를 흘리는 데, 월경이상

재료 달걀흰자 2개, 설탕 50g

용법 달걀흰자와 설탕을 섞어서 그릇에 담아 끓는 물에 넣어 익힌다. 하루 2번에 나누어 따뜻하게 해서 먹는다.

효능 열을 내리고 해독한다.

◎ 미나리연뿌리약볶음

적응증 월경불순, 기능성 자궁출혈, 황대하

재료 미나리(생것), 연뿌리 각 120g, 땅콩기름 15g, 소금, 조미료 적당량

용법 솥에 땅콩기름을 두르고 볶다가, 물에 깨끗이 씻어 적당한 길이로 썬 미나리와 연뿌리를 넣은 다음 5분 정도 볶아서 소금과 조미료로 간을 맞춘다. 하루 2~3번에 나누어 먹는다.

효능 피를 맑게 하고 월경을 고르게 하며 출혈을 멈추고 소변이 잘 나오게 한다.

◎ 달래

적응증 기능성 자궁출혈, 월경불순, 월경이 없는 데

용법 달래 적당량을 날것으로 먹거나 검게 태워 가루낸 것을 먹는다.

◎ 버섯돼지고기약국

적응증 백혈구 감소증, 만성 간염, 월경불순, 임신 때 가슴이 답답하고 불안하며 몸이 붓고 기침이 나는 데

재료 돼지고기, 버섯 각 100g, 소금 적당량

용법 버섯은 물에 담가 불렸다가 깨끗이 씻는다. 돼지고기는 깨

끗이 손질하여 잘게 썰어 버섯과 함께 솥에 넣고 국을 끓인다. 소
금으로 간을 맞추어 식기 전에 먹는다.
효능 비를 튼튼하게 하고 음을 보하며 마른 것을 눅여준다.

◎ 돼지고기연밥약국

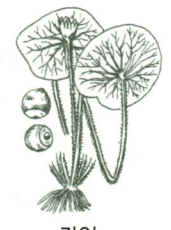

감인

적응증 요통, 신경증, 유정, 야뇨증, 월경 때 어지
럽고 잠이 잘 오지 않으며 몸이 붓는 데
재료 돼지고기 200g, 연밥, 감인 각 50g, 소금 적
당량
용법 먼저 연밥과 감인을 물에 씻어 절구에 넣고
짓찧어 부순 다음 얇게 썬 돼지고기와 함께 넣는다. 국을 끓여 소
금으로 간을 맞추어 따뜻한 것을 먹는다.
효능 비와 신을 보한다.

◎ 부추소금즙
적응증 월경불순
재료 부추, 소금 적당량
용법 부추에 소금을 조금 넣고 짓찧어 즙을 내어 한번에 50㎖씩
하루 1~2번 식전에 먹는다.

◎ 달걀약쑥생강약찜
적응증 월경불순, 월경이 없는 데, 월경량이 많은 데, 월경통
재료 약쑥잎 10g, 생강 15g, 달걀 2개
용법 약쑥잎, 생강(잘게 썬 것), 달걀(껍질째로)을 물과 함께 냄비
에 넣고 끓인다. 달걀이 익으면 껍질을 벗겨버리고 다시 냄비에

넣어 끓인 다음 국물은 마시고 달걀을 먹는다.

효능 경맥을 덥히고 출혈을 멈추며 한사(寒邪)를 없애고 통증을 멈춘다.

◎ **달걀약쑥잎약국**

적응증 습관성 유산, 월경통, 월경불순

재료 약쑥잎 12g, 달걀 2개

용법 약쑥잎을 깨끗이 손질하여 달걀과 함께 약탕관에 담고 거기에 물을 붓고 끓여서 달걀이 익은 다음 꺼내어 껍질을 벗겨버리고 다시 넣어 끓인다. 임신 1개월에는 하루 한번씩 5~8일간 먹으며, 임신 2개월에는 10일에 한번씩, 임신 3개월에는 15일에 한번씩, 임신 4개월 후부터는 한 달에 한번씩 해산 전까지 먹는다.

효능 태아를 안정시키고 지혈작용을 한다.

◎ **달걀익모초약찜**

적응증 월경불순, 월경통, 기능성 자궁출혈, 산후 오로가 잘 나오지 않는 데

재료 익모초 30g, 달걀 2개

용법 달걀과 익모초(물에 씻어 축축하게 하여 자른 것)를 물과 함께 냄비에 넣고 끓여서 달걀이

익모초

익으면 익모초는 짜내고 달걀은 껍질을 벗겨버리고 다시 냄비에 넣어 1~3분 정도 끓인다. 하루 2번에 나누어 먹는다. 월경통에는 술을 약간 넣어 먹는다.

효능 피를 잘 돌게 하고 어혈을 없앤다. 산후 자궁회복을 촉진시킨다.

◎ 달걀천궁약찜

적응증 월경불순, 월경이 없는 데, 월경통

재료 달걀 2개, 천궁(쌀뜨물에 담갔다가 썬 것) 5g, 술 적당량

용법 달걀과 천궁을 냄비에 넣고 물을 부어 끓이다가 달걀이 익으면 껍질을 벗긴 후 달걀을 다시 냄비에 넣어 약한 불에서 3~5분 정도 끓인 다음 술을 조금 타서 한번에 먹는다.

효능 기혈을 잘 돌게 하고 풍을 없애며 통증을 멈춘다.

◎ 맨드라미꽃달걀약국

적응증 출혈, 월경 때 코피가 나고 월경량이 많은 데

재료 맨드라미꽃(계관화) 15~30g, 달걀 1개

용법 맨드라미꽃을 따서 물에 씻어 1cm넓이로 잘라 냄비에 담고 거기에 물 1ℓ를 부어 끓인 후 물이 절반으로 줄어들면 달걀을 넣고 휘저어 익힌 다음 하루 2~3번에 나누어 먹는다.

효능 혈열을 내리고 출혈을 멈춘다.

맨드라미꽃

◎ 닭간표고버섯약볶음

적응증 몸이 허약한 데, 눈이 잘 보이지 않는 데, 월경이 고르지 않고 어지러우며 잠을 잘 자지 못하는 데

재료 닭간 100g, 표고버섯 15g, 구기자 10g, 조미료, 초두부가루, 술, 생강즙, 소금 각 적당량

용법 닭의 간을 깨끗이 씻어서 얇게 썰어 냄비에 넣고 초두부가루, 술, 생강즙, 소금을 섞어 재워둔다. 표고버섯은 깨끗이 씻어서 잘게 찢어 불리고 구기자는 깨끗이 씻어 짓찧는다. 달군 냄비

에 기름을 두르고 표고버섯과 구기자를 넣고 볶다가 닭간을 넣고 살짝 볶아서 조미료를 넣어 먹는다.

효능 간을 보하고 신의 기능을 도우며 눈을 밝게 하고 머리카락에 윤기가 돌게 한다.

◎ 암탉당귀만삼약곰

적응증 앓고난 후, 몸이 허약한 데, 소화가 안 되는 데, 월경주기가 앞당겨지거나 늦어지는 데, 산후 어지럼증

재료 암탉 1마리, 당귀, 만삼 각 15g, 파, 생강, 술, 소금 각 적당량

용법 닭을 깨끗이 손질한 다음 물에 불린 당귀와 만삼 조각을 파, 생강, 술, 소금과 함께 넣고 꿰맨다. 이것을 물솥에 넣고 약한 불로 천천히 끓여 고아서 하루 2~3번에 나누어 식기 전에 먹는다.

효능 기혈을 보하고 허한 증상을 낫게 한다.

◎ 암탉당귀숙지황지모약곰

적응증 월경부조, 식은땀이 나는 데

재료 닭 1마리, 당귀, 숙지황, 백작약, 지모, 뽕나무뿌리껍질(상백피) 각 15g

용법 닭의 털을 뽑고 배를 갈라 내장을 버리고 깨끗이 손질한다. 닭의 배 안에 당귀, 숙지황, 백작약, 지모, 뽕나무뿌리껍질을 넣고 꿰맨 다음 물을 적당하게 붓고 푹 삶아서 약재는 버리고 2~3번에 나누어 고기와 국물은 먹는다.

효능 혈(血)을 보하고 월경을 고르게 한다.

◎ 암탉하수오닭약곰

적응증 자궁하수, 월경불순, 월경 때 어지럽고 머리가 아픈 데
재료 암탉 1마리, 하수오 30g, 소금, 기름, 생강, 술 각 적당량
용법 하수오는 깨끗이 씻고 겉껍질을 벗긴 다음
일정한 크기로 잘라서 햇볕에 말려 가루낸다. 닭
은 깨끗이 손질한 다음 배 안에 하수오가루를 넣
고 꿰맨다. 이것을 뚝배기 안에 넣고 물을 약간
붓고 뚜껑을 봉하여 솥 안에 들여놓고서 충분히
찐다. 뼈와 하수오를 갈라내고 소금, 기름, 생강,

하수오

술을 넣고 맛을 돋우어 하루 2번에 나누어 먹는다.
효능 혈을 보하고 신의 기능을 돕는다.

◎ 양간부추약볶음

적응증 입맛이 없는 데, 야맹증, 유정, 음위증, 월경이 고르지 못
하고 대하가 있는 데, 시력이 낮아지는 데
재료 양간 120g, 부추 100g, 땅콩기름 30g, 간장 적당량
용법 부추를 물에 깨끗이 씻어 썰고 양의 간은 손질하여 썰어 놓
는다. 먼저 프라이팬에 땅콩기름을 두르고 볶다가 부추를 넣고서
볶는다. 다음 양의 간을 넣고 볶다가 간장을 넣고 간을 맞추어 한
꺼번에 먹거나 2번에 나누어 식기 전에 먹는다.
효능 간을 보하고 눈을 밝게 한다.

◎ 양등뼈산약토사자약탕

적응증 귀에서 소리가 나고 허리가 시큰거리며 힘이 없는 데, 음
위증, 새벽설사, 월경불순, 생리통, 기능성 자궁출혈, 월경 때 어

지럽거나 잠이 잘 오지 않는 데, 땀이 많이 나는 데

재료 양의 등뼈 1개, 산약 50g, 육종용 20g, 토사자 10g, 호두 2개, 양고기 50g, 흰쌀 100g, 총백 3개, 생강, 조피열매(산초), 열매, 술, 후춧가루, 회향, 소금 각 적당량

산약

용법 양의 등뼈는 여러 토막을 내어 물로 깨끗이 씻고 양고기는 피가 다 빠질 때까지 씻어서 잘게(1.5cm 정도) 썬 다음 생강과 파를 잘게 썰어 섞는다. 육종용, 산약, 토사자, 호두살을 깨끗이 손질하여 천주머니에 넣어 입구를 동여맨다. 솥에 물을 붓고 양의 등뼈를 푹 삶아낸 다음(거품을 걷어버린다) 뼈를 추려내고 거기에 양고기와 흰쌀, 약주머니를 함께 넣고 죽을 쑨다. 죽이 거의 되어 갈 무렵에 약주머니는 건져버리고 조피열매와 회향, 술을 넣고 약한 불에서 잠시 더 끓여서 후춧가루와 소금을 쳐서 먹는다.

효능 신장의 양기를 보하고 몸을 덥혀준다.

◎ 양고기육종용약죽

적응증 허리와 무릎이 시리고 아픈 데, 유정, 음위증, 월경불순, 산후 관절통

재료 양고기 150~200g, 육종용 30g, 흰쌀, 조미료 각 적당량

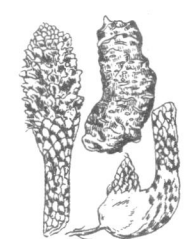

육종용

용법 육종용은 물에 담갔다가 씻어서 잘게 썬다. 양고기는 깨끗이 손질하여 썰어서 육종용, 흰쌀과 함께 넣고 죽을 쑨다. 소금으로 간을 맞추어 식기 전에 먹는다. 생강을 적당량 넣어 죽

을 쑤어 먹어도 좋다.

  ※쇠그릇은 쓰지 않는다.

◎ 사슴고기약볶음
적응증 허리와 다리가 시리고 아픈 데, 양위증, 새벽설사, 월경불
순, 산후 이뇨장애와 땀이 많이 나는 데, 관절통
재료 사슴고기 500g, 참대순 25g, 간장, 술, 소금, 설탕, 조피열
매(산초)즙, 파, 조미료, 생강, 초두부가루, 식물성 기름, 닭고기
국 각 적당량
용법 사슴고기는 깨끗이 씻어서 토막내고 참대순은 자른다. 먼저
달군 솥에 식물성 기름을 두르고 사슴고기와 참대순을 넣어 벌개
질 때까지 볶아서 꺼낸다. 다시 솥에 식물성 기름을 두르고 생강
을 넣어 볶다가 닭고기국물을 붓고 간장, 조피열매즙, 소금, 술,
설탕, 조미료와 함께 볶아낸 사슴고기를 넣고 약한 불에서 충분
히 삶다가 불을 세게 하고 초두부가루를 뿌린 다음 참기름을 쳐
서 먹는다.
효능 오장을 보하고 혈맥을 통하게 하며 양기를 왕성하게 하고
정기를 보한다. 특히 허리와 척추를 튼튼하게 한다.

【약초요법】

◎ 숙지황, 당귀
적응증 몸이 약한 데, 빈혈, 월경불순
용법 숙지황, 당귀 각 같은 분량을 약한 불에 말려 가루낸 다음
꿀로 알약을 만들어 한번에 6~8g씩 하루 2~3번 먹는다.

◎ 당귀

당귀

적응증 월경불순

용법 월경을 하기 약 7일 전부터 월경할 때까지 당귀를 하루 10~20g씩 물에 달여 2~3번에 나누어 먹는다.

◎ 노루발풀(녹제초)

적응증 월경불순

용법 노루발풀 전초를 하루 15~20g씩 물에 달여 2~3번에 나누어 빈속에 먹는다.

노루발풀

◎ 고추나물

적응증 월경불순

용법 고추나물 전초를 하루 20~30g씩 물에 달여 2~3번에 나누어 먹는다.

◎ 고추나물, 익모초

적응증 월경불순

용법 고추나물, 익모초 각 10g을 물에 달여 하루 2~3번에 나누어 먹는다.

◎ 솜대 뿌리

적응증 월경불순

용법 솜대 뿌리를 하루 20~30g씩 물에 달여 2~3번에 나누어 빈속에 먹는다.

◎ 연꽃잎꼭지약탕

적응증 소변이나 대변에 피가 섞여 나오는 데, 월경량이 자주 변하는 데

재료 연꽃잎꼭지 5개, 설탕 적당량

용법 줄기를 잘라낸 신선한 연꽃잎꼭지(연꽃잎 중심부분)를 깨끗이 씻어 잘게 썰어 냄비에 넣는다. 물을 적당량 부어 1시간 정도 달인 다음 찌꺼기는 건져버리고 거기에 설탕을 조금 넣어 마신다. 하루 2~3번에 나누어 식기 전에 마신다.

효능 지혈작용을 한다.

◎ 단삼약술

적응증 월경불순, 월경통, 심근장애, 협심증, 만성 간염

재료 단삼 30g, 술 500g

용법 단삼을 깨끗이 씻어 축축해지면 잘게 썰어 술병에 넣고 꼭 막아 매일 한번씩 흔들어주고 15일 후부터 마시기 시작한다. 한 번에 20㎖씩 하루 3번 식전에 먹는다.

효능 피를 잘 돌게 하고 어혈을 없애며 월경을 고르게 한다.

◎ 조피열매(산초)

적응증 월경불순

용법 조피열매 6g을 달여 하루 3번에 나누어 먹는다.

조피나무

◎ 복숭아씨, 당귀, 홍화

적응증 월경불순

용법 복숭아씨(도인) 9g, 당귀 15g, 홍화 9g을 물에 달여 먹는다.

② 빈발월경(월경 선기, 잦은 월경)

월경주기가 정상에 비해 1주일 이상 앞당겨지거나 한 달에 2번씩 월경을 하는 것을 말한다. 빈발월경 때 월경량은 많아지거나 적어질 수도 있다.

【음식요법】

◎ **수박**
적응증 월경과다, 월경이 잦은 데
용법 수박을 많이 먹으면 좋다.

◎ **미나리**
적응증 월경이 잦은 데
용법 미나리(마른 것) 60g을 물에 달여서 따뜻한 것을 먹되 5~10일 정도 계속 먹는 것이 좋다.

◎ **대합조개**
적응증 월경이 잦고 양이 많은 데
용법 월경이 끝나고 3일째부터 대합조개를 약 7일간 먹는다.

◎ **암탉약쑥약곰**
적응증 월경 기간이 길어지면서 몸이 허약한 데

재료 묵은 암탉 1마리, 약쑥 15g

용법 암탉 고기를 깨끗이 씻은 다음 잘게 썬 약쑥을 배 안에 넣고 등이 솥 밑으로 가게 놓는다. 여기에 술과 물을 1사발씩 붓고 뚜껑을 꼭 닫은 다음 충분히 끓여 익힌다. 하루 2번에 나누어 따뜻하게 하여 먹는다.

효능 기(氣)와 정(精)을 보하고 월경을 고르게 한다.

【약초요법】

◎ 생지황

적응증 빈발월경

용법 생지황 100g을 물 1ℓ에 넣고 달여 절반이 되면 찌꺼기를 짜버리고 3번에 나누어 식전에 먹는다.

◎ 냉초

적응증 빈발월경

용법 냉초를 보드랍게 가루내어 한번에 3~4g씩 하루 3번 먹는다.

◎ 인삼대추약찜

적응증 갑자기 피를 많이 흘렸을 때, 월경이 잦은 데, 월경량이 많은 데, 기능성 자궁출혈

재료 인삼 9g(몹시 허약한 경우 15~30g), 대추 20개

용법 인삼을 물에 씻어 습기를 주어 3~5㎜의 두께로 잘라서 대추와 함께 그릇에 담아 1시간 정도 쪄서 먹는다.

효능 원기를 돋우고 진액을 생성시키며 정신을 안정시킨다.

③ 희발월경(월경 후기)

월경주기가 정상에 비해 1주일 이상 늦어지거나 그 이상 드물게 월경을 하는 것을 말한다. 희발월경 때 월경량은 대체로 적은 편이다.

【음식요법】

◎ 두렁허리약비빔밥

적응증 앓고난 후, 몸이 허약하고 피로한 데, 월경량이 적거나 주기가 늦어지는 데

재료 두렁허리(선어) 150g, 생강즙 10~20g, 흰쌀 200g, 땅콩기름, 소금 적당량

용법 두렁허리를 깨끗하게 손질하여 살만 발라 생강즙과 땅콩기름을 고루 섞어놓는다. 흰쌀은 깨끗이 씻어 밥을 짓는데, 밥이 거의 될 무렵 밥 위에 고기를 펴놓고 15~20분 정도 뜸을 들인 다음 소금으로 간을 맞추어 식기 전에 먹는다. 또는 밥이 끓을 때 산두렁허리를 밥에 넣고 밥이 다 되도록 끓인 다음 생강즙과 기름, 소금을 넣고 고루 섞어 식기 전에 먹는다.

효능 혈을 보하고 위를 튼튼하게 한다.

【약초요법】

◎ 파흰밑(총백), 약쑥

적응증 희발월경(월경후기)

용법 총백 2개와 약쑥(마른 것) 40g을 물에 달여 하루 3번에 나

누어 식전에 먹는다.

◎ 산딸기(복분자)
적응증 희발월경
용법 산딸기를 한번에 12~18g씩 하루에 3번 물에 달여서 식후에
먹는다.

◎ 단삼
적응증 희발월경
용법 단삼을 보드랍게 가루내어 한번에 8g씩 하루 3번 데운 술에
타서 식전에 먹는다.

④ 월경과다증
월경주기에는 이상이 없으나, 월경할 때마다 나오는 피의 양이
정상에 비하여 많이 나오는 것을 말한다. 월경과다증 때는 흔히 월
경 지속 날짜가 길어지는 경우가 많다.

【음식요법】

◎ 수박
적응증 월경과다, 월경이 잦은 데
용법 수박을 많이 먹으면 좋다.

◎ 표고버섯약탕
적응증 월경량이 많은 데

재료 표고버섯(검은 것) 300g, 설탕 15g

용법 표고버섯을 물에 불렸다가 깨끗이 씻어 적당히 썰어 말린다. 약한 불에서 약간 볶은 다음 물 500㎖를 붓고 30분 정도 끓여 설탕을 타서 먹는다. 또한 검은 표고버섯(마른 것) 200g을 보드랍게 가루낸 것과 설탕을 냄비에 넣고 물을 적당히 부은 다음 약한 불에서 걸쭉하게 졸인 것을 고루 섞는다. 식용유를 바른 그릇에 끓인 액을 넣고 식힌 다음 작은 조각으로 잘라 간식으로 자주 먹는다.

효능 혈열을 내리고 출혈을 멈추며 간기(肝氣)를 조화시킨다.

◎ 표고버섯대추약국

적응증 월경량이 많은 데, 빈혈증

재료 표고버섯 15~30g, 대추 20~30개

용법 표고버섯을 물에 깨끗이 씻어 잘게 썰고 대추는 짓찧은 다음 냄비에 함께 넣고 끓여 익힌다. 하루 한번씩 한꺼번에 먹는다. 여러날 계속한다.

효능 혈을 보하고 출혈을 멈춘다.

◎ 연뿌리약탕

적응증 기능성 자궁출혈, 월경량이 많은 데

재료 연뿌리(연근) 5~6마디, 설탕 적당량

용법 연뿌리를 깨끗이 손질하여 썰어 가루낸 다음 설탕물에 달여 먹는다.

효능 출혈을 멈추고 수렴한다.

◎ 연뿌리은행약탕

적응증 월경량이 많은 데, 월경 때 어지럼증이 있는 데

재료 연뿌리, 은행 각 15g

용법 연뿌리와 은행을 깨끗이 손질하고 가루낸 다음 따뜻한 물에 타서 하루 3번에 나누어 먹는다.

효능 출혈을 멈춘다.

◎ 굴약국

적응증 앓고난 후, 월경량이 많은 데, 기능성 자궁출혈

재료 굴(생것) 250g, 닭고기국물(혹은 돼지고기국물), 소금, 조미료 각 적당량

용법 깨끗이 손질한 굴을 닭고기국물(혹은 돼지고기국물)에 넣고 약간 끓여서 소금과 조미료로 간을 맞추어 먹는다.

효능 음혈(陰血)을 보한다.

◎ 돼지고기냉이약탕

적응증 백대하, 월경량이 많은 데

재료 돼지고기(혹은 오징어) 120g, 냉이(신선한 것) 30g, 파, 생강, 회향, 계피, 간장, 술, 소금 각 적당량

용법 냉이는 깨끗이 씻어 잘게 썬다. 돼지고기를 잘게 썰어 솥에 넣고 간장과 물을 붓고 끓이다가 위에 뜬 거품을 걷어낸다. 여기에 파, 생강, 회향, 계피, 간장, 술, 소금 적당량을 넣고 돼지고기가 푹 삶아질 때까지 끓인 다음 냉이를 넣고 10분 정도 더 끓인다. 하루 3번에 나누어 식전에 먹는다.

효능 출혈을 멈추고 대하를 낫게 한다.

◎ 돼지껍질약단묵

적응증 빈혈증, 기능성 자궁출혈, 월경량이 많은 데

재료 돼지껍질 1,000g, 술, 설탕 각 250g

용법 털을 깨끗이 없앤 돼지껍질을 물로 씻은 다음 잘게 썰어 솥에 넣고 물을 붓는다. 약한 불에서 오래 끓여 풀어질 정도가 되면 술과 설탕을 넣고 고루 섞어 잠시 끓인 다음 그릇에 담아 식혀서 적당한 크기로 자른다. 여러번에 나누어 식전에 먹는다.

효능 혈과 음을 보하고 출혈을 멈춘다.

◎ 대합조개맨드라미꽃약찜

적응증 임신부가 대하가 있는 데, 월경량이 많은 데

재료 대합조개 45g, 맨드라미꽃(계관화) 15g

용법 조갯살을 물에 씻어 썬다. 맨드라미꽃을 씻어 적당히 잘라 조갯살과 함께 사기그릇에 담고 뚜껑을 닫은 다음 물이 끓는 솥 안에 들여놓는다. 충분히 쪄서 조개만 가려내어 한번에 먹는다. 7~10번 만들어 먹으면 효과가 있다.

효능 열을 내리고 해독하며 음을 보하고 눈을 밝게 하며 출혈을 멈춘다.

【약초요법】

◎ 조뱅이(소계)

적응증 월경과다증, 자궁출혈 때

재료 조뱅이, 밀가루 각 적당량

용법 조뱅이를 가루내어 밀가루와 5 : 1의 비율로 섞어 알약을 만들어 한번에 8~10g씩 하루 3번 식후에 먹는다.

효능 혈액의 응고 시간을 짧게 하여 혈관의 투과성을 억제하고 자궁을 수축시키는 작용이 있다.

◎ 측백잎

적응증 월경과다증, 출혈을 멈추는 데

용법 측백잎을 거멓게 태운 다음 보드랍게 가루내어 한번에 4~6g씩 하루 3번 식후에 먹는다. 또는 측백잎 20~25g을 물에 달여 하루 2번에 나누어 먹기도 한다.

효능 지혈작용이 있다.

　　※피를 멈추는 효과는 가루내어 먹는 것보다 물에 달여 먹을 때에 더 세다. 또한 거멓게 태운 것이라야 지혈 효과가 잘 나타난다.

◎ 오징어뼈(오적골)

적응증 월경과다증

용법 오징어뼈 적당량을 보드랍게 가루내어 한번에 3~4g씩 하루 2~3번 식후에 먹는다.

　　※오징어뼈에는 칼슘이 많기 때문에 지혈작용이 있다. 오랫동안 먹으면 월경량을 적게 한다.

◎ 부들꽃가루(포황)

적응증 월경과다증

용법 부들꽃을 거멓게 볶은 다음 가루내어 한번에 6~8g씩 하루 3번 식후에 먹는다.

효능 지혈작용이 있어 월경과다증에 효과가 있다.

포황

◎ 두루미꽃

적응증 월경과다증

용법 두루미꽃 20~40g을 물에 달여 하루 3번에 나누어 먹는다.

◎ 오이풀뿌리(지유)

적응증 월경과다증, 출혈을 멈추는 데

용법 오이풀뿌리 말린 것 200g을 물에 달여 하루 2번에 나누어 식전에 먹는다.

효능 혈관과 자궁을 수축시키는 작용이 있다.

오이풀뿌리

◎ 맨드라미꽃(계관화)

적응증 월경과다증

용법 맨드라미꽃 이삭을 햇볕에 잘 말린 다음 가루내어 한번에 6g씩 하루 2번 식전에 술에 타서 먹는다.

　　※약을 쓰는 기간에는 고기나 생선을 먹지 말아야 한다.

◎ 공작고사리(철사칠)

적응증 월경과다증

용법 공작고사리의 줄기와 잎 40g씩을 돼지고기 100g과 함께 끓여서 찌꺼기는 버리고 하루 한번씩 먹는다.

공작고사리

◎ 연꽃(연화)

적응증 월경과다증

용법 꽃송이를 가루낸 다음 술에 타서 한번에 5~6㎖씩 하루 3번 식전에 먹는다.

※연꽃은 출혈시간을 짧게 한다. 연뿌리 30~60g으로 즙을 내어 하루 3번에 나누어 먹어도 월경과다에 좋은 효과가 있다.

◎ 봉선화씨(봉선자)

적응증 월경과다증

용법 봉선화씨 3~9g에 물 한 사발 정도 넣고 달여 하루 3번에 나누어 먹는다. 또는 씨를 가루내어 한번에 1~2g씩을 하루 3번 식후에 당귀 10g을 넣고 달인 물과 함께 먹는다.

◎ 천문동약차

적응증 기능성 자궁출혈, 월경량이 많은 데

재료 천문동 15~30g, 설탕 적당량

용법 천문동을 물에 불려 속에 있는 심을 빼고 잘게 썬다. 여기에 물 500㎖를 붓고 끓여서 250㎖가 되게 한 다음 거기에 설탕을 타서 한번에 마신다. 2~4일 계속하면 효과가 있다.

효능 음을 보하고 출혈을 멈춘다.

천문동

※차를 끓일 때 무쇠그릇을 쓰지 않는다.

【뜸요법】

◎ 통리혈 손목마디 안쪽의 가로간 금의 심문혈에서 3.33㎝ 올라간 곳(통리혈)에 뜸을 3장 뜬다. 자궁출혈 때에도 쓴다.

◎ 수천혈 안쪽 복사뼈의 제일 뒷가장자리와 발뒤축 힘줄 앞가장

자리의 중간점에서 곧바로 3.3cm 아래 되는 곳(수천혈)에 뜸을 3~7장 뜬다. 월경과다증뿐 아니라 월경불순 때에도 쓰인다.

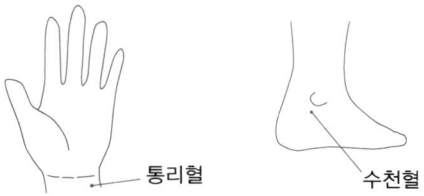

통리혈

수천혈

⑤ 월경과소증

월경주기에는 이상이 없으나, 월경할 때 나오는 피의 양이 정상에 비하여 적게 나오는 것을 말한다. 월경과소증 때는 흔히 월경 지속 날짜가 짧아지는 경우가 많다. 특히 갱년기에 이른 여성들에게서 자주 본다.

【음식요법】

◎ 검정콩잇꽃설탕물
적응증 월경량이 적은 데
용법 검정콩 30g, 잇꽃(홍화) 6g을 물에 달여 설탕 30g을 타서 월경 5일 전부터 먹는다.

◎ 돼지간, 측백나무씨(백자인)
적응증 월경량이 적을 때
용법 돼지간 300g에 측백나무씨 15g을 넣고 솥에 쪄서 하루 3번 식후에 먹는다.

◎ 양고기보리약죽

적응증 명치 밑이 차고 헛배가 부르며 아픈 데, 월경량이 적어지는 데

재료 양고기 500g, 초과 2개, 보리쌀 150g, 소금 적당량

용법 먼저 보리쌀을 따뜻한 물에 씻어서 적당량의 물에 넣고 센불에서 끓여 익힌다. 다음 양고기를 깨끗이 손질하여 썰어 초과와 함께 물에 넣고 끓이다가 익혀낸 보리쌀을 넣고 죽을 쑨다. 소금으로 간을 맞추어 식사로 먹는다.

효능 속을 덥혀주고 찬 기운을 없앤다.

◎ 검정콩익모약탕

적응증 월경이 없는 데, 월경량이 적은 데, 월경 때와 산후의 하복통

재료 검정콩 60g, 익모초 30g, 술 1~2숟가락, 설탕 적당량

용법 익모초(물에 씻어 썬 것), 검정콩(짓찧어 부스러뜨린 것)을 물 1.5ℓ와 함께 냄비에 넣고 500㎖가 되게 끓여 설탕과 술을 넣고 마신다. 하루 한번 먹는다. 5~7일 동안 계속하는 것이 좋다.

효능 피를 잘 돌게 하고 어혈을 없애며 월경을 고르게 한다.

【약초요법】

◎ 익모초

적응증 월경량이 적을 때

용법 익모초 20g을 물에 달여서 하루 2번에 나누어 식후에 먹는다.

※익모초의 주요 성분인 스카키드린과 테오누린은 자궁의 긴장도를 높이고 수축을 세게 하며 월경을 고르게 하는 작용이 있다.

◎ 궁궁이(천궁)

적응증 월경이 고르지 못하면서 월경량이 적게 나올 때

용법 궁궁이 적당량을 쌀 씻은 물에 하룻밤 담갔다가 불에 말려 보드랍게 가루낸 것을 한번에 2g씩 하루 3번 식사 1시간 전에 물에 타서 먹는다.

【뜸요법】

◎ 기충혈 아랫배의 중심선상에서 두덩뼈 이음부의 윗가장자리로부터 1.66cm 위 되는 곳(곡골혈)으로부터 양옆으로 6.66cm 되는 곳(기충혈)에 소금이나 마늘쪽을 깔고 뜸을 5~7장 뜬다. 자궁과 연관되어 있는 혈로서, 부인병 일반에 쓰이는데 월경불순 때에도 효과가 있다.

◎ 기혈혈 배꼽 가운데(신궐혈)로부터 9.99cm 아래 되는 곳(관원혈)에서 양옆으로 1.66cm 되는 곳(기혈혈)에 소금이나 마늘쪽을 깔고 뜸을 3~5장 뜬다. 이 뜸요법은 월경불순에 두루 쓴다.

기혈혈

기충혈

【운동요법】

방바닥에 자리를 펴고 반듯이 눕는다. 무릎을 굽히고 다리를 좌우로 벌린다. 양쪽 발바닥을 마주 대고 양쪽 뒤꿈치를 엉덩이에 가

깝게 접근시킨다.

그 자세에서 엉덩이를 될 수 있는 한 위로 쳐든다. 다음 순간적으로 두 다리를 힘껏 차는 것처럼 펴면서 쳐들었던 엉덩이를 힘 있게 방바닥에 떨어뜨린다. 중요한 것은 엉덩이를 힘껏 떨어뜨리는 것이다. 이런 동작을 5번 정도 반복한다. 엉덩이를 떨굴 때 좀 불쾌감을 느낄 수 있으나 이것이 치료의 요점이다.

⑥ 월경곤란증

월경 전후나 월경 기간에 아랫배가 몹시 아프고 온몸이 거북한 상태를 말한다. 이것은 병이 아니라 다른 병에 겹쳐서 나타나는 하나의 증상이다.

일반적으로 월경 기간 동안 아랫배와 허리가 몹시 아프고 어지러우며, 머리가 아프고 신경질이 나는 등의 증상이 있다.

【생활섭생】

◎ 월경이 있을 때 위생을 잘 지키는 것이 중요하다. 또한 아랫배를 늘 따뜻하게 해야 한다.

【음식요법】

◎ 돼지고기영지약찜

적응증 노인이 기침을 하고 소화가 안되는 데, 불면증, 월경기에 머리가 아픈 데

재료 돼지고기 100g, 영지 3g, 간장, 양념재료 각 적당량

용법 영지를 깨끗이 손질하여 가루낸 다음 돼지고기를 잘게 썰어 영지가루에 버무려 물을 부은 솥에 넣고 충분히 쪄서 양념간장을 넣고 먹는다.

효능 정신을 안정시키고 기와 음을 보한다.

◎ 대추약만두튀김

적응증 음식을 적게 먹는 데, 월경 때 설사하거나 붓는 데, 입덧, 임신부 부종

재료 대추 250g, 호두살, 마늘 각 50g, 밀가루 500g, 돼지기름 125g

용법 호두살과 산약, 대추살을 함께 짓찧어 속을 만든다. 밀가루에 돼지기름을 조금 섞어 물로 반죽한 다음 얇게 밀어서 만두피를 만들고 속을 넣어 빚는다. 이것을 끓는 기름에 튀겨내어 식사로 먹거나 간식으로 먹는다.

효능 신기(腎氣)를 보하고 비위를 튼튼하게 한다.

◎ 대추후추약찜

적응증 명치 밑이 아픈 데, 딸꾹질, 트림, 월경 때 설사하거나 몸이 붓는 데

재료 후추 10알, 대추 25개

용법 대추의 씨를 발라내고 그 속에 후추를 넣고 쪄서 먹는다.

효능 속을 덥혀주고 비를 보하며 통증을 멈춘다.

◎ 백편두산약약죽

적응증 식욕이 없는 데, 설사, 식체, 월경 때 붓거나 설사하는 데

재료 백편두, 산약 각 60g, 흰쌀 100g
용법 백편두는 쪼개고 산약은 깨끗이 씻어 썰어
흰쌀과 함께 넣고 죽을 쑤어 식기 전에 먹는다.
어린이에게는 적은 양을 먹인다.
효능 비위를 보하고 소화를 돕는다.

백편두

◎ **복령약빵**

적응증 식욕이 없고 소화가 안 되는 데, 소변
이 잘 나오지 않는 데, 가슴이 두근거리고 잠
을 자지 못하는 데, 월경 때 붓고 설사하는 데

복령

재료 복령 30g, 밀가루(절반은 발효시킨다) 1,000g, 돼지고기
500g, 생강, 후춧가루, 참기름, 소금, 간장, 파 각 적당량
용법 복령을 깨끗이 손질하여 부스러뜨린 후 물 250㎖에 넣고
1시간 정도 끓여 거르기를 3번 반복한 다음 거른 액을 합하여 반
죽물로 쓴다. 돼지고기를 잘게 썰어서 간장과 파, 생강, 후춧가
루, 참기름 등을 모두 섞어 빵소를 만든다. 밀가루를 발효시킨 반
죽과 함께 복령 달인 물로 반죽하여 얇게 밀어서 소를 넣고 둥글
게 빚어 센 불에서 쪄 익혀 식사로 먹는다.
효능 정신을 안정시키고 비위의 기능을 높여준다.

◎ **복령약죽**

적응증 노인 부종, 단순성 비만증, 설사, 배뇨장애, 월경 때나 임
신 때 설사하거나 몸이 붓는 데
재료 백복령 15g, 흰쌀 100g
용법 백복령을 보드랍게 가루내어 흰쌀과 함께 넣고 죽을 쑤어

식사로 먹는다. 설사에 쓸 때에는 소금으로 간을 맞추어 먹을 수
있다.
효능 비위를 보하고 소변을 잘 나가게 하며 부종을 내린다.
　　※탈항이나 소변량이 많은 데는 쓰지 않는다.

◎ 복령약지짐
적응증 몸이 허약한 데, 가슴이 두근거리고 숨이 찬 데, 식욕이
없는 데, 월경기에 설사하거나 몸이 붓는 데, 임신부 부종
재료 복령가루, 흰쌀가루, 설탕 각 적당량
용법 복령가루와 흰쌀가루, 설탕가루를 고루 섞은 데에 물을 붓
고 묽게 반죽한 것을 달군 프라이팬에 기름을 두르고 얇게 지져
식사로 먹거나 간식으로 먹는다.
효능 위를 튼튼하게 하고 기를 보한다.

◎ 산약약죽
적응증 만성 설사, 만성 이질, 음식을 적게 먹는 데, 피로한 데,
노인들의 당뇨병, 월경 때 설사를 하거나 붓는 데
재료 산약 40g(생것 120g), 흰쌀 200g
용법 산약을 깨끗이 씻어서 불린 다음 잘게 썰어 흰쌀과 함께 죽
을 쑤어 하루 2번에 나누어 아침저녁 식기 전에 식사로 먹는다.
효능 비위를 튼튼하게 하고 폐, 신을 보한다.

◎ 산약찹쌀약만두
적응증 식욕이 없고 소화가 안 되는 데, 월경 때 설사하거나 붓는
데, 임신부 배뇨장애

재료 산약 50g, 설탕 90g, 찹쌀가루 500g, 후춧가루 적당량

용법 산약을 깨끗이 손질하여 짓찧어 시루에 찐 다음 거기에 설탕과 후추를 섞어 소를 만든다. 찹쌀가루를 반죽하여 메추리알 만하게 잘라 얇게 밀어서 그 안에 소를 넣고 둥근 만두를 빚는다. 이것을 끓는 물에 넣어 익혀서 식기 전에 먹는다.

효능 비를 보하고 습을 없애며 신기(腎氣)를 보한다.

◎ 돼지위연밥약쌈

적응증 식욕이 없는 데, 설사하는 데, 몸이 붓는 데, 월경 때 설사하며 붓는 데

재료 돼지위(저두) 1보, 연밥 40알, 참기름, 소금, 파, 생강, 마늘 각 적당량

용법 연밥을 끓는 물에 넣었다가 껍질을 벗기고 짓찧는다. 이것을 손질한 돼지위 안에 넣고 실로 잡아맨다. 이것을 물에 넣고 익을 때까지 끓인 다음 건져서 얇게 썰어 참기름, 소금, 파, 생강 등 양념을 하여 식기 전에 먹는다.

효능 비위를 튼튼하게 하고 몸을 보한다.

◎ 연밥산약약죽

적응증 몸이 허약한 데, 몸이 붓는 데, 설사, 월경 때 몸이 붓거나 설사하는 데, 산후에 소변이 잘 나가지 않는 데

재료 가시연밥(감인), 연실, 산약, 백복령, 의이인, 백편두, 만삼, 백출 각 6g, 흰쌀 150g

용법 감인, 산약, 백복령, 연실, 의이인, 백편두, 만삼, 백출을 물에 넣고 달인 다음 백출은 건져버리며 깨끗이 일어놓은 흰쌀을

넣고 죽을 쑤어 설탕을 적당히 타서 먹는다.

효능 소화를 돕고 소변을 잘 나가게 하며 원기를 보한다.

◎ 연밥찹쌀약떡

적응증 몸이 허약한 데, 식은땀이 나는 데, 식욕이 없는 데, 설사
하는 데, 월경 때 설사하거나 붓는 데

재료 연밥(연실) 50g, 찹쌀 500g

용법 연밥을 껍질과 눈을 없애고 깨끗이 손질한
데다 물 적당량을 넣고 푹 끓인 후 짓찧는다. 찹쌀
을 물에 불려 일어서 연밥과 고루 섞어 시루에 넣
고 찐 다음 짓찧어 하루 2번에 나누어 설탕을 찍
어 먹는다.

연밥

효능 비위를 보하고 설사를 멈춘다.

◎ 팥약죽

적응증 몸이 붓는 데, 단순성 비만증, 월경 때 몸이 붓거나 설사
하는 데, 임신 때 몸이 붓는 데

재료 팥 30g, 흰쌀 200g, 소금 적당량

용법 팥에 물을 붓고 푹 무르도록 삶은 다음 흰쌀을 일어 넣고 죽
을 쑨다. 죽이 다 되면 소금으로 간을 맞추어 단번에 먹는다. 몸
이 붓는 데는 소금을 치지 않고 먹는다.

효능 비(脾)를 보하고 수습(水濕)을 잘 통하게 한다.

◎ 붕어녹차약찜

적응증 당뇨병, 소아 소화불량증, 식체, 갈증이 나는 데, 월경 때

와 산후에 몸이 붓는 데

재료 붕어 1마리(150~200g), 녹차 10~15g, 식물성 기름, 소금 각 적당량

용법 붕어의 비늘은 그대로 두고 아가미와 내장을 없앤다. 붕어의 배 안에 녹차를 넣고 꿰맨 다음 사발에 담고 그 위에 기름과 소금을 뿌려서 푹 찐다. 차잎은 꺼내버리고 먹는다.

효능 비위를 보하고 습(濕)을 없애며 음(陰)을 보한다.

◎ 마늘가물치약찜

적응증 영양장애성 부종, 신장성 부종, 간경변 복수, 월경 때나 임신 중 붓는 데

재료 가물치 200~250g, 마늘 60~90g

용법 가물치의 내장을 버리고 물에 깨끗이 씻은 다음 배 안에 마늘을 짓찧어 먹는다. 여러날 먹으면 좋다.

효능 비를 보하고 소변을 잘 나가게 한다.

◎ 돼지고기우렁이약국

적응증 목림프절결핵, 만성 목림프절염, 월경기의 발열, 부종

재료 돼지고기 100g, 우렁이(전라) 60g(마른 것은 30g)

용법 우렁이를 씻어 끓는 물에 넣어 데친 다음 꺼내어 물에 헹군다. 그 다음 우렁이살과 돼지고기로 국을 끓여 1~2번에 먹는다.

효능 열을 내리고 음을 보하며 부은 것을 내리게 하고 해독한다.

우렁이

◎ **돼지뼈토복령약국**

적응증 당뇨병 때, 월경 때 붓는 데

재료 돼지등뼈 500g, 토복령 30~50g

용법 돼지등뼈를 부수어 물 3ℓ에 넣고 절반이 되도록 끓이고 뼈와 위에 뜬 기름을 없앤 다음 토복령을 깨끗이 씻어 잘게 썰어 넣고 500㎖ 되게 끓인다. 토복령을 건져버리고 하루 2번에 나누어 식기 전에 먹는다.

효능 비를 보하고 습을 없애며 음을 보한다.

토복령

◎ **붕어구기자약국**

적응증 만성 위염, 피로한 데, 월경 때 설사, 임신부 부종

재료 붕어 150g, 구기자 15g, 파, 식초, 술, 후춧가루, 생강, 소금, 조미료, 참기름, 돼지기름, 맨국, 우유 각 적당량

용법 붕어는 비늘과 아가미, 내장을 버리고 깨끗이 씻어 따뜻한 물에 담가두었다가 건져내어 가로세로 칼자욱을 낸 다음 삶아서 비린내를 없앤다. 파, 생강은 잘게 썬다. 달군 솥에 돼지기름을 두르고 후춧가루, 파, 생강을 넣어 볶다가 여기에 맨국과 우유, 따뜻한 물에 씻은 구기자를 넣고 끓인다. 다음 붕어를 같이 넣고 20분 정도 더 끓여 조미료, 소금, 파, 식초, 참기름 등을 쳐서 먹는다.

효능 비위를 보하고 습을 없애며 기운을 돋군다.

◎ **메밀약떡**

적응증 임신 때 열감이 있으면서 가슴이 답답하고 불안한 데, 월경 때 설사가 있는 데

용법 메밀가루에 적당량의 물을 붓고 반죽하여 얇게 밀고 거기에 설탕 적당량을 속으로 넣고 떡을 빚는다. 프라이팬에 약간 바삭바삭하게 구워서 하루 여러번에 나누어 먹는다.
효능 열을 내리고 설사를 멈춘다.

◎ 생선부레설탕약졸임
적응증 위통, 치질, 월경기의 설사
재료 생선부레 15~30g, 설탕 30~60g
용법 부레에 설탕을 고루 섞고 물을 약간 붓고 졸여서 하루에 한번씩 먹는다. 여러날 쓰는 것이 좋다.
효능 기운을 돋우고 위의 기능을 돕는다.

◎ 약밤죽
적응증 몸이 허약한 데, 설사를 하는 데, 노인들이 허리가 아프고 힘이 없는 데, 월경 때 설사하는 데, 임신부 부종
재료 약밤(가루낸 것) 40g, 흰쌀(혹은 찹쌀) 200g
용법 흰쌀로 죽을 쑤다가 밤가루를 넣고 잠시 더 끓여 하루 2번에 나누어 먹는다. 여러날 계속하여 먹는 것이 좋다.
효능 비위를 보하고 설사를 멈춘다.

◎ 붕어찔레꽃약국
적응증 식은땀이 나는 데, 설사하는 데, 유정, 월경 때 설사를 하거나 산후에 식은땀이 나는 데
재료 붕어 250g, 찔레꽃(신선한 것) 30g, 식물성 기름, 소금 각 적당량

용법 찔레꽃은 물에 헹구어 물기를 없앤다. 깨끗이 손질한 붕어와 찔레꽃을 냄비에 넣고 물을 적당히 부은 다음 끓인다. 거의 익었을 때 기름과 소금을 넣고 잠시 더 끓여서 식기 전에 먹는다.
효능 비위를 보하고 기운을 돋우며 설사와 유정을 멈춘다.

◎ 붕어강귤약국

적응증 명치 밑이 차고 아픈 데, 몸이 허약한 데, 입맛이 없고 소화가 안 되는 데, 월경 때 아랫배가 아프거나 붓는 데
재료 붕어(큰 것) 1마리, 생강 30g, 귤껍질 10g, 후추 3g, 소금 적당량
용법 붕어는 비늘과 아가미, 내장을 버리고 깨끗이 씻는다. 생강은 잘게 썰어 귤껍질, 후추와 함께 약천주머니에 넣어 붕어의 배 안에 넣고 물을 부은 다음 약한 불에 푹 익을 때까지 끓인다. 약주머니를 꺼내버리고 소금으로 간을 맞추어 먹는다.
효능 기를 보하고 속을 덥혀주며 땀이 나게 한다.

◎ 백합약죽

적응증 노인들의 만성 기관지염, 마른기침, 앓고난 후 열이 내리지 않는 데, 갱년기 장애, 임신 때 가슴이 답답하고 기침하는 데와 월경 때 어지럽고 머리가 아픈 데
재료 백합(가루낸 것) 30g, 흰쌀 100g, 설탕 적당량
용법 흰쌀로 죽을 쑤다가 백합가루를 넣고 잠시 더 끓인 다음 설탕을 넣어 식사로 먹는다. 신선한 백합을 쓸 때에는 설탕을 적당하게 넣고 흰쌀과

백합

함께 죽을 쑤어 식기 전에 먹는다.

효능 폐를 눅여주고 기침을 멈추며 심을 보하고 정신을 안정시킨다.

※감기 때문에 기침이 나거나 비위가 허한 노인에게는 쓰지 않는다.

◎ 산조인약죽

적응증 가슴이 답답하고 두근거리며 잠을 자지 못하는 데, 월경기와 산후에 머리가 아프고 어지러운 데

재료 산조인 60g, 흰쌀 400g

용법 산조인을 약간 볶아서 짓찧어 물에 넣고 진하게 달인 다음 산조인 달임액에 흰쌀을 씻어서 넣고 죽을 쑤어 한번에 1컵씩 하루 3번 먹는다.

산조인

효능 심장을 보하며 정신을 안정시킨다.

◎ 잉어천궁복령약찜

적응증 머리가 어지럽고 아프며 눈이 잘 보이지 않는 데, 불면증, 고혈압, 월경 때 머리가 아프고 어지러운 데

재료 잉어(큰 것) 1마리, 천마 25g, 천궁, 복령 각 10g, 간장, 후추, 조미료, 소금, 설탕, 참기름, 파, 생강, 초두부가루 각 적당량

용법 천마, 천궁을 2번째 쌀씻은 물에 4~6시간 정도 담가두었다가 잘게 썰고 복령은 깨끗이 손질하여 부스러뜨린다. 잉어는 내장과 아가미를 버리고 깨끗이 손질한다. 찐 한약을 잉어 뱃속에 넣어서 냄비에 담고 그 위에 파, 생강을 썰어 넣고 물과 술을 조금 부어서 30분 정도 찐 다음 파와 생강을 골라버린다. 끓는 물에 초두부가루, 설탕, 소금, 간장, 조미료, 후추, 참기름을 섞어서 졸여 걸쭉하게 만들어 고기에 뿌려 먹는다.

효능 간의 열을 내리고 풍을 없애며 정신을 안정시키고 통증을 멈추며 피를 잘 돌게 한다.

◎ 암탉하수오약곰
적응증 자궁하수, 고르지 않은 월경, 월경 때 어지럽고 머리가 아픈 데
재료 암탉 1마리, 하수오 30g, 소금, 기름, 생강, 술 각 적당량
용법 하수오는 깨끗이 씻어 겉껍질을 벗긴 다음 일정한 크기로 잘라서 햇볕에 말려 가루낸다. 닭은 깨끗이 손질한 다음 배 안에 하수오가루를 넣고 꿰맨다. 이것을 뚝배기 안에 넣고 물을 약간 붓고 뚜껑을 봉하여 솥 안에 들여놓고서 충분히 찐 다음 뼈와 하수오를 갈라내고 소금, 기름, 생강, 술을 넣고 맛을 돋우어 하루 2번에 나누어 먹는다.
효능 혈을 보하고 신의 기능을 돕는다.

◎ 암탉당귀약곰
적응증 가슴이 답답하거나 두근거리며 잠을 자지 못하고 눈이 잘 보이지 않는 데, 생리통, 산후 관절통
재료 암탉 1마리, 당귀 20g, 황기 100g, 술, 후춧가루, 생강, 파, 조미료, 소금 각 적당량
용법 닭을 잡아 털과 내장을 버리고 깨끗이 손질하여 물기를 없앤다. 당귀와 황기를 물에 불려 잘게 썰고 생강과 파를 큼직큼직하게 썬다. 닭의 뱃속에 당귀와 황기를 넣고 배를 꿰매어 뚝배기에 넣고 그 위에 파와 생강, 후춧가루, 술 등을 넣고 뚜껑을 꼭 봉하여 푹 무르도록 찐다. 생강과 파는 꺼내버리고 조미료를 쳐서

식기 전에 먹는다.

효능 혈을 보한다.

◎ 검정콩익모초약탕

적응증 월경이 없는 데, 월경량이 적은 데, 월경 때와 산후의 하복통

재료 검정콩 60g, 익모초 30g, 술 1~2숟가락, 설탕 적당량

용법 익모초(물에 씻어 썬 것), 검정콩(짓찧어 부스러뜨린 것)을 물 1.5ℓ와 함께 냄비에 넣고 500㎖가 되게 끓여 설탕과 술을 넣고 마신다. 하루 한번 먹는다. 5~7일 동안 계속 먹는 것이 좋다.

효능 피를 잘 돌게 하고 어혈을 없애며 월경을 고르게 한다.

◎ 검정콩달걀약술

적응증 월경통

재료 검정콩 60g, 달걀 2개, 술 적당량

용법 검정콩을 짓찧어 부스러뜨리고 달걀과 함께 냄비에 넣은 다음 물을 부어 약한 불에서 끓인다. 달걀이 익으면 달걀껍질을 벗겨버리고 다시 냄비에 넣어 끓여서 물이 거의 잦아들 때 술을 넣어 마신다.

효능 중초(中焦)를 고르게 하고 기를 내리며 피가 잘 돌게 하고 통증을 멈춘다.

◎ 게술약찜

적응증 산후 대하가 많고 아랫배가 아픈 데, 월경통

재료 게(크기에 따라 양을 정한다), 땅콩기름, 술

용법 게를 씻어 접시에 담고 솥에서 찐 다음 술 1~2숟가락을 넣고 다시 잠깐 찐다. 게살을 땅콩기름과 간장에 찍어 먹는다.
효능 기를 보하고 피를 잘 돌게 하며 어혈을 풀고 통증을 멈춘다.

◎ 쇠고기선인장약볶음
적응증 명치 밑이 아픈 데, 위 및 십이지장궤양, 월경통
재료 선인장 30g, 쇠고기 60g
용법 선인장은 가시를 없애고 물로 씻은 다음 잘게 썰고, 쇠고기는 깨끗이 손질하여 잘게 썰어 선인장과 함께 볶아서 쇠고기만 먹는다.
효능 비(脾)와 혈(血)을 보하고 염증을 없앤다.

◎ 소회향백련어국
적응증 월경통
용법 백련어 1마리에 소회향 10g을 넣고 끓여 월경 전에 먹는다.

소회향

◎ 달걀약쑥생강약찜
적응증 월경불순, 월경이 없는 데, 월경량이 많은 데, 월경통
재료 약쑥잎 10g, 생강 15g, 달걀 2개
용법 약쑥잎, 생강(잘게 썬 것), 달걀(껍질째로)을 물과 함께 냄비에 넣고 끓인다. 달걀이 익으면 껍질을 벗겨버리고 다시 냄비에 넣어 끓인 다음 국물은 마시고 달걀은 먹는다.
효능 경맥을 덥히고 출혈을 멈추며 한사(寒邪)를 없애고 통증을 멈춘다.

◎ **달걀약쑥잎약국**

적응증 습관성 유산, 월경통, 월경불순

재료 약쑥잎 12g, 달걀 2개

용법 약쑥잎을 깨끗이 손질하여 달걀과 함께 약탕관에 담고 거기에 물을 붓고 끓여서 달걀이 익은 다음 꺼내어 껍질을 벗겨버리고 다시 넣어 끓인다. 임신 1개월에는 하루 한번씩 5~8일간 먹으며, 임신 2개월에는 10일에 한번씩, 임신 3개월에는 15일에 한번씩, 임신 4개월 후부터는 한달에 한번씩 해산 전까지 먹는다.

효능 태아를 안정시키고 지혈작용을 한다.

◎ **달걀익모초약찜**

적응증 월경불순, 월경통, 기능성 자궁출혈, 산후 오로가 잘 나오지 않는 데

재료 익모초 30g, 달걀 2개

용법 달걀과 익모초(물에 씻고 축축하게 하여 자른 것)를 물과 함께 냄비에 넣고 끓여서 달걀이 익으면 익모초는 짜내고 달걀은 껍질을 벗겨버리고 다시 냄비에 넣어 1~3분 정도 끓인다. 하루 2번에 나누어 먹는다. 월경통에는 술을 약간 넣어 먹는다.

효능 피를 잘 돌게 하고 어혈을 없앤다. 산후 자궁회복을 촉진시킨다.

◎ **달걀천궁약찜**

적응증 월경불순, 월경이 없는 데, 월경통

재료 달걀 2개, 천궁(쌀뜨물에 담갔다가 썬 것) 5g, 술 적당량

용법 달걀과 천궁을 냄비에 넣고 물을 부어 끓이다가 달걀이 익

으면 껍질을 벗겨버리고 달걀을 다시 냄비에 넣어 약한 불에서
3~5분 정도 끓인 다음 술을 조금 타서 한번에 먹는다.
효능 기혈을 잘 돌게 하고 풍을 없애며 통증을 멈춘다.

◎ 콩보리약떡국

적응증 명치 밑이 차고 아픈 데, 월경통, 불임증
재료 초과 2.5g, 양고기 1,000g, 보리가루, 콩가루 각 500g, 생
강 5g, 후춧가루, 소금, 조미료 각 적당량
용법 양고기를 깨끗이 손질하여 잘게 썬다. 짓찧
은 생강과 함께 물을 붓고 끓인다. 양고기가 거의
익을 무렵에 보리가루와 콩가루를 함께 물로 반죽
하여 적당한 크기로 썰어 넣고 익혀서 후춧가루,
소금, 조미료를 쳐서 식사로 먹는다. 늘 먹으면
좋다.
효능 속을 덥혀주고 찬 기운을 없앤다.

초과

◎ 돼지폐살구씨패모약탕

적응증 월경 때 기침
재료 돼지폐 250g, 살구씨(행인) 15g, 패모 9g
용법 돼지폐(물로 깨끗이 씻어 거품을 짜버린 것),
살구씨(속껍질째로 부스러뜨린 것), 패모(부스러뜨
린 것)를 모두 솥에 넣고 물 750㎖를 부은 다음 약
한 불에서 40분 정도 끓여서 돼지폐와 국물을 먹는
다. 3~5번 먹으면 효과가 있다.

패모

효능 기침을 멈추고 담을 없애며 폐와 위의 기능을 높인다.

◎ 돼지염통둥굴레약찜

적응증 마른기침을 하는 데, 가슴이 답답하고 잠을 자지 못하는 데, 월경 때 기침이 나고 어지러우며 잠이 잘 오지 않는 데

재료 돼지염통 500g, 둥굴레(옥죽) 50g, 생강, 파, 소금, 조피열매(산초), 설탕, 조미료, 참기름, 서슬 각 적당량

용법 둥굴레를 물에 깨끗이 씻어 눅진해지면 잘게 썰어서 물에 넣고 끓여 거르기를 2번 반복하여 1.5ℓ의 둥굴레 달인 물을 얻는다. 여기에 깨끗이 씻어 쪼갠 돼지염통과 썬 생강, 파, 조피열매를 함께 넣고 60% 정도 익혀서 식힌다. 이 돼지염통을 다시 서슬물을 부은 솥에 넣고 약한 불에서 삶아내어 거품을 밝은 다음 약간의 서슬물에 소금, 설탕, 조미료, 참기름을 넣어 걸쭉하게 끓인 후 돼지염통에 고루 발라 먹는다. 국물도 함께 먹을 수 있다.

효능 심을 안정시키고 음을 자양하며 진액을 생성한다.

◎ 다시마결명자약차

적응증 고혈압병, 결막염, 월경 때 잠이 잘 오지 않으며 어지럽고 머리가 아픈 데

재료 다시마 20g, 결명자 10g

용법 다시마는 물에 깨끗이 씻어서 잘게 썰고 결명자는 깨끗이 손질하여 약간 짓찧어 모두 물 1ℓ에 넣고 절반이 되게 달여서 물만 차처럼 늘 마신다.

효능 간의 열을 내리고 눈을 밝게 하며 담을 삭인다.

◎ 초어동아약국

적응증 신경질이 나며 머리가 아프고 어지러운 데, 고혈압, 월경

때 머리가 아프고 어지러우며 잠을 잘 자지 못하는 데

재료 초어 200~250g, 동아 250~500g, 기름, 소금 적당량

용법 먼저 솥에 기름을 두르고 약간 볶다가 여기에 초어를 깨끗이 손질하여(꼬리부분이 더 좋다) 넣고 고기가 누렇게 될 때까지 익힌다. 물과 함께 동아를 쪼개어 넣고 2~3시간 정도 구수한 냄새가 나게 끓여 소금으로 간을 맞추어 먹는다.

효능 간을 안정시키고 풍을 없애며 열을 내린다.

◎ 돼지염통만삼약찜

적응증 잠이 잘 오지 않으며 꿈이 많은 데, 월경 때 어지럽고 머리가 아프며 잠이 잘 오지 않는 데

재료 돼지염통 1개, 만삼 50g, 당귀 10g, 조미료, 소금 각 적당량

용법 만삼과 당귀를 물에 불려 씻어 썰고, 깨끗이 손질한 돼지염통과 함께 냄비에 담고 거기에 물을 부은 다음 끓여 익혀서 소금으로 간을 맞추고 조미료를 쳐서 먹는다.

만삼

효능 심혈을 보하고 정신을 안정시키며 피를 잘 돌게 한다.

◎ 양염통해당화약구이

적응증 가슴이 두근거리고 잠을 자지 못하는 데, 가슴이 답답하고 불안한 데, 월경 때와 산후 머리가 아프고 어지러우며 잠을 자지 못하는 데

재료 양염통 50g, 해당화꽃(신선한 것) 50g, 소금 50g

해당화꽃

용법 신선한 해당화를 연한 소금물에 넣고 10분 정도 끓여 식힌다. 양염통을 깨끗이 씻어 길이 3cm, 너비 2cm 되게 썰어서 해당화 소금물에 담갔다가 꼬챙이에 끼워서 불에 구워 먹는다.
효능 심장을 보하고 정신을 안정시킨다.

◎ 돼지고기백합약국

적응증 불면증, 가슴두근거림, 마른기침, 월경 때 어지럽고 잠을 잘 자지 못하는 데
재료 백합 30~60g, 설탕, 소금, 돼지고기 각 적당량
용법 백합조각을 물로 깨끗이 씻어 냄비에 넣고 거기에 적당량의 설탕을 넣은 다음 물 500㎖를 붓고 30분 정도 끓여 백합이 익으면 먹는다. 불면증에 쓸 때에는 돼지고기를 잘게 썰어넣고 끓이다가 백합을 넣고 더 끓여 익혀서 소금으로 간을 맞추어 먹는다.
효능 음을 보하고 정신을 안정시키며 기침을 멈춘다.

◎ 섭조개달걀약죽

적응증 몸이 허약한 데, 이명, 어지럼증, 월경 때 어지럽고 잠을 잘 자지 못하는 데
재료 섭조개 30g, 절인 달걀(혹은 오리알) 1개, 흰쌀, 소금, 조미료 각 적당량
용법 섭조개의 살을 물에 씻어 흰쌀과 함께 냄비에 넣고 죽을 쑨 다음 절인 달걀(혹은 오리알)을 까서 넣고 소금과 조미료 각 적당량으로 간을 맞추어 먹는다.
효능 몸을 보하고 허열(虛熱)을 내린다.

◎ 오미자호두약꿀

적응증 귀에서 소리가 나거나 식은땀을 흘리는 데, 유정, 불면증,
산후에 식은땀을 흘리는 데, 월경 때 어지럼증이 나면서 잠을 잘
자지 못하는 데
재료 호두 5~8개, 오미자 2~3g, 꿀 적당량
용법 호두살과 오미자를 함께 잘 짓찧어서 꿀에 넣고 고루 섞어
아무 때나 먹는다.
효능 신을 보한다.

◎ 돼지콩팥작두콩약찜

적응증 허리가 아프고 귀가 잘 들리지 않는 데, 유정, 월경 때 어
지러우면서 잠이 잘 오지 않는 데
재료 돼지콩팥 1개, 작두콩 10개, 소금 적당량
용법 작두콩은 깨끗이 손질하여 절구에 넣어 짓찧
는다. 돼지콩팥은 쪼개어 물로 깨끗이 씻은 다음
냄비에 물과 함께 넣고 물이 다 졸아들도록 끓인
다. 소금으로 간을 맞추어 식기 전에 먹는다.

작두콩

효능 신을 보하고 속을 덥혀준다.

◎ 닭간결명자약졸임

적응증 눈에 피가 진 데, 야맹증, 각막연화증, 소화불량증, 월경
때 잠이 잘 오지 않는 데
재료 닭간 2~3개, 결명자 10~20g, 기름, 소금 각 적당량
용법 결명자를 물에 4~6시간 정도 불렸다가 닭간과 함께 냄비에
넣고 기름을 쳐서 1시간 정도 졸인다. 물이 다 잦아들면 간만 꺼

내어 소금을 찍어 먹는다.

효능 간혈(肝血)을 보하고 눈을 밝게 한다.

◎ 돼지염통만삼약찜

적응증 잠이 잘 오지 않으며 꿈이 많은 데, 월경 때 어지럽고 머리가 아프며 잠이 잘 오지 않는 데

재료 돼지염통 1개, 만삼 50g, 당귀 10g, 조미료, 소금 각 적당량

용법 만삼과 당귀를 물에 불려 씻어 썬 후에 깨끗이 손질한 돼지염통과 함께 냄비에 담고 거기에 물을 부은 다음 끓여 익혀서 소금으로 간을 맞추고 조미료를 쳐서 먹는다.

효능 심혈을 보하고 정신을 안정시키며 피를 잘 돌게 한다.

◎ 돼지간자귀나무꽃약찜

적응증 결막염, 불면증, 월경 때 머리가 아프고 잠이 잘 오지 않는 데

재료 돼지간 100~150g, 자귀나무꽃(마른 것) 10~12g, 소금 적당량

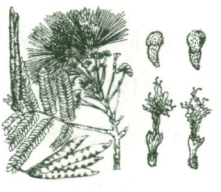

자귀나무꽃

용법 자귀나무꽃(합환화)을 깨끗이 손질하여 물에 4~6시간 정도 담갔다가 그 위에 돼지간을 썰어 넣고 소금을 약간 뿌린 후 쪄서 식기 전에 먹는다.

효능 풍을 없애고 눈을 밝게 하며 뭉친 기를 흩어지게 하고 간을 보하며 정신을 안정시킨다.

◎ 돼지고기조개약국

적응증 갈증이 나는 데, 신경증, 불면증, 야뇨증, 월경 때 머리가 아프고 잠이 잘 오지 않는 데, 임신부가 가슴이 답답하고 불안한 데
재료 돼지고기 150g, 조갯살(말린 것) 15~30g, 소금 적당량
용법 조갯살을 물에 불렸다가 잘게 썬 돼지고기와 함께 냄비에 넣고 물을 부은 다음 푹 끓여서 소금으로 간을 맞추어 먹는다.
효능 신음을 보한다.

◎ 오디약엿
적응증 당뇨병, 눈이 잘 보이지 않는 데, 이명(耳鳴), 습관성 변비, 월경 때 어지럽거나 잠이 잘 오지 않는 데
재료 오디(상심)가루 200g, 설탕 500g, 기름 적당량
용법 설탕을 냄비에 넣고 물을 조금 섞어서 기름을 바른 그릇에 담아 식혀서 적당한 크기로 잘라 간식으로 수시로 먹는다. 설탕 대신 꿀을 써도 좋다.
효능 간과 신을 보하고 진액을 생성시킨다.

◎ 녹두찹쌀약순대
적응증 월경 때 어지럼증
재료 녹두 90g, 찹쌀 60g, 돼지내장 50~60㎝, 소금, 조미료 각 적당량
용법 녹두와 찹쌀을 물에 일어 씻은 다음 맑은 물에 2~3시간 정도 불린다. 돼지내장 안팎을 식초로 깨끗이 씻은 다음 녹두, 찹쌀, 소금, 조미료를 고루 섞어 돼지내장에 넣고 양끝을 실로 맨다. 이것을 물 부은 솥에 넣고 약한 불로 2시간 정도 삶는다. 다 익으면 썰어서 2~3번에 나누어 먹는다.

효능 위장의 기능을 돕고 새살이 살아나게 하며 소변이 잘 나오게 하고 해독한다.

◎ 오리알굴약죽

적응증 치통, 목안이 붓고 아픈 데, 월경 때 어지럽고 가슴이 두근거리며 잠이 잘 오지 않는 데

재료 오리알(소금에 절인 것) 2개, 굴 60~100g, 흰쌀 100~150g

용법 냄비에 굴을 넣고 물을 적당히 부어서 끓이다가 흰쌀을 씻어 넣고 죽을 쑨다. 죽이 거의 될 무렵에 오리알을 넣고 잠시 더 끓여서 먹는다.

효능 음혈(陰血)을 보하고 화(火)를 내린다.

【약초요법】

◎ 잇꽃(홍화)

적응증 산후 이완성 출혈, 월경곤란증, 월경불순, 대하가 많은 데

용법 잇꽃 적당량을 보드랍게 가루내어 한번에 1~2g씩 하루 3번 먹는다. 월경이 끝난 뒤 5~6일부터 먹기 시작하여 다음 번 월경 전 5~6일까지 먹는다.

효능 잇꽃은 자궁을 수축시키는 작용이 있다.

◎ 잇꽃(홍화), 살구씨(행인), 현호색

적응증 월경 불순, 월경통

용법 잇꽃 2g, 살구씨 12g, 현호색 8g을 물에 달여 하루 3번에 나누어 식후에 먹는다.

◎ 향부자, 궁궁이(천궁)

적응증 월경통과 월경장애, 산전산후질병에도 쓰고 여러가지 원인으로 배가 아픈 데

재료 향부자, 궁궁이(천궁), 꿀 각 적당량

용법 향부자를 4번 이상 시루에 쪄 익혀서 바싹 말린 다음 보드랍게 가루내어 한번에 3~4g씩 하루 3번 먹는다. 향부자에 궁궁이를 같은 양 섞어서 보드랍게 가루내어 졸인 꿀로 알약을 만들어 한번에 4~5g씩 하루 3번 식후에 먹어도 된다. 보통 월경 10일 전부터 먹는 것이 좋다.

　※향부자는 자궁에 직접 작용하여 긴장도를 낮추어주므로 자궁질병으로 인한 복통을 덜어준다. 향부자에 궁궁이를 섞어 쓰면 복통을 멈추는 작용이 더 세진다.

◎ 쉽싸리(택란)

적응증 월경통, 산후 죽은피(오로)가 깨끗이 내리지 않아 헛배가 부르며 아랫배가 아픈 데, 월경불순

용법 쉽싸리를 하루 10~20g씩 물에 달여 2번에 나누어 먹는다.
　※약은 월경을 하지 않는 전 기간에 쓰는 것이 좋다.

◎ 약방동사니(향부자)

적응증 월경통

용법 향부자 적당량을 4번 이상 시루에 쪄서 말린 다음 보드랍게 가루내어 한번에 3~4g씩 하루 3번 식후에 먹는다.

효능 자궁의 긴장도를 낮추는 작용과 진통작용이 있다.

◎ 현호색

적응증 월경불순, 월경시작 며칠 전부터 배가 아프고 어지러우면
서 머리가 아픈 데

용법 현호색 적당량을 깨끗이 씻은 다음 식초에 하룻밤(6~8시
간) 담갔다가 볶아서 가루내어 한번에 2g씩 하루 3번 먹는다.

효능 피를 잘 돌게 하고 통증을 멈추며 월경을 고르게 하는 작용
이 있다.

◎ 해바라기꽃받침대추약국

적응증 월경 때 머리가 아프고 어지러우며 잠이 잘 오지 않는 데,
혈압이 높은 데

재료 해바라기꽃받침 1개, 대추 20개

용법 해바라기꽃받침을 물에 깨끗이 씻고 잘게 자른 것과 대추를
짓찧은 것을 모두 솥에 넣는다. 여기에 물 1.5ℓ를 부은 다음 500
㎖가 되도록 달인다. 하루 3번에 나누어 따뜻하게 하여 먹는다.

효능 혈압을 낮추고 두통을 멈춘다.

◎ 인삼연밥약탕

적응증 앓고난 후, 몸이 허약한 데, 식은땀이 나는 데, 월경할 때
설사하거나 산후에 땀이 많이 나는 데

재료 인삼 10g, 연밥(연실) 10개, 설탕 30g

용법 인삼과 연밥을 약탕관에 넣고 물을 부어 불린 다음 설탕을
넣고 1시간 정도 끓여 달인 물과 연밥을 먹는다. 다음날 남은 인
삼에 다시 연밥과 설탕을 넣어 같은 방법으로 달여 먹는다.

효능 원기를 돕고 비(脾)를 보하며 설사를 멈춘다.

◎ 은행율무약차

적응증 만성 설사, 기침, 부종, 당뇨병, 월경 때 설사하거나 기침이 나는 데

재료 은행 8~12개, 율무쌀 60g, 설탕 적당량

용법 은행과 율무쌀을 물 1ℓ에 넣고 절반 되게 끓인 다음 설탕을 타서 식기 전에 먹는다.

효능 비를 보하고 습을 없애며 열을 내리고 염증을 없앤다.

은행

◎ 연꽃뿌리은행씨약탕

적응증 월경량이 많은 데, 월경 때 어지럼증이 있는 데

재료 연꽃뿌리, 은행 각 15g

용법 연꽃뿌리와 은행을 깨끗이 손질하여 가루낸 다음 따뜻한 물에 타서 하루 3번에 나누어 먹는다.

효능 출혈을 멈춘다.

◎ 찔광이(산사)

적응증 월경이 없는 데, 월경량이 적고 아랫배가 아프며 변비가 있는 데

용법 찔광이 30g에 설탕을 적당량 넣고 물에 달여서 마신다. 여러날 계속 마신다.

◎ 산약율무약죽

적응증 몸이 허약한 데, 마른기침이 나는 데, 월경통, 월경이 없는 데, 월경 때 어지러운 데, 임신부 기침

재료 율무씨(의이인), 산약(생것) 각 60g, 곶감(흰가루가 생긴 것) 24g

용법 산약은 깨끗이 씻어 잘게 썰고 율무쌀은 짓찧어 부스러뜨린다. 산약과 율무쌀을 적당한 양의 물에 넣고 끓이다가 죽이 거의 될 무렵에 곶감을 잘게 썰어 넣고 잠시 더 끓여서 먹는다. 기침이 심할 때는 곶감을 더 넣는 것이 좋다.

효능 비와 폐를 보하며 기침을 멈추며 담을 삭인다.

◎ 홍화약술

적응증 월경색이 검고 덩어리가 있으면서 아랫배와 허리가 아픈 데

재료 홍화 10g, 술 400g

용법 깨끗이 씻은 홍화를 병에 넣고 거기에 술을 넣어 1주일 정도 두었다가 하루 한번씩 흔들어 준다. 한번에 10㎖씩 마신다.

효능 피를 잘 돌게 하고 어혈을 없애며 월경을 고르게 한다.

◎ 생지황익모약술

적응증 산후 복통, 월경색이 붉으면서 덩어리가 있는 데

재료 생지황 6g, 익모초 10g, 술 250g

용법 술을 약탕관에 넣고 거기에 생지황, 익모초를 넣은 다음 뚜껑을 닫고 증기솥에 넣어 20분 정도 찐다. 한번에 40g씩 하루 3번 이틀에 나누어 마신다.

효능 음을 보하고 열을 내리며 출혈을 멈추고 피를 잘 돌게 한다.

◎ 오디약술

적응증 가슴이 답답한 데, 귀에서 소리가 나는 데, 눈이 잘 보이지

않는 데, 월경기에 머리가 아프면서 월경량이 적은 데, 산후변비

재료 오디(상심) 100g, 찹쌀 500g, 누룩 적당량

용법 오디를 깨끗이 다듬어 짓찧어 즙을 내어 찹쌀과 함께 끓여서 밥을 지어 식힌다. 누룩을 부스러뜨려 식힌 밥에 넣고 고루 섞어 단지에 넣은 다음 뚜껑을 꼭 덮어서 며칠 동안 삭힌다. 윗물(청주)을 걸러서 한번에 20㎖씩 하루 3번 마신다.

효능 신음(腎陰)과 혈(血)을 보하고 귀와 눈을 밝게 한다.

◎ 귤껍질감초약단졸임

적응증 위 및 십이지장궤양, 임신부 부종, 월경 때 설사하거나 붓는 데

재료 귤껍질, 감초 각 100g, 꿀 적당량

용법 귤껍질과 감초는 깨끗이 씻어 누기를 주어 잘게 썬다. 잘게 썬 귤껍질과 감초를 물에 불렸다가 20분 정도 끓여 거르기를 3번 반복한 다음, 거른 액과 함께 약한 불에서 걸쭉해지도록 졸인다. 여기에 같은 양의 꿀을 넣고 더 끓여서 그릇에 담가 두고 한번에 1순가락씩 하루 2번 식전에 먹는다.

효능 비위를 보하고 소화를 도우며 습을 없애고 해독한다.

◎ 만삼기장약차

적응증 몸이 허약한 데, 입맛이 없는 데, 만성 위염, 만성 장염, 월경기에 설사하거나 붓는 데

재료 기장쌀(서미) 30g, 만삼 15~30g

용법 물에 불려 잘게 썬 만삼과 깨끗이 씻은 기장쌀을 물 2ℓ에 넣고 절반 되게 끓여 한꺼번에 마신다. 하루걸러 한번씩 3~4번

마시면 효과가 있다.

효능 폐기와 비기를 보한다.

◎ **만삼황기약차**

적응증 가슴이 두근거리고 숨이 찬 데, 입맛이 없고 설사를 하는 데, 빈혈, 월경기에 설사를 하며 붓는 데, 자궁하수

재료 만삼, 황기 각 250g, 설탕 500g

용법 만삼과 황기를 깨끗이 씻어 누기를 준 다음 잘게 썰어서 적당한 양의 물을 붓고 30분 정도 달여서 거르기를 3번 반복한다. 여과한 액과 함께 약한 불에서 걸쭉해질 때까지 달인다. 여기에 설탕을 넣고 고루 섞어서 햇볕에 말려 가루낸 다음 병에 넣어두고 한번에 10g씩 하루 2번 끓는 물에 타서 마신다.

효능 심비(心脾)와 폐를 보하고 혈압을 낮춘다.

◎ **산딸기(복분자)나무뿌리**

적응증 월경이 고르지 않고 옆구리가 아픈 데

용법 산딸기나무뿌리(잘게 썬 것) 150g에 물 1ℓ를 붓고 달여 200㎖가 되게 졸여서 한번에 1~2숟가락씩 하루 2~3번 따뜻한 물에 타서 식전에 먹는다.

◎ **단삼약술**

적응증 월경이 고르지 않는 데, 월경통, 심근장애, 협심증, 만성간염

재료 단삼 30g, 술 500g

용법 단삼을 깨끗이 씻어 축축해지면 잘게 썬다. 술병에 넣고 꼭

막아 매일 한번씩 흔들어주고 15일 후부터 마시기 시작한다. 한 번에 20㎖씩 하루 3번 식전에 먹는다.
효능 피를 잘 돌게 하고 어혈을 없애며 월경을 고르게 한다.

◎ 산사약술
적응증 피로한 데, 입맛이 없는 데, 월경통
재료 산사 500g, 40%의 술 300g
용법 산사를 깨끗이 씻어 씨를 빼버린 다음 산사와 술을 1:1의 비율로 병에 넣고 봉해서 1주일 정도 둔다. 그 사이에 자주 흔들어 준다. 한번에 10~20㎖씩 하루 2번 아침저녁에 마신다. 술을 다 마신 다음 다시 술 200㎖를 넣고 같은 방법으로 마신다.
효능 소화를 돕고 적(積)을 없애며 어혈을 없앤다.

◎ 생강대추고
적응증 월경통
재료 마른생강(건강), 대추, 설탕 각 30g
용법 마른생강은 짓찧어 거칠게 가루내고, 대추는 씨를 빼고 짓찧는다. 생강과 대추를 냄비에 넣고 설탕과 물을 넣어 끓여서 고약처럼 만든다. 하루 3번씩 이틀 동안에 먹는다.
효능 속을 덥히고 출혈을 멈추며 비위의 기능을 돕는다.

◎ 익모초향부자가루
적응증 월경통
용법 익모초와 향부자를 같은 양으로 보드랍게 가루내어 한번에 4g씩 하루 3번 식후에 먹는다.

치료경험 - 월경을 전후하여 허리와 아랫배가 아프고, 손발이 차며 유방이 불어나 아프며 월경량이 많은 환자 30명에게 위와 같은 방법으로 30일 동안 치료한 결과 유효율이 63.2%였다.

◎ 복숭아씨(도인), 익모초
적응증 월경 전 긴장증
용법 복숭아씨(짓찧은 것) 50g, 익모초 100g에 물 1ℓ를 붓고 500㎖가 되게 달인 것을 한번에 10~15㎖씩 하루 2~3번 식후에 먹는다.

◎ 해당화약차
적응증 위 및 십이지장궤양, 급성 및 만성 대장염, 만성 간염, 만성 담낭염, 월경 전에 유방이 불어나고 아픈 데
재료 해당화꽃잎(마른 것) 6~10g
용법 해당화꽃잎을 깨끗이 손질하여 찻잔에 담고 뜨거운 물을 부어 우려서 마신다.
효능 간열(肝熱)을 내리고 기를 잘 돌게 하며 통증을 멈춘다.

◎ 감국화약차
적응증 눈에 피가 지고 머리가 아픈 데, 고혈압병 때의 두통, 급성 결막염, 월경 때 어지럽고 잠이 잘 오지 않는 데
재료 감국화 30g, 설탕 적당량
용법 감국화를 깨끗이 손질하여 끓는 물을 부은 다음 뚜껑을 꼭 덮어서 30~50분 정도 두었다가

감국화

설탕을 적당히 넣고 수시로 마신다.

효능 풍열(風熱)을 없애고 머리와 눈을 시원하게 한다.

◎ 삼잎약차

적응증 노인의 기침, 만성 기관지염, 신경증, 고혈압, 협심증, 월경 때 잠이 잘 오지 않고 어지러운 데

재료 삼잎, 설탕 각 500g

용법 물에 깨끗이 씻어 적당히 썬 삼잎을 물에 넣고 20분 정도 끓여 거르기를 3번 반복한 다음 거른 액을 합하여 걸쭉해지도록 졸인다. 여기에 설탕을 넣고 고루 섞어 말린 다음 부스러뜨려 병에 넣어 두고 한번에 10g씩 끓는 물에 타서 마신다.

삼잎

효능 풍(風)을 없애고 정신을 안정시키며 기침을 멈춘다.

◎ 참대잎약차

적응증 열이 나고 가슴이 답답하며 갈증이 나는 데, 잠이 잘 오지 않는 데, 임신부가 가슴이 답답하고 불안한 데, 월경 때 잠이 잘 오지 않는 데

재료 참대잎(죽엽) 100g(마른 것은 50g), 설탕 50g

용법 참대잎을 깨끗이 씻어서 잘게 썬 다음 물을 붓고 1시간 정도 끓인다. 찌꺼기를 버리고 다시 약한 불에서 달여 걸쭉하게 될 때까지 졸인 다음 식혀서 설탕을 넣어 섞는다. 이것을 햇볕에 말려 덩어리가 된 다음 부스러뜨려 병에 넣어두고 한번에 10g씩 하루 2~3번 따뜻한 물에 타서 마신다.

효능 열을 내리고 가슴이 답답한 증세를 낫게 한다.

【찜질요법】

◎ 소금 찜질 소금 500g을 솥에 넣고 센 불로 볶은 다음 천주머니에 넣어 아랫배에 대고 30분 정도씩 찜질을 한다. 식으면 다시 뜨거운 것으로 갈아댄다. 아랫배가 아플 때에 효과가 있다.

◎ 약쑥(애엽), 불돌 찜질 축축하게 적신 약쑥잎을 수건에 고루 펴 놓고 그 위에 얇은 차돌을 불에 달구어 놓고 싸서 아랫배에 대고 찜질한다. 복통을 멈추는 효과가 아주 뚜렷하다.

◎ 식초, 약방동사니(향부자), 소금 찜질 소금 500g을 솥에 넣고 센 불에 볶다가 약방동사니(향부자)가루 30g을 넣고 고루 섞이게 저으면서 볶는다. 여기에 식초 150㎖를 조금씩 뿌리면서 고루 섞이게 한 다음 천주머니에 넣어 아랫배에 대고 30~60분 동안 찜질한다. 식으면 갈아댄다. 자궁내막염으로 월경곤란증이 심할 때 쓴다.

【뜸요법】

◎ 관원혈, 중극혈 배꼽 가운데(신궐혈)로부터 아래로 9.99㎝ 되는 곳(관원혈)과 아랫배 중심선상에서 두덩뼈 이음부의 윗가장자리(곡골혈)로부터 3.33㎝ 위 되는 곳(중극혈)에 보리알 크기의 뜸봉으로 하루

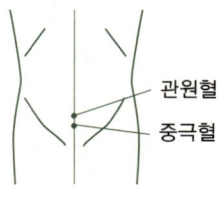

관원혈
중극혈

5~7장씩 월경하는 전 기간 동안 뜸을 뜬다. 관원혈과 중극혈 및 그 주위가 따뜻해지도록 뜸대뜸으로 쪼여주어도 효과가 있다.

◎ 대장수혈, 관원수혈 허리가 아플 때에는 4와 5허리등뼈 사이

에서 양옆으로 각 6.66cm 되는 곳(대장수
혈), 5허리등뼈와 1엉덩이뼈 사이에서 양옆
으로 각 6.66cm 되는 곳(관원수혈)에 뜸을
5~7장 뜬다.

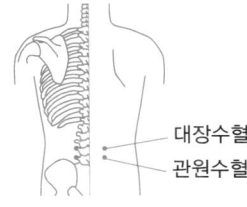

대장수혈
관원수혈

◎ 삼음교혈, 중극혈, 기해혈 안쪽 복사뼈의 중심선에서 곧추 위
로 9.99cm 올라가서 굵은 정강이뼈(경골)의 뒷가장자리(삼음교
혈)와 아래뼈의 중심선상에서 두덩뼈 이음부의 윗가장자리(곡골
혈)로부터 3.33cm 위 되는 곳(중극혈), 배꼽 가운데(신궐혈)로부
터 5cm 되는 곳(기해혈)에 팥알 크기의 뜸봉으로 하루 3~5장씩
10일 동안 뜬다. 또는 뜸쑥으로 지름 1.5cm 정도 되게 담배개비
처럼 길게 말아서 만든 뜸대뜸에 불을 달아 삼음교혈, 중극혈, 기
해혈이 있는 부위에 10~20분 동안 쪼여준다.

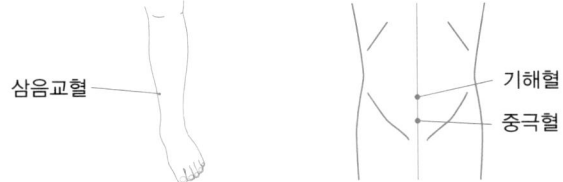

삼음교혈

기해혈
중극혈

【부항요법】

◎ 배꼽에서 5cm 아래로부터 13.32cm 아래까지의 부위에 부항을
붙인다. 병조림통(500g 들이)의 밑바닥 안에 솜 또는 종이를 골
고루 깔고 불을 달아 붙인다. 처음에는 못 견딜 정도로 빨아들이
지만 1~2분 지나면 편안한 감을 주는데 10~20분 동안씩 하루
한번 붙인다. 월경 전(아플 때)부터 붙이기 시작하여 5~7일 동안
계속 붙인다.

3. 자궁 관련 질환

1) 질염

질 점막에 생긴 염증을 말하는데 이 질병을 일으키는 병균에 따라 단순성 질염, 트리코모나스성 질염, 칸디다질염 등으로 나눈다.

원인

단순성 질염은 화농균이나 대장균 감염으로 생기고 물리화학적 자극에 의해서도 생긴다. 트리코모나스성 질염은 트리코모나스원충에 의하여 생긴다. 칸디다질염은 보통 세균과 다른 곰팡이속에 속하는 미생물에 의하여 생기는데, 흔히 페니실린을 비롯한 항생제를 오랫동안 많이 쓸 때 생긴다.

증상

단순성 질염 때는 국소가 벌겋게 붓고 대하가 많으며 때로는 역한 냄새가 난다. 흔히 외음부가 가렵고 화끈 달아오르며 아프다. 만성으로 되면 분비물이 적어지면서 질벽이 얇아진다.

트리코모나스성 질염 때에는 누르스름하면서 푸른색을 띠는 거품이 섞인 대하가 많이 내린다. 질 점막은 충혈되어 조금만 다쳐도 피가 난다. 외음부는 몹시 가렵고 아랫배가 묵직한 감이 있다. 때로는 오줌이 잦고 오줌을 눌 때 아프다.

칸디다질염 때는 질안뿐 아니라 입안, 직장 점막도 벌겋게 되며 외음부가 가렵고 대하가 많이 흐르며 질입구, 소음순, 대음순에 흰 막이 덮인다.

치료

음부를 깨끗이 씻은 다음 자연요법을 적용한다. 단순성이나 트리코모나스에 다 쓸 수 있다.

【생활섭생】

◎ 월경 또는 임신 때 그리고 인공유산, 수술을 한 뒤에는 위생을 잘 지키며 음부를 늘 깨끗이 해야 한다.
◎ 몸을 늘 깨끗이 하며 늪 같은 데서 목욕을 하지 말아야 한다.

【약초요법】

◎ 마늘
적응증 질염
용법 마늘 적당량을 짓찧어 즙을 짠 데다 2배 분량의 글리세린을 섞어 약솜에 묻혀서 질강에 넣고 4~12시간 지나서 뺀다. 마늘즙에 끓인 물을 4~5배 타서 넣어도 된다.
효능 마늘즙은 질트리코모나스 원충을 죽이는 작용을 한다.
치료경험 – 트리코모나스성 질염 환자를 위의 방법으로 3~5번 치료한 결과 임상증상이 뚜렷하게 좋아졌다.

◎ 무

적응증 질염

용법 무 적당량을 깨끗이 씻고 알코올약솜으로 잘 닦은 다음 짓
찧어서 즙을 내어 한번에 1~2숟가락씩 소독된 약천에 싸서 질강
에 넣어준다. 반드시 과망간산칼리용액으로 외음부와 질강을 씻
은 다음 넣으며 하루 한번씩 갈아넣는다.
치료경험 – 트리코모나스성 질염 환자 68명을 위의 방법으로 치료한 결
과 보통 2~3일 지나서부터 외음부의 가려운 감, 달아오르는 감, 아랫배
의 묵직한 감, 통증 등의 증상이 없어지고 분비물이 정상으로 되었다.
그 유효율은 76%였다.

◎ 향나무

적응증 질염

용법 향나무 500g을 잘게 썰어 물 2ℓ에 넣고
30분 동안 끓여서 찌꺼기를 짜버린 다음 그 물
로 질강을 씻는다.
치료경험 – 아급성 및 만성 질염, 단순성 자궁질부미
란 환자 24명을 위의 방법으로 치료한 결과 19명이
2개월 안에 나았다. 분비물이 없어졌으며 균도 나오
지 않았다.

향나무

◎ 복숭아나무잎

적응증 질염

용법 신선한 복숭아나무잎 30~40g에 물 1ℓ를 두고 20분 동안
달여서 하루 한번씩 질강을 씻어준다.

치료경험 – 트리코모나스성 질염 환자 60명을 위의 방법으로 치료한 결과 54명이 나았다.

◎ 할미꽃뿌리(백두옹)

적응증 질염

용법 할미꽃뿌리 20g에 물 500㎖를 두고 30분 동안 달인 다음 찌꺼기를 짜버리고 그 물로 질강을 씻어준다. 할미꽃뿌리 달인 물을 걸쭉해지도록 졸여서 약솜에 묻혀 염증 부위에 밀어 넣어도 된다.

할미꽃

치료경험 – 트리코모나스성 질염 환자 30명을 위와 같은 방법으로 치료한 결과 유효율이 86.7%였다.

※할미꽃뿌리 달임약은 시험관 안에서 질트리코모나스 원충을 죽였다.

◎ 살구씨(행인)

적응증 질염

용법 살구씨 적당량을 불에 볶아 보드랍게 가루낸 것을 바셀린에 섞어서 풀지게 갠 다음 약솜뭉치에 묻혀 질강에 24시간 동안 넣어 두었다가 뺀다. 뽕잎 달인 물로 외음부와 질강을 씻고 넣어주는 것도 좋다.

효능 살구씨에 들어 있는 정유 성분은 원충을 죽이는 작용을 한다.

살구씨

치료경험 – 외음부가 가려운 환자 136명을 위의 방법으로 치료한 결과 유효율이 90%였다. 보통 3~4번 만에 가려움이 멎었다. 살구씨에 2배 분량의 물을 붓고 짓찧어서 짜낸 즙에 약천을 적셔 질강에 3~4시간 넣어주는 방법으로 트리코모나스성 질염 환자 6명을 치료한 데서도 모두 나았다.

◎ 황경피나무껍질(황백)

적응증 질염

용법 황경피나무껍질 50g을 물 500㎖에 넣고 달여서 찌꺼기를 짜버린 다음 다시 물엿처럼 걸쭉하게 졸인 것을 솜뭉치에 묻혀서 매일 또는 하루건너 한번씩 질강에 밀어 넣는다. 젖산을 섞어서 쓰면 더 좋다.

◎ 황경피나무껍질(황백), 흰삽주(백출), 아마존뿌리(백미)

적응증 질염

용법 황경피나무껍질(약간 구운 것) 50g, 아마존 뿌리 10g, 흰삽주 40g을 보드랍게 가루내어 한번에 8g씩 하루 3번 식전에 먹는다.

효능 트리코모나스 원충을 비롯한 질세균에 대한 억균작용이 있으므로 가려움, 작열감을 없애며 부은 질벽을 가라앉힌다.

아마존뿌리

◎ 황경피나무껍질(황백), 글리세린, 아교

적응증 트리코모나스성 질염

용법 황경피나무껍질, 아교 각 같은 분량을 보드랍게 가루내어 글리세린에 갠 다음 밤알 크기로

황경피나무껍질

알약을 만들어 잠잘 무렵에 질강 안에 밀어 넣는다. 3번 정도 하면 효과가 있다.

◎ 황경피나무껍질(황백), 젖산, 꿀

적응증 질염

용법 황경피나무껍질 조후엑기스가루와 젖산을 같은 분량으로 섞어 꿀에 개어서 솜뭉치에 묻혀 질강에 하루 한번 또는 하루걸러 한번씩 넣어준다.

치료경험 – 대하가 많고 음부가 가려운 질염 환자 31명을 위의 방법으로 치료한 결과 27명이 나았다. 그 가운데서 7번 만에 나은 환자가 8명, 10번 만에 나은 환자가 9명, 14번 만에 나은 환자가 10명이었다.

◎ 흰맨드라미꽃(백계관화)

적응증 질염

용법 흰맨드라미꽃을 말려 가루낸 것 8g을 더운 술에 타서 한번에 먹는다.

효능 트리코모나스 원충을 죽이는 작용이 있으므로 트리코모나스 질염을 낫게 하며 가려움증을 없애고 대하가 나오는 것을 멎게 한다.

◎ 맨드라미꽃연뿌리약가루

적응증 트리코모나스성 질염, 대장염

재료 맨드라미꽃(생것), 생연꽃뿌리즙, 설탕 각 500g

용법 맨드라미꽃을 깨끗이 씻어 썰고 여기에 적당량의 물을 부은 다음 20분 정도 끓여서 수분을 없앤다. 다시 물을 붓고 끓이기를

3번 반복하여 얻은 탕액을 합해서 걸쭉해질 때까지 졸인다. 여기에 연꽃뿌리즙을 넣고 다시 열을 가하여 졸이다가 설탕을 넣고 다시 졸인다. 설탕을 넣고 고루 섞어서 햇볕에 말려 거칠게 가루낸다. 한번에 10g씩 하루 3번 따뜻한 물에 타서 먹는다.

효능 지혈 및 지사작용, 질트리코모나스를 치료하는 효능이 있다.

◎ 뱀도랏열매(사상자)

적응증 질염

용법 뱀도랏열매 50~60g를 물 1ℓ에 넣고 30분 동안 끓여서 찌꺼기를 짜버린 다음 그 물로 질강을 자주 씻는다.

치료경험 – 트리코모나스성 질염 환자를 위의 방법으로 치료한 결과 트리코모나스 원충이 없어졌고, 대하도 적어졌으며 가려움도 멎었다.

◎ 뱀도랏열매(사상자), 대황, 백반, 인동덩굴꽃(금은화)

적응증 질염

용법 각 같은 분량을 보드랍게 가루내어 질벽에 뿌려주거나 솜뭉치에 묻혀 질강 안에 넣는다. 그리고 뱀도랏열매 10g과 백반 6g을 보드랍게 가루내어 섞어 질벽에 뿌려준다. 또한 뱀도랏열매와 인동덩굴꽃을 각 10g씩 섞어 달인 물로 음부와 질 안을 하루 한번씩 씻어준다.

효능 뱀도랏열매는 트리코모나스원충을 죽이는

인동덩굴꽃

작용이 있으며, 대황, 백반, 인동덩굴꽃은 염증을 삭이는 작용이 있다. 이 약을 같이 쓰면 염증을 낮게 하는 작용이 더 세게 나타난다.

◎ **백반**

적응증 질염

재료 백반 적당량

용법 바닷물에 백반을 4% 되게 타서 끓인 다음 걸러서 질강을 씻는다.

치료경험 - 자궁질부미란이 겹친 질염 환자 50명을 위의 방법으로 치료한 결과 20일 사이에 염증소견(분비물, 요통 등)과 미란이 88%에서 없어졌다.

2) 기능성 자궁출혈

자궁내막에서 피가 나오는 질병이다.

원인

신경호르몬의 월경기능조절장애가 그 원인이다. 특히 여포호르몬이 많이 분비되거나 또는 적은 양이라도 오랜 기간 계속 분비되어 정상 한계를 넘었을 때 원인이 된다.

간은 본래 이 여포호르몬을 파괴하는 작용을 하는데 여포호르몬이 지나치게 많이 분비되어 그것을 다 파괴해내지 못하거나, 간질병으로 여포호르몬을 파괴하는 기능을 잃게 될 때에도 생길 수 있다. 이밖에 자궁내막에서 감수성이 높아지는 것, 남성 호르몬, 항체 호르몬이 모자라거나 없을 때 발병할 수 있다.

증상

가장 특징적인 증상은 월경주기가 일정하지 않은 것이다. 2~3개월 월경이 없다가 갑자기 많은 양의 피가 흘러내리는 경우도 있고, 10~20일 심지어는 1~2개월 동안 계속 피가 조금씩 흘러내리는 경우도 있다. 피를 많이 잃게 되어 환자는 얼굴이 하얘지고 손발이 싸늘해지며 몸이 몹시 허약해진다. 또한 숨이 가쁘고 가슴이 몹시 두근거리며 어지럼증, 식욕부진, 소화장애 등의 증상도 나타난다. 이 때 대부분 자궁은 조금 커져 있다.

자연요법은 단독으로도 쓸 수 있으나 증상치료, 호르몬치료, 필요에 따라서는 자궁내막소파 등 병원 치료와 함께 쓰는 것이 좋다.

【생활섭생】

◎ 피가 많이 흐를 때에는 안정하면서 아랫배에 찬물찜질, 얼음찜질을 한다.
◎ 영양가가 높은 고단백식사를 하는 것이 좋다.

【음식요법】

◎ 고사리 뿌리
적응증 자궁출혈
용법 고사리 뿌리를 하루 40g씩 물에 달여 2~3번에 나누어 먹는다. 또는 보드랍게 가루내어 한번에 4~5g씩 하루 3번 먹어도 된다.
치료경험 – 자궁부정출혈 환자 46명을 위의 방법으로 치료한 결과 1명을 제외하고 모두에게서 피가 멎었다. 24시간 만에 피가 멎은 환자는 21.7%(10명), 3일 만에는 84.8%, 4일 만에는 98%였다.

◎ 달래

적응증 기능성 자궁출혈, 월경불순, 월경이 없는 데

용법 달래 적당량을 날것으로 먹거나 검게 태워 가루낸 것을 먹는다.

◎ 부추

적응증 자궁출혈

용법 부추 250g을 술에 넣고 끓여 먹는다. 또는 생부추를 뿌리째로 짜서 한번에 50㎖씩 하루 2번 아침저녁 공복에 먹는다.

◎ 호박순

적응증 자궁출혈

용법 호박순을 하루 50~60g씩 물에 달여 2~3번에 나누어 먹는다.

◎ 호두살

적응증 자궁출혈

용법 호두살을 약성이 남게 태워서 한번에 50개 분량씩 술 1잔과 함께 빈속에 먹는다.

◎ 연뿌리약탕

적응증 기능성 자궁출혈, 월경량이 많은 데

재료 연뿌리(연근) 5~6마디, 설탕 적당량

용법 연뿌리를 깨끗이 손질하여 썰어 가루낸 다음 설탕물에 달여 먹는다.

효능 출혈을 멈추고 수렴한다.

◎ 굴약국

적응증 앓고난 후, 월경량이 많은 데, 기능성 자궁출혈

재료 굴(생것) 250g, 닭고기국물(혹은 돼지고기국물), 소금, 조미료 각 적당량

용법 깨끗이 손질한 굴을 닭고기국물(혹은 돼지고기국물)에 넣고 약간 끓여서 소금과 조미료를 쳐서 먹는다.

효능 음혈(陰血)을 보한다.

◎ 밀가루술

적응증 기능성 자궁출혈

용법 밀가루 200g과 18%의 술 500㎖를 섞어 풀처럼 끓이고 여기에 방풍가루 8~10g을 넣어 고루 섞어서 한번에 식사 대신 먹는다. 다음 식사에 같은 방법으로 한번 더 먹으면 좋다. 방풍가루가 없으면 그냥 먹어도 된다.

치료경험 - 기능성 자궁출혈 환자 22명을 위의 방법으로 4~6번 치료하여 20명에게서 효과를 보았다.

◎ 쇠고기완두약국

적응증 영양장애성 부종, 몸이 무겁고 소변이 잘 나오지 않는 데, 산후에 땀이 나는 데, 기능성 자궁출혈

재료 쇠고기 150g, 완두 150g, 소금 적당량

용법 불린 완두와 잘게 썬 쇠고기에 물을 붓고 끓여서 소금으로 간을 맞추어 식기 전에 먹는다.

효능 비위를 튼튼하게 하고 기를 보하고 부종을 내린다.

◎ 섭조개돼지고기약탕

적응증 기능성 자궁출혈

재료 섭조갯살, 돼지고기 각 100g

용법 섭조갯살과 돼지고기를 함께 끓여 하루 2번에 나누어 먹는다.

효능 월경을 고르게 하고 몸을 보한다.

◎ 가지약찜

적응증 기능성 자궁출혈, 산후 오로가 잘 나오지 않는 데

재료 가지 1~2개, 기름, 소금 각 적당량

용법 가지를 깨끗이 씻어 2~4조각으로 쪼개고 증기에 쪄서 익힌 다음 기름과 소금을 쳐서 맛을 내어 먹는다.

효능 열을 내리고 부은 것을 없애며 통증을 멈춘다.

◎ 미나리연뿌리약볶음

적응증 월경불순, 기능성 자궁출혈, 황대하

재료 미나리(생것), 연뿌리 각 120g, 땅콩기름 15g, 소금, 조미료 적당량

용법 솥에 땅콩기름을 두르고 볶다가 적당한 길이로 썬 미나리와 연뿌리를 솥에 넣는다. 5분 정도 볶아서 소금과 조미료를 치고 간을 맞춘다. 하루 2~3번에 나누어 먹는다.

효능 피를 맑게 하고 월경을 고르게 하며 출혈을 멈추고 소변이 잘 나오게 한다.

◎ 부추찹쌀약술

적응증 기능성 자궁출혈

재료 부추, 찹쌀술 각 적당량

용법 부추를 깨끗이 씻어 잘게 썬 다음 찹쌀술에 넣고 약간 끓인다. 한번에 1잔씩 하루 3번 식전에 마신다.

효능 간, 신을 보하고 출혈을 멈춘다.

◎ 돼지껍질대추약찜

적응증 기능성 자궁출혈

재료 돼지껍질 60g, 대추 15g

용법 돼지껍질을 깨끗이 손질하여 잘게 썰고 대추는 씨를 뺀 다음 모두 사기그릇에 담아 끓는 솥 안에 들여놓고 익을 때까지 쪄서 한번에 먹는다.

효능 혈맥을 잘 통하게 하고 피부를 윤택하게 한다.

◎ 돼지껍질약단묵

적응증 기능성 자궁출혈, 빈혈증, 월경량이 많은 데

재료 돼지껍질 1,000g, 술, 설탕 각 250g

용법 털을 깨끗이 없앤 돼지껍질을 물로 씻은 다음 잘게 썰어 솥에 넣고 물을 붓는다. 약한 불에서 오래 끓여 풀어질 정도가 되면 술과 설탕을 넣고 고루 섞어 잠시 끓인 다음 그릇에 담아 식혀서 적당한 크기로 자른다. 여러번에 나누어 식전에 먹는다.

효능 혈과 음을 보하고 출혈을 멈춘다.

◎ 돼지껍질오징어뼈약탕

적응증 기능성 자궁출혈

재료 오징어뼈(오적골) 15g, 돼지껍질 60g

용법 오징어뼈는 부스러뜨리며 돼지가죽은 잘게 썬다. 이것을 냄비에 넣고 750㎖의 물을 부어 약한 불에서 충분히 끓인 다음 가죽이 푹 삶아지면 식기 전에 먹는다. 3~5번 먹으면 효과가 있다.
효능 출혈을 멈춘다.

◎ 닭고기오징어뼈약찜
적응증 기능성 자궁출혈
재료 닭고기 90g, 오징어뼈(오적골) 30g, 소금, 조미료 각 적당량
용법 닭고기를 깨끗이 손질하여 썰고 오징어뼈는 보드랍게 가루낸 다음 닭고기와 오징어뼈가루를 고루 섞어 사기그릇에 담는다. 여기에 물과 소금을 적당히 넣고 시루에서 닭고기가 푹 익도록 찐다. 여기에 조미료를 쳐서 맛을 돋우어 식기 전에 먹는다.
효능 출혈을 멈추고 수렴하며 속을 덥히고 기(氣)와 정(精)을 보한다.
　　　※혈어형, 혈열형 자궁출혈에는 효과가 없다.

◎ 닭발고추뿌리약탕
적응증 기능성 자궁출혈
재료 닭발 2~4쌍, 고추뿌리(신선한 것) 50g.
용법 고추뿌리를 물에 씻어 잘게 썰고 깨끗하게 손질한 닭발과 함께 물에 끓여 하루 2~3번에 나누어 식후에 먹는다. 출혈이 멎은 다음에도 5~10일 정도 계속 써야 치료효과를 높일 수 있다.
효능 지혈작용을 한다.
치료경험 – 기능성 자궁출혈 환자 31명을 위의 방법으로 치료한 결과

2~3일 안에 모든 예에서 피가 멎었으며 월경주기도 회복되었다. 원격 관찰에서 재발한 환자는 2명뿐이었다.

◎ 표고버섯해삼약탕
적응증 기능성 자궁출혈
재료 표고버섯 10g, 해삼 2개
용법 표고버섯과 해삼을 물과 함께 끓여 한번에 먹는다.
효능 음을 보하고 해독한다.

◎ 감인약지짐
적응증 기능성 자궁출혈, 산후 식은땀이 나는 데, 노인이 가슴이 답답하고 소화가 안 되며 가래가 많은 데
재료 감인 90g, 닭위속껍질(계내금) 45g, 밀가루 125g, 설탕 적당량
용법 감인은 껍질을 벗겨서 계내금과 함께 가루낸 다음 밀가루와 설탕을 모두 섞어 지짐반죽을 한다. 달군 프라이팬에 기름을 두르고 지져서 식사로 먹는다.
효능 비위를 보하고 소화를 도우며 담을 삭인다.

◎ 익모초달걀약찜
적응증 월경불순, 월경통, 기능성 자궁출혈, 산후 오로가 잘 나오지 않는 데
재료 익모초 30g, 달걀 2개
용법 달걀과 익모초(물에 씻어 축축하게 하여 자른 것)를 물과 함께 냄비에 넣고 끓여서 달걀이 익으면 익모초는 짜내고 달걀은

껍질을 벗겨버리고 다시 냄비에 넣어 1~3분 정도 끓인다. 하루 2
번에 나누어 먹는다. 월경통에는 술을 약간 넣어 먹는다.
효능 피를 잘 돌게 하고 어혈을 없앤다. 산후 자궁회복을 촉진시
킨다.

◎ 냉이익모약탕
적응증 기능성 자궁출혈, 산후 출혈
재료 냉이, 익모초 각 30g, 설탕 적당
용법 냉이와 익모초를 깨끗이 씻어 자른 다음 냄비에 물과 함께
넣고 20분 정도 끓이다가 설탕을 넣는다. 한번에 1컵씩 하루 3번
공복에 먹는다.
효능 출혈을 멈추고 어혈을 없앤다.

◎ 냉이익모초약볶음
적응증 기능성 자궁출혈
재료 냉이(생것), 익모초(생것), 땅콩기름 각 30g
용법 익모초와 냉이를 다듬어 깨끗이 씻고 잘게 썬다. 먼저 냄비
에 땅콩기름을 두르고 볶다가 2가지 약을 넣어 볶아낸다. 한번에
먹는다.
효능 피를 잘 돌게 하고 어혈을 풀며 월경을 고르게 하고 출혈을
멈춘다.

◎ 굴감인약죽
적응증 기능성 자궁출혈(혈열형, 비허형)
재료 굴 250g, 감인 120g

용법 굴을 씻어 껍데기를 벗긴 다음 알맹이를 감인과 함께 냄비에 넣고 물을 부어 죽을 쑨다. 굴 껍데기에 물 1ℓ를 붓고 따로 3~4시간 끓여서 그 국물을 죽과 함께 먹으면서 마신다. 5~7번 먹으면 효과가 있다.

효능 정신을 안정시키고 수렴하며 비(脾)를 튼튼하게 하고 설사를 멈추며 신정을 돕는다.

　　※혈어형(血瘀型)에는 쓰지 않는다.

◎ 양고기당귀생지황약국

적응증 월경량이 많은 데, 기능성 자궁출혈

재료 양고기 150~200g, 당귀, 생지황 각 30g, 소금 적당량

용법 먼저 당귀를 물에 씻어 불렸다가 자르고 생지황은 물에 씻어 그대로 자른다. 양고기를 손질하여 잘게 썰어서 솥에 모두 넣고 충분히 끓여 소금으로 간을 맞춘 다음 먹는다.

효능 기혈을 보하고 피를 잘 돌게 하며 출혈을 멈춘다.

◎ 양고기당귀생지황약볶음

적응증 앓고난 후, 산후 몸이 허약한 데, 기능성 자궁출혈

재료 양고기 500g, 당귀, 생지황 각 15g, 건강 10g, 소금, 설탕, 술 각 적당량

용법 양고기를 깨끗이 손질하여 잘게 썰어 냄비에 담고 여기에 당귀, 생지황, 건강, 소금, 설탕, 술을 넣고 한참 재워 두었다가 볶은 다음 약은 골라내고 식기 전에 먹는다.

효능 몸을 보하고 비위를 덥혀준다.

◎ 양고기당귀생지황약탕

적응증 기능성 자궁출혈, 몸이 허약한 데

재료 양고기 300g, 당귀, 마른생강(건강) 각 20g, 생지황즙 200g

용법 먼저 당귀와 마른생강을 깨끗이 씻어 잘게 썬다. 생지황즙에 물 1ℓ 정도 붓고 양고기와 함께 끓이다가 약을 넣고 다시 달여서 하루 3~4번에 먹는다. 1주일 정도 계속 한다.

효능 몸을 보하고 출혈을 멈춘다.

※이 약을 먹고 설사를 하면 당귀의 용량을 줄인다.

◎ 인삼시금치약만두

적응증 몸이 허약한 데, 마음이 불안하고 가슴이 두근거리는 데, 기능성 자궁출혈, 산후에 식은땀이 나는 데

재료 인삼가루 12g, 돼지고기 500g, 시금치 750g, 밀가루 300g, 생강, 파, 후추, 간장, 참기름, 소금 각 적당량

용법 시금치는 다듬어 깨끗이 씻은 후 짓찧어 즙을 짠다. 돼지고기는 깨끗이 씻어 다진 다음 양념과 인삼가루를 섞어 소를 만든다. 밀가루를 시금치즙으로 반죽한 다음 소를 넣으면서 만두를 빚어 익혀서 하루 2~3번에 나누어 식전에 먹는다.

효능 기와 음을 보하고 정신을 맑게 한다.

【약초요법】

◎ 측백잎

적응증 기능성 자궁출혈

용법 측백잎을 거멓게 태워 보드랍게 가루낸 다음 한번에 4~6g

씩 하루 3번 식후에 먹는다. 또는 하루 20~25g씩
물에 달여 2번에 나누어 먹어도 좋다.
　　※지혈 효과는 거멓게 태워 먹을 때 제일 좋고, 또
가루내어 먹는 것보다 물에 달여 먹을 때 더 좋다.

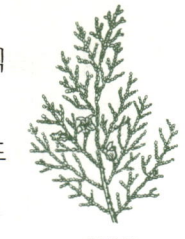

측백잎

◎ 엉겅퀴(대계)

적응증 기능성 자궁출혈
용법 신선한 엉겅퀴 전초를 하루 20~30g씩 물에
달여 2~3번에 나누어 먹는다.

엉겅퀴

◎ 기린초(비채)

적응증 기능성 자궁출혈
용법 신선한 기린초 전초를 하루 30~60g씩 물에 달여 2~3번에
나누어 식후에 먹는다.

◎ 바위손(권백)

적응증 기능성 자궁출혈
용법 바위손을 하루 20~30g씩 물에 달여 3번에 나누어 식후에
먹는다.
치료경험 – 기능성 출혈 환자를 위의 방법으로 치료한 결과 1~3일 안
에 피가 멎었다.

◎ 좀양지꽃 뿌리

적응증 기능성 자궁출혈, 자궁근종으로 인한 출혈, 과다월경
용법 좀양지꽃 뿌리를 하루 10~20g씩 물에 달여 2~3번에 나누

어 빈속에 먹는다.

치료경험 - 기능성 자궁출혈, 자궁근종으로 인한 출혈, 과다월경 환자 353명을 좀양지꽃 뿌리 알코올우림액(1 알에 1g씩 들어가게)으로 알약을 만들어 한번에 2~4알씩 하루 3번 먹이는 방법으로 치료한 결과 유효율이 85.3%였다.

좀양지꽃

　　※좀양지꽃은 우리나라 북부와 중부의 풀밭, 비탈진 돌땅, 관목림에서 자라는 여러해살이 풀이다.

◎ 짚신나물(낭아초)

적응증 성기출혈, 자반병을 비롯한 여러가지 출혈성 질병

용법 짚신나물을 하루 10~20g씩 물에 달여 2번에 나누어 먹는다.

짚신나물

　　※현대의학에서 지혈제로 쓰이는 아그리모닌 주사약도 짚신나물에서 뽑아낸 성분으로 만든 것으로서, 지혈작용이 있다는 사실이 과학적으로 밝혀졌으며 강심작용, 혈압상승작용 등도 확인되었다.

◎ 매화열매(매실)

적응증 기능성 자궁출혈

용법 매화열매를 하루 24~30g씩 물에 달여 2번에 나누어 먹는다. 약으로는 설익은 열매를 따서 가공하여 쓴다.

매화열매

치료경험 - 기능성 자궁출혈 환자를 위의 방법으로 치료한 결과 에르고틴 주사약을 쓸 때보다도 치료효과가 더 좋았다.

◎ 조뱅이(소계), 쇠무릎풀(우슬)

적응증 기능성 자궁출혈

용법 조뱅이, 쇠무릎풀 각 50g에 물 400㎖를 붓고 달여서 찌꺼기를 짜버린 다음 다시 100㎖되게 졸이고 여기에 95%의 알코올 20~30㎖를 섞어서 병에 넣어 7일간 두었다가 위에 뜬 물을 한번에 4~5㎖씩 하루 3~4번 식간에 먹는다.

조뱅이

효능 약리실험에서 자궁수축작용이 증명되었고, 임상연구에서는 산후자궁출혈을 멈추는 작용이 밝혀졌다.

치료경험 – 위와 같은 방법으로 만든 물약으로 기능성 자궁출혈을 치료하여 효과를 보았다는 임상자료도 보고 되었다.

◎ 칡뿌리(갈근), 목화씨

적응증 기능성 자궁출혈

용법 칡뿌리 30g과 목화씨 10~20알을 물에 달여 하루 3번에 나누어 식후에 먹는다. 찌꺼기는 배꼽에 붙이고 2시간 정도 찜질한다.

치료경험 – 자궁부정출혈 환자 20명을 위의 방법으로 치료한 결과 17명에게서 효과가 나타났다. 자궁암으로 인한 자궁출혈 환자 5명에게 이 약을 쓴 결과 2명에게서 효과가 있었다.

◎ 꼭두선이뿌리(천초근)

적응증 기능성 자궁출혈

재료 꼭두선이뿌리 20g

용법 거멓게 볶은 다음 하루 15~20g씩 물에 달여 2~3번에 나누어 식후에 먹는다. 또는 줄기를 하루 30~60g씩 물에 달여 2~3

번에 나누어 먹어도 된다.

◎ 연꽃받침(연방)
적응증 기능성 자궁출혈
용법 연꽃받침을 약성이 남게 태운 다음 보드랍게 가루내어 한번에 6~8g씩 따뜻한 술로 먹는다.

◎ 꾸지나무껍질, 형개
적응증 기능성 자궁출혈
용법 꾸지나무껍질, 형개 각 같은 양을 보드랍게
가루내어 한번에 4~5g씩 식초에 타서 먹는다.

꾸지나무

    ※꾸지나무는 우리나라 중부, 남부의 해발
100~700m 사이의 양지바른 산기슭, 마을 주변, 밭둑에서 자라는
낙엽성 활엽소교목인데 높이가 4~5m쯤 되며 나무껍질은 회색으로 매끈하다. 열매와 어린 잎은 먹을 수 있고 약재로도 쓰인다.

◎ 감나무잎
적응증 기능성 자궁출혈
용법 서리맞아 떨어진 감나무잎을 깨끗이 씻어 햇볕에 말린 다음 가루내어 한번에 5g씩 하루 3번 식전에 먹는다.

◎ 감나무잎차
적응증 피로, 불면증, 두통, 어지럼증, 머리가 무거운 감, 가슴이 두근거리는 것, 가슴이 답답한 데, 변비, 잇몸에서 피가 나는 데, 코피, 갱년기여성의 자궁출혈

용법 감나무잎 30g을 90~100℃의 물 1ℓ에 3~4분 정도 우려서 차를 만들어 한번에 150㎖씩 하루 3번 이상 마신다.

치료경험 – 육체적 노동을 하는 사람 42명(1조), 정신적 노동을 하는 사람 20명(2조) 등 모두 62명(상대적으로 건강한 사람)을 외래 조건에서 감나무잎 30g을 90~100℃의 물 1ℓ에 3~4분 정도 우려서 차를 만들어 한번에 150㎖씩 하루 3번 이상 먹이는 방법으로 90일 동안 치료했다. 그 결과 피로감 64.5%(40명), 불면증, 두통, 어지럼증, 머리가 무거운 감, 가슴이 두근거리는 것, 가슴이 답답한 증상이 70% 정도에서 없어졌고 변비가 있던 사람은 변이 무르게 되고 소변색이 맑아졌다. 이와 함께 잇몸에서 피가 나는 것, 코피, 갱년기여성의 자궁출혈 등의 증상이 대상환자의 88.2%에서 없어졌다.

◎ 삼색비름

적응증 기능성 자궁출혈

용법 삼색비름 전초를 하루 30~60g씩 물에 달여 2~3번에 나누어 빈속에 먹는다.

※삼색비름은 우리나라 전역에서 주로 관상식물로 재배하는 일년생 풀인데, 높이가 80~150㎝쯤 된다.

삼색비름

◎ 홰나무꽃(괴화)

적응증 기능성 자궁출혈

용법 홰나무꽃을 하루 10~15g씩 물에 달여 2~3번에 나누어 식후에 먹는다.

홰나무꽃

◎ 꽃수염풀(광대수염)

적응증 기능성 자궁출혈

용법 꽃수염풀 전초를 하루 15~20g씩 물에 달여 2~3번에 나누어 식후에 먹는다.

꽃수염풀

※꽃수염풀은 우리나라 각지의 산림, 개울가, 풀숲, 저수지둑, 밭둑, 오리나무, 개암나무 아래에서 자라는 높이 40~70cm의 여러해살이 풀이다.

◎ 도꼬마리(창이)

적응증 기능성 자궁출혈

용법 도꼬마리 전초를 하루 20~30g씩 물에 달여 2~3번에 나누어 먹는다. 증세가 가벼우면 3~5일, 증세가 심하면 7~10일 정도 먹는다.

◎ 약쑥, 부들꽃가루(포황), 민들레

적응증 기능성 자궁출혈

용법 약쑥(불에 태운 것) 30g, 부들꽃가루, 민들레 각 15g을 물에 달여 하루 2~3번에 나누어 먹는다.

◎ 털딱지꽃

적응증 기능성 자궁출혈, 코피, 토혈, 피오줌

용법 신선한 털딱지꽃 전초를 하루 20~30g씩 물에 달여 2~3번에 나누어 먹는다.

털딱지꽃

치료경험 – 자궁출혈, 코피, 토혈, 피오줌 등 여러가지 출혈 환자 112명을 위의 방법으로 치료한 결과 다 나은 환자가 66명, 좀 나은 환자가 29명이었다. 특히 자궁출혈에 효과가 좋았다.

※털딱지꽃은 딱지꽃(호미초)에 비하여 식물체에 털이 많은 것이 특징이다. 우리나라 북부와 중부의 산, 들판, 강변이나 해변의 모래땅, 길가, 양지바른 언덕에서 자라는 여러살이 풀로 높이 30~60cm쯤 되며 식물체는 지혈제, 소염제로 쓰인다.

◎ 개암풀열매(파고지)

적응증 기능성 자궁출혈

용법 개암풀열매 30g을 물에 달여 하루 2~3번에 나누어 먹는다.

치료경험 - 자궁출혈 환자 141명을 위의 방법으로 치료한 결과 90.3%에서 피가 멎었다.

◎ 개암풀열매(파고지), 적석지

적응증 기능성 자궁출혈

용법 개암풀열매 100g을 졸여서 얻은 물엑기스에 적석지 100g을 두고 반죽해서 알약을 만들어 한번에 4~5g씩 하루 3번 식후에 먹는다.

효능 약리실험에서 출혈 시간을 줄이고 자궁을 수축시키는 작용이 증명되었다.

치료경험 - 기능성 자궁출혈 환자 300명을 위의 방법으로 치료한 결과 90%에서 피가 멎었다. 약리실험에서는 위의 방법으로 치료한 결과 90%에서 피가 멎었다.

◎ 목화뿌리

적응증 기능성 자궁출혈

용법 목화뿌리 20~30g을 물에 달여 하루 2~3번에 나누어 식후에 먹는다.

> ※뿌리에는 비타민 K를 비롯한 혈액응고 시간을 짧게 하는 성분들과 질산칼륨이 들어 있으므로 자궁부정출혈과 산후출혈에 쓴다.

◎ 목화씨

적응증 기능성 자궁출혈

용법 목화씨 적당량을 볶은 다음 보드랍게 가루내어 한번에 6~8g씩 하루 3번 빈속에 데운 술로 먹는다.

◎ 형개꽃이삭(형개수)

적응증 심한 자궁부정출혈

용법 형개꽃이삭을 약성이 남게 태운 다음 가루내어 한번에 8g씩 하루 2~3번 식후에 먹는다. 또는 형개꽃이삭, 부들꽃가루(포황), 측백잎, 아교를 각 같은 양으로 하여 한번에 15~20g을 물에 달여 3번에 나누어 먹기도 한다.

형개꽃

효능 지혈작용이 있어 여러가지 출혈 때에 쓴다.

◎ 동백나무

적응증 기능성 자궁출혈

용법 동백나무의 꽃과 잎 6~12g을 물에 달여 하루 3번에 나누어 먹는다.

◎ 익모초약차

적응증 기능성 자궁출혈, 신경증, 고혈압, 협심증

용법 익모초(마른 것) 15g을 컵에 넣고 끓는 물을 부어 1시간 정도 우린 다음 차처럼 자주 마신다.
효능 진정작용, 혈압을 낮추는 작용, 자궁수축 및 지혈 작용, 강심작용, 이뇨작용

◎ 인삼대추약찜
적응증 갑자기 피를 많이 흘렸을 때, 월경이 잦은 데, 월경량이 많은 데, 기능성 자궁출혈
재료 인삼 9g(몹시 허약한 경우 15~30g), 대추 20개
용법 인삼을 물에 씻어 습기를 준 다음 3~5mm의 두께로 자른 다음 대추와 함께 그릇에 담아 1시간 정도 쪄서 먹는다.
효능 원기를 돋우고 진액을 생성시키며 정신을 안정시킨다.

◎ 천문동약차
적응증 기능성 자궁출혈, 월경량이 많은 데
재료 천문동 15~30g, 설탕 적당량
용법 천문동의 덩이뿌리를 물에 불려 속에 있는 심을 빼고 잘게 썬다. 여기에 물 500㎖를 붓고 끓여서 250㎖가 되게 한 다음 거기에 설탕을 타서 한번에 마신다. 2~4일 계속하면 효과가 있다.
효능 음을 보하고 출혈을 멈춘다.
　　　※약을 만들 때 무쇠그릇을 쓰지 않는다.

◎ 오징어뼈가루
적응증 기능성 자궁출혈
용법 오징어뼈(오적골)가루를 한번에 4g씩 하루 3번 식전에 먹는

다. 또는 오징어(생것)의 먹물주머니 15개를 말려 가루내서 한번에 1g씩 하루 2번 아교와 함께 3~5일 동안 먹기도 한다.

【뜸요법】

◎ 아랫다리의 안쪽에 있는 삼음교혈과 엄지발가락 안쪽 모서리에 있는 은백혈, 아랫배에 있는 관원혈, 기해혈에 흰쌀알 크기의 뜸봉으로 뜸을 하루 7장씩 뜬다.

삼음교혈
은백혈
기해혈
관원혈

◎ 아랫배에 있는 관원혈과 거기에서 옆으로 2.33cm 되는 곳에 해당하는 지혈혈에 콩알 크기의 뜸봉으로 첫날에는 5장, 둘째 날에는 7장, 셋째 날에는 9장씩 뜸을 뜬다.

치료경험 - 자궁부정출혈 환자 142명을 위의 방법으로 치료한 결과 거의 모두 피가 멎었다.

【찜질요법】

◎ 찬물찜질 찬물에 담갔던 수건을 아랫배에 자주 갈아대면서 찜질한다. 또는 얼음을 비닐주머니에 넣어서 아랫배에 대고 찜질한다. 한번에 10~15분씩 하루에 몇 번 하는데 출혈이 심할 때는 더 한다.

3) 자궁내막염

원인

임신중절 또는 산후에 감염되어 생기는 경우가 많고 기계적 자극에 의해서도 생긴다.

증상

급성기에는 열(38~40℃)이 나고 오슬오슬 춥고 떨리며 아랫배가 아프다. 피 또는 고름과 같은 대하가 많이 흐른다. 자궁은 약간 커져 있고 누르면 아파한다. 대하가 계속 내리기 때문에 자궁질부가 허는 경우도 있다. 만성 때에는 증상이 뚜렷하지 않다. 자궁출혈이 있을 수 있고 자궁이 주위 조직과 맞붙는 경우가 많다.

치료

급성 때에는 원인균에 따른 항생제를 쓰면서 자연요법을 병행하고, 만성 때는 자연요법을 위주로 한다. 자궁질부미란, 자궁경관염, 대하 등에 쓰이는 자연요법도 쓸 수 있다.

【생활섭생】

◎ 열이 있을 때에는 물론 열이 내린 다음에도 7일 정도 안정하는 것이 좋다.
◎ 아랫배에 찬 찜질을 한다.

【약초요법】

◎ 산죽

적응증 자궁내막염

용법 산죽 잎 100g을 물에 달인 다음 찌꺼기를 짜버리고 다시 졸여 엑기스 100g을 만들어 한번에 2g씩 하루 3번 빈속에 먹는다. 보드랍게 가루내어 한번에 4g씩 하루 3번 빈속에 먹어도 된다.

치료경험 - 자궁내막염 환자 11명을 산죽 엑기스로 평균 30일 동안 치료한 결과 나은 환자가 6명, 훨씬 좋아진 환자가 5명이었다. 산죽 가루로 자궁내막염 환자 27명을 치료한 결과 나은 환자가 11명, 훨씬 좋아진 환자가 16명으로서 대상 환자 모두에게서 효과가 있었다.

◎ 익모초, 약쑥

적응증 자궁내막염

용법 익모초, 약쑥 각 15g을 물에 달여 하루 2~3번에 나누어 먹는다.

◎ 목화씨

적응증 자궁내막염

용법 목화씨를 누렇게 볶은 다음 보드랍게 가루내어 한번에 5~8g씩 하루 2~3번 먹는다.

◎ 꽃수염풀(광대수염)

적응증 자궁내막염

용법 꽃이 달린 꽃수염풀 전초를 하루 15~20g씩 물에 달여 2~3

번에 나누어 먹는다.

　　※꽃수염풀은 5~6월에 꽃이 핀다.

◎ 냉초

적응증 자궁내막염

용법 냉초 전초를 하루 10~15g씩 물에 달여 2~3번에 나누어 먹는다.

◎ 월계꽃(월계화)

적응증 자궁내막염

용법 월계꽃을 보드랍게 가루내어 한번에 2~3g씩 하루 2~3번 먹는다.

　　※월계꽃은 장춘화, 보상화라고도 하는데, 높이 1~2m쯤 되는 낙엽성 활엽관목이며 5~9월경에 적자색, 분홍색의 꽃이 핀다.

◎ 가죽나무뿌리껍질(저근백피)

적응증 자궁내막염

용법 가죽나무뿌리껍질을 하루에 20g씩 물에 달여 2~3번에 나누어 식간에 먹는다. 또는 보드랍게 가루낸 다음 졸인 꿀에 반죽해서 알약을 만들어 한번에 4~6g씩 하루 3번 먹어도 좋다.

가죽나무

효능 일련의 세균에 대한 억균작용과 항염증작용, 트리코모나스 원충을 죽이는 작용, 백혈구의 탐식기능을 높이는 작용이 있다.

◎ 향나무

적응증 자궁내막염

용법 잘게 썬 향나무 500g에 물 2ℓ를 넣고 약 30분 동안 달여서 찌꺼기를 짜버리고 그 물로 질강을 하루에 한번씩 며칠간 세척한다.

효능 염증이 나아지면서 대하가 줄어든다.

◎ 벌레집꼬리풀(문모초)

적응증 자궁내막염으로 흰 대하, 붉은 대하가 있을 때

용법 신선한 벌레집꼬리풀 전초를 하루 80~100g씩 물에 달여 2~3번에 나누어 빈속에 먹는다.

치료경험 – 자궁내막염, 자궁근염 등으로 자궁출혈이 있는 환자 25명을 위의 방법으로 치료한 결과 모든 환자의 병이 나았다.

벌레집꼬리풀

【부항요법】

◎ 배꼽 아래 복판과 아랫배 양옆에서 제일 아파하는 곳을 찾아 그곳을 중심으로 부항을 한번에 4~5개씩 20분 동안 붙인다. 하루에 한번씩 한 달 정도 붙이면 효과가 있다.

치료경험 – 자궁내막염 환자 32명을 위의 방법으로 치료한 결과 모두 효과가 있었다.

4) 자궁탈출증(자궁하수)

자궁이 정상 위치보다 아래로 처진 상태이다. 많은 경우 자궁이

질 밖으로 나와 있으며 손으로 올려 밀어야만 들어간다.

원인

주로 자궁을 지지해 주는 신경, 근육 및 결합조직의 기능이 낮아졌거나 있어야 할 만큼의 배 힘이 없는 것이 원인이다. 이런 상태에서 산후에 일찍 무거운 짐을 드는 것과 같이 배에 힘을 주게 되면 자궁이 쉽게 처져내린다.

치료

처진 자궁을 밀어 올려 제자리에 붙어 있게 한 다음 자연요법을 병행한다.

【생활섭생】

◎ 일상생활에서 변비가 생기지 않도록 하고, 산후에 너무 일찍 무거운 짐을 드는 것 등의 힘든 일은 피해야 한다. 또한 해산할 때 외음부가 찢어지지 않도록 해야 한다. 찢어졌을 경우 제때에 정확히 꿰매야 한다.

【음식요법】

◎ 너구리기름, 달걀
적응증 자궁탈출증
용법 너구리기름 15g을 냄비에 넣고 끓이다가 달걀 7개를 까 넣고 볶아서 하루 3번에 나누어 먹는다.

◎ 구기자달걀약국

적응증 머리가 아프고 가슴이 두근거리는 데, 불면증, 만성소모
성 질병, 자궁하수

재료 구기자 15~30g, 대추 6~8개, 달걀 2개

용법 구기자와 대추를 물에 불려 달걀과 함께 넣고 끓인 다음 달
걀을 꺼내어 찬물에 넣었다가 껍질을 벗겨버리고 다시 끓여서 먹
는다. 여러번 만들어 먹는 것이 좋다.

효능 간신을 보하고 기와 혈을 보하며 정신을 안정시킨다.

◎ 두렁허리귀삼약국

적응증 몸이 허약한 데, 병후, 건강회복, 산후에 땀이 나는 데, 자
궁하수

재료 두렁허리(선어) 250g, 당귀, 인삼(만삼) 각 10g, 소금, 파,
생강, 각 적당량

용법 두렁허리를 대가리와 뼈, 내장을 버리고 잘게 썰어 솥에 넣
는다. 당귀와 인삼(또는 만삼)을 물에 씻어 젖은 천에 싸서 축축
하게 한 다음 얇게 썰어 약천에 싸서 솥에 앉힌다. 물을 적당하게
붓고 1시간 정도 끓인 다음 약을 건져내고 거기에 파, 생강을 넣
고 소금으로 간을 맞추어 밥을 먹을 때 국 대신 먹는다.

효능 몸을 보하고 기운을 돋군다.

◎ 암탉황기만삼약곰

적응증 탈항, 자궁하수, 위하수, 신장하수, 치질

재료 암탉 1마리, 만삼 30g, 황기 60g, 대추(씨를 버린 것) 5g,
생강 3g

용법 닭의 배 안에 만삼, 황기, 생강, 대추를 넣고 대강 꿰맨 다음 뚝배기에 넣고 솥에 물을 적당하게 부어 푹 곤다. 소금으로 간을 맞추어 먹는다. 하루에 한번씩 빈속에 먹는데 일반적으로 3~5일에 한번씩 연속 3~5번 해먹으면 좋다.

효능 강정작용, 기를 끌어올리는 작용을 한다.

◎ 암탉승마황기약곰

적응증 자궁하수

재료 암탉 1마리, 승마 9g, 황기(꿀물에 볶은 것) 15g

용법 닭을 잡아 털과 내장을 버리고 배 안에 승마(불려 자른 것)와 황기(불린 것)를 넣어 꿰맨 다음 뚝배기에 넣고 물을 약간 붓는다. 뚝배기를 물부은 솥 안에 들여놓고 센 불에서 고기가 무르고 고유한 약냄새가 날 때까지 끓인다. 따뜻한 것을 하루 2번에 나누어 먹는다.

효능 기를 보하고 끌어올린다.

◎ 암탉하수오약곰

적응증 자궁하수, 고르지 않은 월경, 월경 때 어지럽고 머리가 아픈 데

재료 암탉 1마리, 하수오 30g, 소금, 기름, 생강, 술 각 적당량

용법 하수오는 깨끗이 씻어 겉껍질을 벗긴 다음 일정한 크기로 잘라서 햇볕에 말려 가루낸다. 닭은 깨끗이 손질한 다음 배 안에 하수오가루를 넣고 꿰맨다. 이것을 뚝배기 안에 넣고 물을 약간 붓고 뚜껑을 봉하여 솥 안에 들여놓고서 충분히 찐 다음 뼈와 하수오를 갈라내고 소금, 기름, 생강, 술을 넣고 맛을 돋우어 하루

2번에 나누어 먹는다.

효능 혈을 보하고 신의 기능을 돕는다.

◎ 메추리참대순약국

적응증 몸이 허약한 데, 자궁하수

재료 메추리고기 100g, 참대순 10g, 표고버섯 5g, 오이 15g, 달걀흰자 1개, 간장, 술, 조피열매(산초), 소금, 초두부가루, 조미료 각 적당량

용법 메추리고기를 토막내어 달걀흰자, 초두부가루와 함께 버무린다. 참대순, 표고버섯을 물에 불려 잘게 찢고 오이는 물에 씻어서 썬다. 먼저 뜨거운 솥에 돼지기름을 두르고 고기를 볶아낸 다음 거기에 국물을 붓고 소금, 술, 조피열매, 간장을 넣고 끓이다가 참대순, 표고버섯, 오이, 볶아놓은 고기를 모두 함께 넣고 잠시 끓인다. 거품을 걷어내고 조미료를 쳐서 식기 전에 먹는다.

효능 오장육부를 다 보한다.

◎ 문어알볶음가루

적응증 자궁하수

용법 문어알을 말려 볶아 보드랍게 가루낸 다음 한번에 3~4g씩 하루 3번 식후에 먹는다.

◎ 돼지내장승마참깨약찜

적응증 탈항, 자궁하수

재료 돼지내장 30㎝, 승마 10g, 참깨 60g

용법 승마는 물에 깨끗이 씻어 잘게 썰고 돼지내장은 깨끗이 손

질한 다음 내장 안에 참깨와 승마를 넣고 양끝을 실로 동여매어 쪄 익히거나 끓여 익힌다. 승마와 참깨를 꺼내고 돼지내장과 국물을 먹는다. 변비에는 참깨를 먹는 것이 좋다.

효능 비위의 기를 끌어올리고 간신(肝腎)을 보한다.

　※승마는 자극성이 있으므로 많이 먹으면 구토, 어지럼증 등 부작용이 생길 수 있다.

【약초요법】

◎ 백반
적응증 자궁하수

용법 백반을 보드랍게 갈아서 한번에 5~6g씩 탈출된 자궁체와 궁륭부에 골고루 뿌린다. 약을 뿌리기에 앞서 자궁과 질궁륭부를 따뜻한 물 또는 1%의 백반물로 씻는다. 약은 3~4일에 한번씩 뿌린다. 또는 볶은 다음 보드랍게 가루내어 한번에 3~4g씩 하루 3번 먹어도 된다.

치료경험 － 자궁탈출 환자 20명을 위의 방법으로 치료한 결과 3~6번만에 모두 효과를 보았다.

　※자궁 및 질궁륭부에 궤양, 출혈, 염증이 있을 때, 월경 기간, 산욕기, 임신기에는 금기이다.

◎ 승마
적응증 자궁하수

용법 승마를 하루 20~25g씩 물에 달여 2번에 나누어 먹는다. 약 15~20일 동안 쓴다. 약을 먹는 기간 배꼽에 재를 깔고 그 위에 엄지손가락만한 뜸봉을 놓고 뜸을 뜨되 연기가 밑으로 빠지게 뜸봉 복판에 구멍을 뚫어 놓는다. 구멍을 뚫은 바가지를 엎어 놓아 연기가 바가지 안에 가득 차게 한다.

승마

◎ 금앵자

적응증 자궁하수

용법 금앵자를 하루 50~60g씩 물에 달여 2~3번에 나누어 식간에 먹는다.

치료경험 - 금앵자 5kg으로 500㎖의 엑기스를 만들어 한번에 60㎖씩 더운물에 풀어 아침과 저녁에 한번씩 3일 동안 먹이는 방법으로 자궁탈출증 환자를 치료한 결과 유효율이 76%였다. 약 먹는 기간에 약 25%의 환자에게서 복통, 변비 등 부작용이 나타났다.

◎ 만삼황기약차

적응증 가슴이 두근거리고 숨이 찬 데, 입맛이 없고 설사를 하는 데, 빈혈, 월경기에 설사를 하며 붓는 데, 자궁하수

재료 만삼, 황기 각 250g, 설탕 500g

용법 만삼과 황기를 깨끗이 씻어 누기를 준 다음 잘게 썰어서 적당한 양의 물을 붓고 30분 정도 달여서 거르기를 3번 반복한다. 여과한 액을 모두 합하여 약한 불에서 걸쭉해질 때까지 달인다. 여기에 설탕을 넣고 고루 섞어서 햇볕에 말려 가루를 내서 병에 넣어두고 한번에 10g씩 하루 2번 끓는 물에 타서 마신다.

효능 심비(心脾)와 폐를 보하고 혈압을 낮춘다.

◎ 목화 뿌리, 탱자열매(지각)

적응증 자궁하수

용법 목화 뿌리 100~150g, 탱자열매 10~15g을 함께 물에 달여서 하루 2~3번에 나누어 빈속에 먹는다.

◎ 탱자열매(지각), 피마주 뿌리, 승마

적응증 자궁하수

용법 각 15g씩 물에 달여 하루 2~3번에 나누어 식후에 먹는다. 또는 탱자열매 15g, 승마 3g을 물에 달여 하루 2~3번에 나누어 식후에 먹어도 된다.

◎ 사상자, 매화열매(매실)

적응증 자궁하수

용법 사상자 200g, 매화열매 14개에 물 2ℓ를 두고 1ℓ가 되게 달여서 하루 4~5번씩 음부를 씻는다.

◎ 부추

적응증 자궁하수

용법 부추 생뿌리 적당량을 물에 달이면서 한번에 20~30분씩 하루 2번 음부에 김을 쏘인다.

◎ 말오줌대열매, 두충, 속단

적응증 자궁탈출증, 음부가려움증

용법 말오줌대열매 8g, 두충, 속단 각 12g을 물에 달여 하루 2~3번에 나누어 식간에 먹는다. 또는 말오줌대열매만 20~30g

을 물에 달여 하루 2~3번에 나누어 먹기도 한다.

※말오줌대(나도딱총나무)는 우리나라 중부, 남부, 제주도의 해발 300m 이하의 산기슭, 골짜기의 언덕에서 자라는 낙엽성 소교목인데 열매는 8월에 익어 가을에 벌어지면서 검고 윤기 있는 둥근 씨가 빠져 나온다. 봄철에 어린 순을 뜯어 산나물로 먹을 수 있다.

◎ 절국대(유기노)

적응증 자궁하수

용법 절국대 1kg에 물 2ℓ를 두고 달여서 찌꺼기를 짜버린 다음 다시 걸쭉해지도록 달여 약솜에 묻혀 질강에 넣어준다. 바셀린을 섞어 좌약을 만들어 질강에 넣어도 된다.

유기노

【경혈자극요법】

◎ 피마주씨(아주까리씨)를 짓찧어 배꼽 가운데로부터 9.99cm 아래 되는 곳(관원혈)을 중심으로 두께 0.5cm, 지름이 1cm가 되게 댄 다음 반창고로 고정시킨다. 하루 한번씩 갈아대면서 15~20일 계속한다.

치료경험 – 심하지 않은 자궁탈출증 환자를 위의 방법으로 치료한 결과 유효율이 96.5%였다.

【뜸요법】

◎ 배꼽으로부터 5cm 아래로 내려간 곳(기해혈)과 안쪽 복사뼈의

중심에서 곧추 위로 9.99㎝ 올라가서 굵은 정강이뼈 뒷가장자리에 있는 삼음교혈에 뜸대뜸을 하루 한번씩 10~15분 동안 뜬다. 10~15번을 한 치료주기로 한다.

◎ 손목 관절의 손등 쪽 가로간 금 중심(양지혈)에 뜸을 5~7장 뜬다.

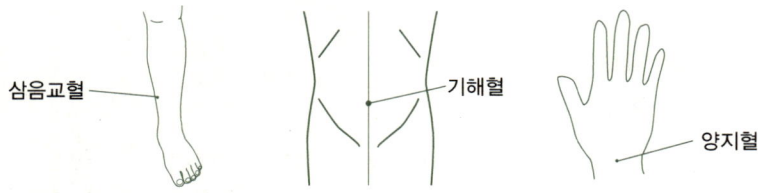

삼음교혈   기해혈   양지혈

5) 자궁질부미란

자궁질부의 점막상태가 상해서 떨어져 없어지는 것을 말한다.

원인

자궁내막염과 자궁경관의 분비물들이 자궁질벽을 자극하여 생기며 특히 임신부들에게서 많이 보게 된다.

증상

찐득찐득한 대하가 많이 흐르고 부정성기출혈이 있으며 염증이 주위 조직에 미치면 허리와 아랫배가 아프고, 염증이 근육층에 깊이 퍼져서 오래 끌게 되면 질부는 커지고 굳어지기까지 한다.

【약초요법】

◎ 구운 백반, 돼지쓸개

적응증 자궁질부미란

용법 구운 백반을 가루낸 것 100g에 돼지쓸개를 적당량 넣고 풀처럼 개어서 말린 다음 가루내어 자궁질부에 뿌려주거나 솜에 묻혀 질강에 넣어주되 3~7일에 한번씩 바꾸어 준다.

효능 염증을 삭여서 주위 조직에 더 퍼지지 못하게 하며 또 분비물을 흡수하는 작용을 한다.

◎ 단국화(감국)

적응증 자궁질부미란

용법 단국화 20~30g을 물에 달여 찌꺼기를 짜버리고 다시 걸쭉하게 졸인다. 여기에 담가 적신 약솜뭉치를 질강 안에 하루에 한번씩 바꾸어 넣어준다.

효능 병원성 대장균을 비롯한 여러가지 화농균에 대한 억균작용을 한다.

◎ 측백잎

적응증 자궁질부미란

용법 측백잎을 따서 말려 가루낸 것을 한번에 12g씩 미음에 타서 하루 3번 식후에 먹는다.

효능 질부 점막을 보호하며 분비물을 줄어들게 하고 염증을 낫게 한다.

◎ 집함박꽃뿌리(백작약), 측백잎

적응증 자궁질부미란

용법 집함박꽃뿌리를 노랗게 볶은 것 10g과 측백잎을 약간 구운 것 40g을 함께 가루내어 한번에 8g씩 따뜻한 술에 타서 하루 3번 식전에 먹는다.

효능 자궁질부미란의 염증이 주위 조직과 근육에 퍼지는 것을 막게 하고 아물게 한다.

【뜸요법】

◎ 삼음교혈, 중극혈, 곡골혈 안쪽복사뼈 중심에서 곧추 위로 9.99㎝ 올라가서 굵은 정강이뼈의 뒷가장자리(삼음교혈)와 배꼽 가운데에서 13.32㎝ 아래 되는 곳(중극혈), 아래 부위의 중심선 상에서 두덩뼈 이음부의 윗가장자리(곡골혈)에 팥알 크기의 뜸봉으로 5~7장씩 뜬다.

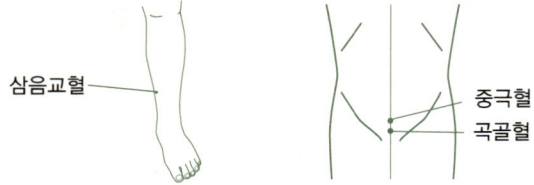

삼음교혈

중극혈
곡골혈

6) 자궁경관염

자궁경관 안쪽 막에 균이 침범하여 생긴 염증을 말한다.

원인

자궁경관염은 균에 의한 감염이 제일 많으며, 월경 때 위생을 잘 지키지 못한 경우에 생긴다.

증상

주증상은 대하가 많아지면서 자궁질부가 붉어지고 붓는다. 분비물에서는 역한 냄새가 나고 아랫배와 허리가 아프며 성기부정출혈 등이 나타난다.

【약초요법】

◎ 개나리열매(연교)

적응증 자궁경관염

용법 개나리열매를 따서 말린 것 10~12g을 물에 달여 하루 3번에 나누어 먹는다.

효능 개나리열매는 사슬구균과 포도구균에 대한 억균 작용이 강하며 분비물을 없애고 염증을 낫게 하는 작용이 있다.

개나리

◎ 짚신나물(낭아초)

적응증 자궁경관염

용법 짚신나물 전초 200g을 물에 달여 찌꺼기를 버리고 100㎖가 되게 졸인 것을 약솜에 묻혀 질강 안에 하루 3번씩 밀어 넣는다. 1주일 정도 치료하면 가려움이 멎고 대하가 뚜렷하게 줄어든다. 여러번 치료하면 완전히 낫는다.

◎ 송이풀(마선호)

적응증 자궁경관염

용법 송이풀 뿌리 20g을 물에 달여 하루 3번에

송이풀

나누어 먹는다.

◎ 오이풀뿌리(지유)

적응증 자궁내막염으로 끈적끈적한 대하가 흐르고 아랫배와 허리가 아플 때

용법 신선한 오이풀뿌리 120g을 깨끗이 씻어 식초 1ℓ에 넣고 여러번 끓여서 한번에 50㎖씩 하루 3번 식전에 먹는다.

효능 오이풀뿌리는 수렴작용, 소염작용, 억균작용, 지혈작용이 있다.

◎ 형개꽃이삭(형개수)

적응증 자궁경관에 염증이 있어 대하가 많이 흐르고 허리가 아프며 때론 조금씩 출혈이 있을 때

용법 형개꽃이삭 적당량을 약성이 남게 태운 다음 가루내어 한번에 6~9g을 하루 2~3번 나누어 식후에 먹는다.

◎ 익모초, 약쑥(애엽)

적응증 자궁경관염으로 대하가 많고 아랫배가 아프면서 출혈을 할 때

용법 익모초, 약쑥 각 15g을 물에 달여 하루에 2~3번에 나누어 먹는다.

◎ 산죽

적응증 자궁경관염으로 불그스레한 대하가 많이 흐르면서 허리와 아랫배가 아플 때

용법 산죽 적당량을 보드랍게 가루내어 한번에 4g씩 하루 3번 식간에 먹는다.

【찜질요법】

◎ 파라핀찜질 배꼽에서 아래로 두덩뼈 있는 곳까지의 부위에 파라핀을 녹여서 약 50℃ 되게 해서 찜질하되 한번에 20분씩 하여 15번을 한 치료주기로 한다. 온열작용으로 혈액과 림프순환이 좋아져서 염증을 낮게 한다.

◎ 모래찜질 모래를 50℃ 정도로 덥혀서 배꼽의 양옆에서부터 4cm의 넓이와 5~10cm의 두께로 두덩뼈까지 펴서 찜질하되 하루에 한번씩 30~40분 정도 한다. 염증을 빨리 낮게 한다.

【뜸요법】

◎ 관원혈, 기해혈, 삼음교혈 배꼽 가운데(신궐혈)로부터 5cm 아래 되는 곳(기해혈), 배꼽 가운데(신궐혈)로부터 9.99cm 아래 되는 곳(관원혈), 안쪽 복사뼈의 중심에서 곧추 위로 9.99cm 올라가서 굵은 정강이뼈의 뒷가장자리(삼음교혈)에 마늘을 얇게 펴놓고 팥알 크기의 뜸봉으로 하루 5~7장씩 15일 동안 뜸을 뜬다.

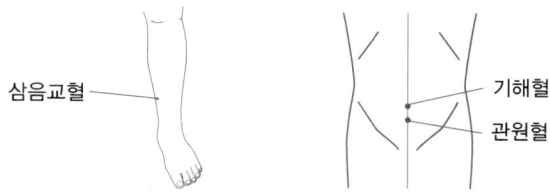

삼음교혈
기해혈
관원혈

4. 갱년기 장애

갱년기에 나타나는 전신장애증상을 말한다.

갱년기는 월경이 없어지는 시기(45~50살)인데 월경이 일찍 없어지는 조발갱년기(40살 전후)와 늦게 없어지는 만발갱년기(55살 전후)가 있다. 갱년기는 대체로 자율신경장애증상이 많이 나타난다.

증상

정신신경장애증상으로는 기억력감퇴, 권태감, 불면증, 시력장애, 두통, 신경과민, 불안감 등이 있고 혈관운동장애증상으로는 열감, 가슴두근거림, 다한증, 현훈증, 혈압의 동요, 손발의 찬감 및 더운감, 관절통, 소화장애, 입맛의 변화, 비만증 등 여러가지 증상이 나타난다. 따라서 갱년기장애의 여러증상에 맞게 치료도 역시 다양하게 하는 것을 원칙으로 한다.

【음식요법】

◎ 표고버섯백합약탕
적응증 갱년기장애
재료 표고버섯 30g, 백합 20g
용법 백합과 표고버섯을 물에 끓여서 하루 3번에 나누어 식전에 먹는다.

효능 기혈이 잘 돌게 하고 해독한다.

◎ 백합약죽

적응증 노인의 만성 기관지염, 마른기침, 앓고난 후 열이 내리지 않는 데, 갱년기장애, 임신 때 가슴이 답답하고 기침하는 데, 월경 때 어지럽고 머리가 아픈 데

재료 백합(가루낸 것) 30g, 흰쌀 100g, 설탕 적당량

용법 흰쌀로 죽을 쑤다가 백합가루를 넣고 잠시 더 끓인 다음 설탕을 넣어 식사로 먹는다. 신선한 백합을 쓸 때에는 설탕을 적당하게 넣고 흰쌀과 함께 죽을 쑤어 식기 전에 먹는다.

효능 폐를 눅여주고 기침을 멈추며 심을 보하고 정신을 안정시킨다.

※감기 때 기침이 나고 비위가 허한 노인에게는 쓰지 않는다.

◎ 복숭아씨이스라치씨약죽

적응증 갱년기장애

재료 복숭아씨, 이스라치씨, 잣 각 8g, 흰쌀가루 80~120g

용법 복숭아씨(도인), 이스라치씨(욱리인), 잣을 짓찧어 흰쌀가루와 함께 죽을 쑨 다음 하루 2번에 나누어 먹는다. 여러날 만들어 먹는 것이 좋다.

이스라치씨

효능 어혈을 없애고 변을 묽게 한다.

◎ 잉어골

적응증 자율신경실조증, 갱년기장애

용법 잉어골을 먹는다.

◎ 초어국

적응증 산후 몸이 허약한 데, 갱년기장애

용법 초어의 비늘과 내장을 버리고 깨끗이 손질하여 자주 끓여
먹으면 좋다.

【약초요법】

◎ 칡뿌리(갈근)

적응증 갱년기장애

용법 신선한 칡뿌리를 짓찧어서 즙을 내어 한번에 10~15㎖씩 식
후에 먹는다.

> ※오랜 기간 먹으면 헛구역질과 두통이 멎을 뿐 아니라 칡뿌리 속
> 에 있는 이소플라본 화합물의 작용에 의하여 정신신경장애 증상도
> 낫는다고 한다.

◎ 칡뿌리(갈근), 차조기잎(자소엽)

적응증 갱년기장애

용법 갈근, 자소엽 각 10g을 물에 달여 하루 2번에 나누어 식후
에 먹는다.

> ※뇌혈관과 관상동맥의 혈류량, 핏속 산소공급량을 늘리는 작용을
> 하기 때문에 열감, 빈혈, 두통 등을 낮게 한다.

◎ 복숭아잎가루

적응증 갱년기장애

용법 복숭아잎(신선한 것)을 말려 가루낸 것 1줌을 물 500㎖에 넣고 달여 하루 2~3번에 나누어 식후에 먹는다.

◎ 찔광이(산사)

적응증 산후복통, 습관성 유산, 갱년기장애

용법 찔광이 50g에 물 300㎖를 붓고 달여 하루 3번에 나누어 먹는다.

◎ 복숭아씨(도인), 잣, 이스라치씨(욱리인)

적응증 갱년기장애

용법 복숭아씨, 잣, 이스라치씨 각 4g을 짓찧어서 즙을 짠다. 여기에 쌀가루를 조금 넣고 죽을 쑤어 먹는다.

◎ 형개이삭(행개수)

적응증 온몸이 저리면서 근육과 관절이 아프고 어지럼증이 있을 때

용법 형개이삭을 약간 볶은 다음 가루내어 한번에 8~12g씩 하루 2~3번 술에 타서 먹는다.

◎ 귤껍질, 반하, 생강

적응증 식욕이 없고 헛구역이 나는 데

용법 귤껍질, 반하(백반물에 삶아 말린 것) 각 80g을 가루내어 한번에 12g씩 생강 3쪽을 넣고 물에 달인다. 하루 3번에 나누어 따뜻하게 데워 수시로 먹는다.

◎ 만삼약차

적응증 몸이 허약한 데, 식욕이 없고 배가 불어나고 설사하는 데, 산후신경증, 갱년기장애, 신염

용법 만삼가루 6~10g을 물 1ℓ에 넣고 20~30분 정도 끓인 다음 여기에 꿀 또는 설탕을 적당량 넣어 자주 마신다.

효능 폐기와 비기를 보하고 소화를 도우며 입맛을 돋군다.

【찜질요법】

◎ 감탕찜질 44~48℃의 감탕으로 30~40분씩 아랫배와 골반부에 찜질한다.

【뜸요법】

◎ 배꼽에 뜸통뜸을 하루 한번씩 뜬다.

【한증요법】

◎ 60~80℃의 습열한증탕에서 한번에 10~15분씩 하루걸러 몸에 증기를 쏘인다. 잣솔잎, 솔잎, 익모초, 약쑥 등을 끓이면서 하는 약한증이 더 효과가 있다. 갱년기장애 때 한증은 내분비기능을 높이며 자율신경의 균형을 유지시켜주는 등의 작용이 있어 널리 쓰인다.

【기후요법】

◎ 온화한 중간산 기후지역과 바닷가 기후지역에서 아침, 저녁 20~30분씩 산책을 한다. 두통, 머리무거운 감, 불면증 등을 없애며 입맛이 나게 한다.

【모래욕요법】

◎ 대기온도가 28~32℃가 될 때 바닷가 모래밭에서 20~30분 동안 전신 모래욕을 하루걸러 20번 한다.

5. 기타 질환

1) 냉병

자율신경실조에 의한 혈관운동신경의 조절장애증상이다. 흔히 산후에 일찍 바람을 맞거나 찬물에 손을 넣을 때 생긴다.

증상

손발과 아랫배가 싸늘하고 찬물에 손을 넣기 싫어하며 오슬오슬 춥고 떨리는 감이 있으며, 아랫배가 자주 아프고 월경이 고르지 못하며 대하가 많이 내린다. 불임증이 되는 경우가 많다.

【생활섭생】

◎ 산후에 너무 일찍 일어나 활동을 하거나 찬바람을 맞지 말아야 한다. 찬물로 빨래하는 것도 피해야 한다. 몸을 늘 따뜻하게 하며 찬곳, 누기 있는 곳에서 누워 자는 일이 없어야 한다.

【음식요법】

◎ **식초, 마늘**
적응증 배가 차고 아픈 데

용법 마늘의 껍질을 벗겨버린 다음 식초에 넣고 2달 정도 밀봉하여 어두운 곳에 두었다가 한번에 1~2조각씩 하루 3번 식전에 먹는다.

효능 속을 덥히고 통증을 멈추며 몸을 튼튼하게 한다.

◎ 향부자, 닭고기

적응증 아랫배가 늘 차고 아픈 데

용법 향부자 20g을 잘게 썰어 내장을 버린 닭의 뱃속에 넣고, 물을 적당히 두고 고아서 몇 번에 나누어 먹는다.

　　※약쑥을 같은 분량 더 섞어서 달여 먹으면 속을 덥히는 작용이 더 강해진다.

◎ 돼지위후추약쌈

적응증 배가 차고 아픈 데, 위하수, 소변이 잘 나오지 않는 데

재료 돼지위(저두) 1개, 후추 9g, 소금 적당량

용법 돼지위를 식초와 소금으로 여러번 비비고 맑은 물로 씻는다. 후추를 짓찧어 돼지위 안에 넣고 입구를 꿰맨 다음 솥에 넣어 물을 붓고 끓인다. 약한 불에서 위가 푹 삶아질 때까지 끓여 소금으로 간을 맞추고 다시 잠시 끓인다. 돼지위를 1시간 정도 국물 안에 두었다가 꺼내어 썰어 먹는다. 하루 3번에 나누어 식전에 먹는다.

효능 속을 덥히고 소화를 도우며 소변이 잘 나오게 한다.

◎ 양고기산약약국

적응증 앓고난 후, 몸이 허약한 데, 산후에 손발이 찬 데, 식은땀

이 나는 데, 숨이 찬 데, 불면증

재료 양고기 500g, 산약(생것) 100g, 생강 25g, 우유 250g, 소금 적당량

용법 양고기를 깨끗이 씻어 생강과 함께 알루미늄솥에 넣고 약한 불에 여러시간 푹 삶는다. 진한 양고기국 1사발을 떠내고 거기에 껍질을 벗기고 잘게 썬 산약을 넣고 솥에서 푹 익힌 다음 다시 우유와 소금을 약간 넣고 잠시 끓여서 식기 전에 먹는다. 하루 2번에 나누어 아침저녁 식전에 먹는다.

효능 비위를 보하고 진액을 늘리며 양기를 돋운다.

◎ 섭조개약구이

적응증 어지럼증, 허리가 아픈 데, 소변이 잘 나오지 않는 데, 백대하, 아랫배가 차고 아픈 데

재료 섭조개, 술, 부추, 파, 생강, 소금 각 적당량

용법 섭조개를 술에 넣어 하룻밤 재웠다가 솥 안에 넣고 물, 파, 생강을 넣고 약한 불에서 섭조개가 무를 때가지 끓인다. 그것을 사발에 쏟고 약간의 소금을 뿌린 다음 잘게 썰어 넣고 부추를 뿌린다. 하루 3번 식전에 먹는다.

효능 간신을 보하며 담을 없앤다.

【약초요법】

◎ 생강, 설탕

적응증 냉병

용법 생강 30g, 설탕 600g을 25%의 술 1ℓ에 넣어 한 달 동안

두었다가 자주 마신다.

◎ 마른지황(건지황)
적응증 손발이 찰 때
용법 마른지황 30g을 잘게 썰어 꿀 100g에 재워서 한번에 한 숟
가락씩 하루 3번 식간에 먹는다.
효능 몸을 덥히는 작용이 있다.

◎ 냉초
적응증 냉병
재료 냉초 15g
용법 10~15g을 잘게 썰어 물 20㎖에 넣고 달여 하루 2~3번에
나누어 식후에 먹는다.

◎ 매자기뿌리(삼릉)
적응증 냉병
용법 매자기뿌리 20g을 잘게 썰어 물에 달여서
하루 2번에 나누어 아침저녁 식전에 먹는다.
효능 피를 잘 돌게 하고 어혈을 풀어주는 작용이
있다.

매자기뿌리

◎ 익모초
적응증 뱃속에 무엇이 뭉친 감이 있으면서 아프고 손발과 아랫배
가 찰 때
용법 익모초 적당량을 물에 달여 찌꺼기를 짜버리고 다시 졸여서

팥알 크기로 알약을 만들어 한번에 10알씩 하루 3번 식간에 먹는다.

효능 피를 잘 돌게 하며 어혈을 삭이고 해독하는 작용이 있다.

◎ 집함박꽃뿌리(백작약), 마른생강(건강)

적응증 손발과 배가 차면서 아플 때

용법 집함박꽃뿌리(볶은 것) 20g, 마른생강(볶은 것) 5g을 보드랍게 가루내어 한번에 3~4g씩 하루 2번 미음에 타서 먹는다.

효능 집함박꽃뿌리는 복통을 멈추는 작용을 하고, 마른생강(건강)은 몸을 덥히는 작용을 한다.

◎ 생강대추약구이

적응증 배가 차고 아픈 데, 메스껍거나 구토하는 데, 배가 차면서 월경주기가 고르지 않는 데

재료 생강, 대추 각 적당량

용법 생강을 2조각으로 쪼갠 다음 그 속에 구멍을 내고 거기에 대추를 넣고 다시 맞붙혀서 불 속에 넣고 거무스레해질 때까지 구워서 대추를 꺼내어 한번에 5~6개씩 먹는다.

효능 비위를 덥혀주고 찬 기운을 없애며 비위를 보한다.

◎ 분지열매껍질(애초), 달걀, 땅콩기름

적응증 배가 차면서 아픈 데

용법 분지열매껍질 12g을 보드랍게 가루낸다. 달걀 2개를 땅콩기름에 볶은 다음 분지열매껍질가루를 섞어 하루 3번에 나누어 먹는다.

분지나무

◎ **복숭아씨회향가루**

회향

적응증 아랫배가 차면서 아픈 데

용법 복숭아씨(껍질과 끝을 버린 것)와 회향열매 (볶은 것) 각 40g을 가루내어 한번에 8g씩 따뜻한 물이나 따뜻한 술에 타서 식전에 먹는다.

◎ **소회향**

적응증 아랫배가 차면서 아픈 데

용법 소회향 열매 적당량을 볶은 다음 보드랍게 가루내어 채소볶음이나 음식에 쳐 먹는다.

◎ **마른생강가루, 꿀**

적응증 아랫배와 손발이 차고 아프면서 월경이 고르지 못한 데, 대하가 있는 데

용법 마른생강(건강)가루를 같은 분량의 꿀에 재워서 1숟가락씩 하루 3번 식전에 먹는다.

【찜질요법】

◎ 꽃이 피기 전의 쑥잎을 따서 천에 고루 펴고 그 위에 얇은 돌을 불에 달구어 올려놓은 다음 잘 싸서 아랫배에 대고 찜질을 한다. 손발과 아랫배가 늘 차고 월경 때 아랫배와 허리가 아프며 대하가 많이 흐르는 데 좋다.

◎ 여름철에 쑥을 줄기째로 베어다가 바람이 잘 통하는 그늘에서 말린 다음 잎만 훑어 잘 비벼서 솜처럼 부드럽게 만들어 포단에

넣어 깔고 잔다. 냉병으로 인한 증상이 잘 낫는다.

◎ 재찜질(잡관목을 태운 재) 더운 재를 식초에 개어 약천에 싸서 아랫배에 대고 찜질을 한다. 아랫배가 차면서 아플 때에 효과가 있다.

【목욕요법】

◎ 솔잎목욕 신선한 솔잎을 잘게 썰어 천주머니 속에 넣고 뜨거운 목욕물 속에 넣어 둔다. 목욕을 할 때 이 주머니를 아랫배에 대고 문지른다. 솔잎 속에 있는 정유는 혈액순환을 좋게 하며 냉을 없애는 작용을 한다. 목욕은 시간을 짧게 하며 2~3일에 한번씩 한다.

【뜸요법】

◎ 아래 가슴등뼈 양옆에 있는 비수혈, 허리등뼈 양옆에 있는 신수혈에 흰쌀알 크기의 뜸봉으로 뜸을 하루 5~7장씩 10~15번 뜬다.

◎ 배꼽에 뜸통뜸을 하루 한번씩 15일 동안 뜬다. 냉기를 몰아내고 혈액순환을 좋게 한다.

비수혈
신수혈

【지압안마요법】

◎ 다리와 발이 늘 차고 시릴 때에는 두 손으로 발끝부터 아랫다

리까지 주무른다.

◎ 안쪽 복사뼈 밑에서부터 시작하여 아랫다리 안쪽, 무릎 안쪽, 넓적다리 안쪽까지 문지른다.

◎ 두 엄지손가락을 넓적다리 뒷면 한복판에 겹쳐 대고 수직으로 힘을 주어 15초씩 3~5번 누른다.

◎ 반원형 또는 둥근 참대밟기를 늘 한다.

◎ 배꼽 아래에 있는 관원혈에 엄지손가락을 수직으로 대고 15초씩 3~5번 세게 누른다.

관원혈

◎ 발바닥자극법 둥근 나무를 절반 쪼개어 놓고 둥근 쪽을 발바닥의 오목한 곳이 닿게끔 밟는다. 임의의 시간에 아무 곳에서나 할 수 있는 좋은 방법이다. 매일 틈틈이 밟으면 효과가 있다.

◎ 누르기 협조자의 두 엄지손가락을 넓적다리 뒷면 한복판에 +자형으로 겹쳐 대고 수직으로 힘을 주어 15초씩 3~5번 누른다. 성기의 생리적 기능을 높아지게 한다.

2) 대하

여성 성기에서 병적으로 흐르는 분비물을 말한다.

원인

건강한 여성의 분비물은 맑고 묽은 액체지만, 자궁에서 분비가 항진되거나 만성 염증이 있을 때에는 희끄무레한 대하가 생긴다.

증상

트리코모나스 질염이 있을 때에도 흰색의 거품이 생기며, 자궁에

세균 또는 이물질이 있을 때에는 고름이 섞인 붉은 대하가 나온다. 붉은 대하는 주로 자궁과 질에 피가 나오는 질병이 있을 때 생긴다. 이와 같은 병으로 생기는 대하는 양이 많을 뿐 아니라 그 냄새가 아주 역하다.

【음식요법】

◎ 메밀가루
적응증 대장염, 대하가 많은 데
용법 메밀을 누렇게 볶은 다음 보드랍게 가루낸 것 적당량을 하루 2번 물에 타서 먹는다.

◎ 마치현달걀약찜
적응증 대하가 있는 데
재료 마치현 30~50g, 달걀 2개, 소금, 조미료 각 적당량
용법 마치현을 깨끗이 씻어 짓찧어 즙을 내어 사발에 담는다. 달걀흰자를 마치현을 담은 그릇에 넣고 소금을 적당히 넣어 고루 섞는다. 이것을 시루에 쪄낸다. 조미료를 쳐서 하루 3번에 나누어 식전에 먹는다.
효능 열을 내리고 해독한다.

◎ 생강찹쌀약차
적응증 입덧, 대하가 있는 데
재료 찹쌀 250g, 생강즙 3숟가락
용법 솥에 찹쌀과 생강즙을 넣고 볶다가 찹쌀이 튀기 시작하면

꺼내어 식힌 다음 가루내서 한번에 1~2숟가락씩 하루 2번 따뜻한 물에 타서 먹는다. 5~7일 계속 먹는 것이 좋다.

효능 비위의 기를 보하고 속을 덥히며 담을 삭인다.

※음이 허하여 열이 나는 데는 쓰지 않는다.

◎ 섭조개탕

적응증 가슴이 답답한 데, 대하증

용법 섭조개탕을 만들어 먹는다.

◎ 돼지방광질경이씨약국

적응증 방광염, 요도염, 결막염, 대하

재료 돼지방광 200g, 질경이씨(차전자) 60~90g(마른 것은 20~30g), 소금 적당량

용법 질경이씨에서 잡질을 고르고 먼지를 없앤 다음 돼지방광을 씻어 썬 것과 함께 냄비에 넣고 물을 적당히 부어서 푹 끓인다. 소금으로 간을 맞추어 먹는다.

효능 신양을 보하고 습열을 없애며 소변을 잘 나가게 한다.

◎ 오리팥약곰

적응증 몸이 붓는 데, 임신부 부종, 대하

재료 오리(대가리가 푸른 것) 1마리, 초과 1개, 팥 250g, 소금, 파 각 적당량

용법 오리를 잡아 털과 내장을 버리고 깨끗이 손질한 다음 배 안에 물에 불린 팥과 부스러뜨려서 불린 초과를 넣고 꿰맨다. 이것을 솥에 앉히고 물을 적당히 부어서 푹 익힌다. 국물이 거의 졸아

들면 양념하여 먹는다.
효능 비위를 보하고 위의 기능을 도우며 소변을 잘 나가게 한다.

◎ **좁쌀황기약죽**
적응증 대하가 많은 데
재료 좁쌀 100g, 황기 50g
용법 황기를 깨끗이 씻은 데다가 좁쌀을 일어 넣고 죽을 쑨 다음
황기는 건져버린다. 단번에 먹거나 2번에 나누어 먹는다.
효능 보기작용, 소염작용, 면역기능 조절작용 등이 있다.

◎ **찰수수황기약죽**
적응증 대하증
재료 찰수수 60g, 황기 30g
용법 황기를 물에 달여 찌꺼기는 버리고 그 물에 찰수수를 넣고
죽을 쑤어 단번에 먹거나 2번에 나누어 먹는다.
효능 비를 보하고 어혈을 없앤다.

◎ **붕어두부약탕**
적응증 흰 대하나 붉은 대하가 있는 데
재료 붕어 120~140g, 두부 30g
용법 솥에 두부를 썰어서 넣고 누렇게 볶다가 물 1ℓ를 부은 다음
붕어(내장을 버리고 비늘은 그대로 둔 것)를 솥에 넣어 푹 익을
때까지 끓인다. 하루 2번에 나누어 먹는다.
효능 비위를 고르게 하고 기를 보하며 어혈을 없애고 열을 내리
며 소변을 잘 나가게 한다.

◎ 약쑥(애엽), 달걀

적응증 붉은 대하나 흰 대하가 있을 때

용법 약쑥 15~20g을 물에 넣고 달인 물에 달걀 2개를 넣고 삶아서 약쑥 달인 물과 함께 먹는다. 5일 동안 계속해 먹으면 효과를 본다.

◎ 달걀쑥술

적응증 붉은 대하가 있을 때

용법 달걀 10개와 쑥 2줌을 술 1ℓ에 넣고 끓여 달걀이 익으면 달걀만 한번에 2~3개씩 먹는데 여러번 만들어 먹는다.

【약초요법】

◎ 범고비(면마)

적응증 성기 염증으로 대하가 많이 흐를 때

용법 범고비의 뿌리줄기 적당량을 물에 씻어 말린 다음 바늘 모양의 털을 긁어버리고 식초를 바르면서 불에 볶아 가루내어 한번에 4g씩 하루 3번 식후에 먹는다.

범고비

◎ 율무

적응증 성기염증으로 아랫배가 아프면서 대하가 많이 흐를 때

용법 율무뿌리 60g을 물에 달여 하루 2~3번 나누어 먹는다.

효능 율무뿌리 성분인 코익솔은 진통작용이 있으므로 염증을 낮게 하는 작용이 있다.

◎ 마른생강(건강)가루, 꿀

적응증 아랫배와 손발이 차고 아프면서 월경이 고르지 못한 데, 대하가 있는 데

용법 마른생강가루를 같은 양의 꿀에 재워서 1순가락씩 하루 3번 식전에 먹는다.

◎ 쇠비름(마치현)

적응증 아랫배가 아프면서 대하가 많을 때

용법 신선한 쇠비름 전초 100g을 물에 달여 한번에 30㎖씩 하루 3번 먹는다.

　　　※설사 환자나 고혈압 환자에게는 쓰지 않는다.

◎ 굴조가비(모려), 가죽나무뿌리껍질(저근백피)

적응증 자궁내막염으로 대하가 많이 흐를 때

용법 굴조가비, 가죽나무뿌리껍질을 1 : 2의 비율로 섞어 보드랍게 가루낸 다음 꿀을 넣어 반죽해서 알약을 만든다. 한번에 5~6g씩 하루 3번 식후에 먹는다.

효능 살균 및 억균작용이 있다.

◎ 익모초

적응증 손발이 차면서 대하가 많고 월경이 고르지 못할 때

용법 익모초 적당량을 보드랍게 가루내어 한번에 5~7g씩 하루 3번 식전에 물에 타서 먹는다. 익모초 엿을 만들어 알약을 지어 계속 먹어도 좋다.

◎ 촉규화

촉규화

적응증 흰 대하가 많이 내리고 아랫배가 아플 때
용법 촉규화를 그늘에 말린 다음 보드랍게 가루
내어 한번에 5~6g씩 하루 3번 빈속에 먹는다.
또는 촉규화 뿌리 달인 물에 돼지고기를 끓여 먹
어도 좋다.

※촉규화는 꽃이 8~9월에 피는데 담황색이며 꽃 가운데에 진한
자주색 반점이 있다. 뿌리는 부종, 임증, 악창 등에 쓰며 거담제로
도 쓰인다.

◎ 말냉이(석명)

말냉이

적응증 흰 대하가 많이 내리고 아랫배가 아플 때
용법 말냉이 전초를 하루 20~30g씩 물에 달여
2~3번에 나누어 빈속에 먹는다.
효능 말냉이는 살균작용이 있다.

◎ 산죽

적응증 트리코모나스 질염으로 흰 대하가 많이 흐를 때
용법 산죽 1kg에 물 5ℓ를 넣고 달여서 찌꺼기를 짜버리고 다시
전량이 1ℓ가 되게 졸인 것을 솜뭉치에 적셔 질강에 하루 한번씩
8시간 동안 넣어둔다.

◎ 할미꽃뿌리(백두옹)

적응증 자궁경관염으로 대하가 흐를 때
용법 할미꽃뿌리 1kg을 물 5ℓ에 달여서 찌꺼기는 짜버리고 다시

전량이 1ℓ가 되게 졸여서 외용약으로 쓴다. 염증으로 대하가 많을 때, 특히 트리코모나스 질염으로 대하가 생겼을 때 사용한다. 소독한 솜뭉치에 할미꽃뿌리 졸인 물을 묻혀 하루에 한번씩 5~8시간 동안 질강 안에 넣어둔다.

◎ 백부

적응증 트리코모나스 질염으로 대하가 많이 흐를 때
용법 백부의 덩이뿌리 100g에 물 1ℓ를 넣고 물의 양이 600㎖가 되게 달인다. 백부 달인 물로 질강을 하루에 2~3번씩 씻어준다.

백부

◎ 동아율무약차

적응증 갈증이 나는 데, 급성 방광염, 땀띠, 대하, 임신부 배뇨장애
재료 동아(동과) 200~400g, 율무쌀(의이인) 30~50g, 설탕, 소금 각 적당량
용법 동아를 썰어서 율무쌀과 함께 끓여서 매일 또는 하루걸러 한번씩 설탕이나 소금을 조금 타서 차처럼 마신다.
효능 비를 보하고 소변이 잘 나가게 한다.

◎ 무

적응증 트리코모나스 질염으로 대하가 흐르는 데
용법 무 적당량을 깨끗이 씻어 알코올 약솜으로 잘 닦은 다음 짓찧어 즙을 내서 한번에 한 두 숟가락씩 소독된 약천에 싸서 질강 안에 넣는다.

◎ 땅콩꽃가루

적응증 황대하(黃帶下)가 있는 데

용법 땅콩꽃을 말려 가루낸 다음 한번에 3g씩 하루 2~3번 식전에 미음으로 먹는다.

◎ 뱀도랏열매(사상자)

적응증 트리코모나스 질염으로 거품이 섞인 흰 대하가 흐를 때

용법 뱀도랏열매 50~60g에 물 1ℓ를 넣고 30분 동안 끓여서 찌꺼기를 짜버린 다음 그 물로 질강을 자주 씻는다.

효능 성분 에돌린과 오스톨은 염증을 막는 작용과 질트리코모나스 원충을 죽이는 작용이 있으므로 이 약초를 쓰면 곧 흰 대하의 양이 줄어들고 가려움이 멎는다.

◎ 뱀도랏열매(사상자), 구운 백반

적응증 희벌건 대하가 많이 흐르는 데

용법 뱀도랏열매, 구운 백반을 각 같은 양으로 가루낸 다음, 식초를 넣고 쑨 밀가루풀로 반죽하여 약을 만들어 약솜에 싸서 질강 안에 넣어 둔다.

【찜질요법】

◎ 모래찜질 골반부를 중심으로 40~45℃로 덥힌 모래를 주머니에 넣고 한번에 30~60분씩 10~20번 찜질한다. 소골반 안의 혈액순환을 좋게 하고 염증의 기질화를 막는다.

【목욕요법】

◎ 무시래기목욕 무시래기 5~6포기를 솥에 넣고 끓이다가 소금을 조금 넣어 적당한 온도로 식힌 다음 욕조에 그 물을 넣고 온몸을 담가 땀을 낸다. 하루에 2~3번 반복하면 아주 좋다.

무시래기 끓인 물로 목욕하는 것은 몸을 덥혀 주면서 대하를 낫게 하는 효과적인 방법으로 예전부터 알려졌다. 무와 시래기에는 살균작용이 있는 유황화합물인 메틸메르갑탄이 있으며 칼슘염, 철염, 칼륨염 등이 많이 들어 있어 무시래기탕에 목욕을 하거나 찜질을 하면 흰 대하, 붉은 대하가 흐르는 것을 멎게 한다.

【뜸요법】

◎ 삼음교혈 안쪽 복사뼈의 중심에서 곧추 위로
9.99cm 올라가서 굵은 정강이뼈의 뒷가장자리
(삼음교혈)에 뜸을 3~5장 뜬다. 자궁내막염으
로 대하가 많이 흐를 때 효과가 있다.

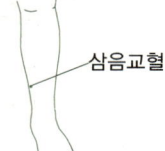

◎ 신궐혈, 석문혈, 관원혈, 중극혈 배꼽 가운데(신궐혈)에 소금을 1cm 정도 깔고 콩알 크기의 뜸봉으로 뜸을 뜨거나 또한 배꼽 가운데서 아래 6.66cm 되는 곳(석문혈), 9.99cm 되는 곳(관원혈), 13.32cm 아래 되는 곳(중극혈)에 뜸대뜸으로 10~15분씩 쪼여 주어도 효과가 있다.

◎ 신궐혈, 곡골혈, 명문혈, 중극혈 2와 3허리등뼈 사이(명문혈), 배꼽 가운데(신궐혈)와 아랫배 부위의 중심선상에서 두덩이뼈 이 음부의 윗가장자리(곡골혈)로부터 3.33cm 위 되는 곳(중극혈)에

뜸대뜸으로 5분 동안 자극해준다. 이틀에 한번씩 10~15번을 한 치료주기로 한다.

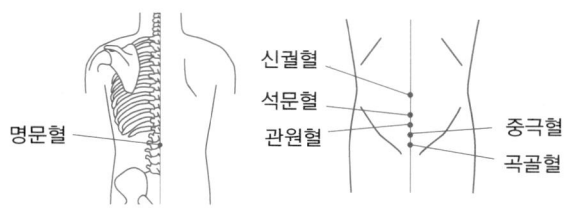

【부항요법】

◎ 배꼽으로부터 치골상연에 이르는 구간에 있는 석문혈, 관원혈, 중극혈과 그 양옆까지 모두 부항을 8~10개 곳에 5~10분씩 붙인다. 대하가 많고 아랫배가 아플 때 붙이면 통증도 멎고 대하도 줄어든다. 또한 관원혈에서 양옆으로 6.66㎝ 되는 곳에 부항을 약 20분 동안 붙여도 효과가 있다.

【한증요법】

◎ 한번에 60~90℃의 건열에서 10~15분씩 매일 또는 이틀에 한번 한다. 한증요법은 부인병 일반에 두루 좋지만, 특히 염증이 없이 내분비장애로 대하가 많을 때 하면 더 좋다. 10~15번 하고 1주일 동안 쉬었다가 다시 한다.

【운동요법】

◎ 복식호흡 앉은 자세에서 숨을 길게 들이쉬면서 아랫배로 힘껏 들어가게 하고 숨을 천천히 내쉬면서 아랫배가 불어나게 한다. 이때 두 손바닥을 아랫배에 대고 배가 들어갈 때는 같이 눌러주며 배가 불어날 때는 손바닥에 힘을 주지 않는다. 한번에 10~20번씩 하루 1~2번 한다. 소골반의 혈액순환을 좋게 하여 염증을 낫게 한다.

3) 음부가려움증

음부가 몹시 가려운 증상이다.

원인
가려움증은 신경성 요인에 의하여 생길 수도 있으나 질염, 자궁내막염 때 대하가 많이 흐르면서 자극을 받아 생기는 경우도 있다.

증상
가려움은 밤에 더 심해지고 잠도 잘 자지 못하며 심하면 신경쇠약까지 걸릴 수 있다. 가려움이 심하여 너무 긁으면 피가 나고 오래되면 외음부에 습진이 생길 수 있다.

【음식요법】

◎ 뱀장어연밥약죽
적응증 백대하, 음부가려움증, 성기능장애
재료 뱀장어 100g, 연밥(껍질을 벗긴 것) 30g, 찹쌀 60g

용법 뱀장어를 잡아 내장을 버리고 잘게 썰어 연밥(연실), 찹쌀과 함께 솥에 넣고 물 1ℓ를 부어서 20분 정도 불린 다음 죽을 쑤어 식기 전에 먹는다.
효능 몸을 보하고 허리와 무릎을 덥히며 살충작용을 하고 성욕을 높인다.

◎ 연율조개약죽
적응증 음부가려움증
재료 연밥(껍질을 없앤 것), 율무쌀 각 60g, 대합조개살 120g
용법 연밥(연실)과 율무쌀을 깨끗이 씻어 불려 냄비에 넣고 조개살을 잘게 썰어 둔 다음 물 750㎖를 부어 약한 불에서 1시간 정도 끓여 죽을 쑤어 식기 전에 먹는다.
효능 기를 보하고 수렴하며 소변이 잘 나가게 한다.

【약초요법】

◎ 너삼(고삼)
적응증 트리코모나스 질염으로 오는 가려움증
용법 너삼 뿌리 적당량을 물에 달여 찌꺼기를 짜버리고 그 물로 목욕을 하거나 가려운 곳을 씻는다. 치료는 나을 때까지 한다.

너삼

◎ 도꼬마리(창이)
적응증 피부병, 음부가려움증
용법 도꼬마리 전초 적당량을 솥에 넣고 물을 적당하게 넣고 달여 찌꺼기를 버리고 40℃ 정도로 덥혀서 하루에 여러번 음부를 씻는다.

효능 여러가지 세균에 대하여 강한 억균 작용이 있다.

◎ 소리쟁이뿌리(양제근)

적응증 음부가 가렵고 진물이 흐르며 특히 찬 곳에 있다가 더운 곳에 들어가 가려움증이 더 심해질 때

용법 소리쟁이뿌리 50g을 물 500㎖에 달인 것으로 음부를 자주 씻는다.

효능 살균작용을 한다.

소리쟁이

◎ 뱀도랏열매(사상자)

적응증 트리코모나스 질염 등의 원인으로 음부가 가려울 때

용법 뱀도랏열매 50g에 500㎖의 물을 붓고 달인 것으로 음부를 자주 씻는다. 또는 뱀도랏열매 10g, 백반 6g, 인동덩굴꽃(금은화) 10g을 같이 넣고 달인 물로 음부를 자주 씻는다.

효능 트리코모나스 원충을 죽이고 억균작용이 있다.

◎ 황경피나무껍질(황백), 감초

적응증 자궁 및 부속기 염증으로 생긴 가려움증, 습진

용법 황경피나무껍질과 감초 각 25g에 물 500㎖를 붓고 달인 물로 가려운 곳을 자주 씻는다.

효능 피부사상균을 비롯한 여러가지 병원성 미생물에 대한 억제작용과 소염작용이 있다.

◎ 백반, 삼씨(마인)

적응증 자궁 및 부속기 염증으로 생긴 가려움증, 습진

용법 백반, 삼씨 각 같은 분량을 가루내어 돼지기름에 개어서 음부를 깨끗이 씻은 다음에 바른다.

효능 억균작용, 살충작용이 강하므로 음부에 오염된 균들을 죽이며 피부도 깨끗이 한다.

삼씨

【경혈자극요법】

◎ 양관혈, 대장수혈, 소장수혈 4와 5허리등뼈 사이(양관혈)와 그 양옆으로 각 6.66cm 되는 곳(대장수혈)과 1과 2엉덩이뼈 사이에서 옆으로 각 6.66cm 되는 곳 (소장수혈), 꼬리뼈 끝에서 3.33cm 위에

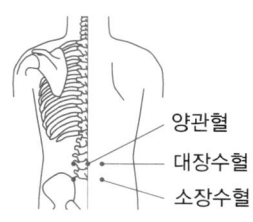
양관혈
대장수혈
소장수혈

뾰족한 것으로 살이 벌개지도록 자극을 하루 한번씩 준다. 또는 종이를 담배개비처럼 딴딴하게 말아서 불을 붙여 자극을 준다.

【뜸요법】

◎ 팔료혈(상료, 차료, 중료, 하료) 1엉덩이뼈 가장자리 아래에서 양옆으로 3.33cm 되는 곳(상료혈), 2엉덩이뼈 가장자리 아래에서 양옆으로 3.33cm 되는 곳(차료혈), 3엉덩이뼈 가장자리 아래에서 양옆으로 3.33cm

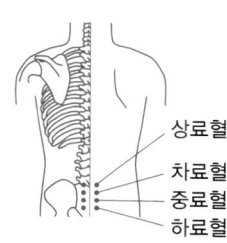
상료혈
차료혈
중료혈
하료혈

되는 곳(중료혈), 4엉덩이뼈 가장자리 아래에서 양옆으로 3.33㎝ 되는 곳(하료혈)등 8곳에 중등도 크기의 뜸봉으로 마늘뜸을 5~7 장씩 매일 또는 이틀에 한번씩 뜬다. 7~10번 뜨는 것을 한 치료 주기로 한다.